Nicola Marsden, Ute Kempf (Hrsg.)
Gender-UseIT

Nicola Marsden, Ute Kempf (Hrsg.)

Gender-UseIT

HCI, Usability und UX unter Gendergesichtspunkten

DE GRUYTER

Herausgeberinnen
Prof. Dr. Nicola Marsden
Hochschule Heilbronn
Max-Planck-Str. 39
D-74081 Heilbronn
nicola@marsden.de

Dipl. Sozialwiss. Ute Kempf
Kompetenzzentrum Technik-Diversity-Chancengleichheit e.V.
Wilhelm-Bertelsmann-Straße 10
D-33602 Bielefeld
kempf@kompetenzz.de

Das zugrunde liegende Vorhaben wurde mit Mitteln des Bundesministeriums für Bildung und Forschung unter den Förderkennzeichen 01FP1308 und 01FP1309 gefördert. Die Verantwortung für den Inhalt dieser Veröffentlichung liegt bei den Autorinnen und Autoren.

Die Bilder des Artikels „Die Fachtagung Gender-UseIT: Wissenschaft und Praxis im Dialog", S. 193-207 stammen von Tom Maelsa, www.tompictures.com.

ISBN 978-3-11-035697-7
e-ISBN (PDF) 978-3-11-036322-7
e-ISBN (EPUB) 978-3-11-039859-5

Bibliografische Information der Deutschen Nationalbibliothek
Die Deutsche Nationalbibliothek verzeichnet diese Publikation in der Deutschen Nationalbibliografie; detaillierte bibliografische Daten sind im Internet über http://dnb.dnb.de abrufbar.

© 2014 Walter de Gruyter GmbH, Berlin/München/Boston
Lektorat: Angelika Sperlich
Herstellung: Tina Bonertz
Druck und Bindung: CPI books GmbH, Leck
♾ Gedruckt auf säurefreiem Papier
Printed in Germany

www.degruyter.com

Grußwort

Digitale Technologien prägen zunehmend unsere Arbeitswelt und das Miteinander in der Gesellschaft. Sie beeinflussen sowohl die wirtschaftliche Entwicklung als auch unseren Alltag. Deshalb ist es wichtig, möglichst viele Menschen an der digitalen Entwicklung teilhaben zu lassen. Jüngste Studien belegen jedoch, dass Frauen und Männer heute noch immer unterschiedlich mit den digitalen Technologien umgehen. Die Genderperspektive berücksichtigt die verschiedenen Nutzungsansätze und kann dazu beitragen, bisherige Sichtweisen zu erweitern.

Doch wie lässt sich die Genderperspektive systematisch in die Technikforschung, die Technikgestaltung und in die gesellschaftliche Diskussion integrieren? Wie lässt sich dabei vermeiden, dass Stereotype reproduziert und verfestigt werden? Welche Erkenntnisse können die verschiedenen technischen, naturwissenschaftlichen und sozialwissenschaftlichen Disziplinen beitragen? Welche Befunde der Geschlechterforschung und der Gender Studies zu digitalen Technologien liegen vor? Wie können ein Wissenstransfer zwischen den Disziplinen und ein Wissenschafts-Praxis-Dialog gelingen?

Die vorliegende Publikation gibt einen Einblick in den aktuellen wissenschaftlichen Diskurs zur Genderperspektive in Web-Usability, User Experience und Human-Computer Interaction. Darüber hinaus stellt sie konkrete Beispiele aus der Praxis vor. Der Band versammelt eine Auswahl von Beiträgen, die im Rahmen der Fachtagung „Gender-UseIT. HCI, Web-Usability und UX unter Gendergesichtspunkten" am 3. und 4. April 2014 in Berlin entstanden sind. Ziel der Konferenz war es, vorhandene Forschungsstränge in der Informatik zur Mensch-Computer-Interaktion einerseits und in der sozialwissenschaftlichen Internetforschung andererseits zusammenführen. Auf diese Weise bot die Konferenz Raum für einen offenen und interdisziplinären Dialog über Methoden, Techniken und Beispiele.

Die Themen der Konferenz und der Publikation greifen Diskussionen auf, die wir im Wissenschaftsjahr 2014 „Die Digitale Gesellschaft" führen. Im Mittelpunkt des Wissenschaftsjahres stehen die Fragen, wie die Digitalisierung unser Leben verändert und wie wir mit den Herausforderungen umgehen können.

Der Band hilft, Antworten auf diese Fragen zu finden. Den Leserinnen und Lesern wünsche ich eine anregende Lektüre, interessante Impulse und uns allen fruchtbare Diskussionen zu diesen wichtigen Themenfeldern.

Prof. Dr. Johanna Wanka
Bundesministerin für Bildung und Forschung

Inhalt

Einleitung

Nicola Marsden[1], Ute Kempf[2]
Fakultät für Informatik, Hochschule Heilbronn [1]
Kompetenzzentrum Technik-Diversity-Chancengleichheit[2]

Wie kann und soll Geschlecht bei der Gestaltung von Bedienoberflächen berücksichtigt werden? Dieses Buch gibt auf diese Frage Antworten aus verschiedenen Disziplinen, berücksichtigt dabei neben der Perspektive der Gender Studies, der Psychologie, der Wissenschafts- und Technikstudien auch das Zusammenwirken von Theorie und Praxis, von forscherischen und wirtschaftlichen Fragestellungen.

Die verschiedenen Blickwinkel und Herangehensweisen, wissenschaftlichen Ansätze und Theorien, die in diesem Buch vereint sind, spiegeln wider, wie facettenreich und fruchtbar die Diskussion zum Thema Gender und User Experience ist. Zielgruppe dieses Buches sind alle diejenigen, die daran arbeiten, Software gut bedienbar, ansprechend und vielleicht sogar begeisternd zu gestalten. Und dabei sicherstellen möchten, dass dies möglichst für jede und für jeden der Fall ist. Angesprochen werden sollen dabei nicht nur Personen, die sich an Forschungseinrichtungen und Hochschulen mit dieser Thematik beschäftigen, sondern auch jene, die sich in kleinen und großen Unternehmen der Gestaltung von Mensch-Computer-Interaktion widmen. Der interdisziplinäre Ansatz, den dieses Buch mit seinen Beiträgen aus verschiedensten Fachrichtungen ermöglicht, verdeutlicht auch die Dimensionen, in denen sich die Auseinandersetzung mit dem Thema Gender im Zusammenspiel mit Human-Computer Interaction, Usability und User Experience bewegt:

Eine Dimension betrifft das Geschlechterverständnis. Geht es in der gendersensiblen Gestaltung von Human-Computer Interaction, Usability und User Experience um Dekonstruktion von Geschlecht oder vielmehr um die explizite Ansprache bestimmter geschlechterkonnotierter Bedürfnisse von Nutzerinnen und Nutzern, also ein Ausrichten am Geschlecht?

Eine zweite Dimension tut sich im Bereich der Professionalisierung in der Gestaltung von Human-Computer Interaction, Usability und User Experience auf. Hier wird ein Gegensatz deutlich zwischen einer stetig wachsenden Professionalisierung im Bereich der Gestaltung von Human-Computer Interaction unter Usability-Gesichtspunkten auf der einen Seite und einer fortschreitenden Vereinfachung und Ent-Professionalisierung in der Handhabung und Gestaltung von interaktiven Applikationen und Schnittstellen, die immer mehr auch Usability-Laiinnen und -Laien zugänglich wird, auf der anderen Seite.

Das konkrete Gestalten von User Experience und Usability findet erwartungsgemäß meist außerhalb des wissenschaftlichen Diskurses statt. Insofern sind Begriffsdefinitionen und Erkenntnisse der Science and Technology Studies oder der Gender Studies hier häufig wenig bekannt. Entsprechend kommt hier immer wieder die Frage auf, ob Usability denn überhaupt etwas mit Geschlecht zu tun habe oder haben müsse – schließlich könne eine Software, die für Männer nicht gebrauchstauglich ist, auch für Frauen nicht benutzungsfreundlich sein. Um diesen Einwand aufzugreifen und den Bezug zu den oben genannten Dimensionen zu verdeutlichen, soll folgendes Beispiel aus dem Alltag betrachtet werden.

Der ganz alltägliche Usability-Frust

Eine Grundschule bekommt das Mittagessen für die Schülerinnen und Schüler von einem Caterer geliefert. Für die Eltern besteht die Möglichkeit bzw. die Notwendigkeit, sich auf einer Website anzumelden, um das Essen für ihre Kinder zu bestellen. Die Interaktion mit der Website ist hochgradig umständlich:

Es gibt zwei Essen – vegetarisch und nicht-vegetarisch – zur Auswahl, aber nicht die Möglichkeit, grundsätzlich das vegetarische oder das nicht-vegetarische Essen auszuwählen. Jeder Tag muss einzeln angeklickt, mit mehreren Klicks das Essen ausgewählt und die Auswahl bestätigt werden. Welches Essen sich allerdings hinter „Essen 1" und „Essen 2" verbirgt, ist in diesem Bedienschritt nicht ersichtlich, sondern muss in einem separat herunterladbaren Dokument nachgesehen werden. Die Übersicht, für welche Tage schon Essen bestellt ist, muss ebenfalls gesondert aufgerufen werden, und mangels Übersichtlichkeit passiert es leicht, dass man für einen Tag zwei Essen auswählt, ohne es zu merken, da man sich das zuletzt gewählte Datum merken muss, um bei der Auswahl des nächsten Tages nicht versehentlich einen Tag zu wählen, für den schon Essen bestellt ist oder Tage auszulassen.

Eine der Mütter versuchte nun, das Essen für ihr Kind auf einer Dienstreise am Flughafen von ihrem Smartphone aus zu bestellen, was die Bedienung der Website, die nicht für mobile Endgeräte optimiert war, fast unmöglich machte. Schließlich war sie so aufgebracht, dass sie bei den anderen Eltern der Klasse nachfragte, wie diese mit dem System zurechtkämen. Im Zuge dieser Nachfrage stellte sich zum einen heraus, dass meist die Mütter sich um die Essensbestellung kümmerten und zum anderen, dass vielen von ihnen dabei schon Fehler unterlaufen waren oder sie Funktionen nicht finden konnten. Sie schrieben in der Regel sich selbst die Verantwortung für das Versagen der Website zu. (Die wenigen Väter hingegen, die sich an der Essensbestellung versucht hatten, waren einhellig der Meinung, dass die Website schlecht programmiert sei.)

Die Mutter beschwerte sich schließlich bei dem Caterer. Sie bekam eine Antwort, in der ihr dargelegt wurde, dass es doch kaum Grund zur Beanstandung gäbe, da sie für die zuletzt getätigte Essensauswahl laut Logfiles lediglich sechs Minuten gebraucht habe. Ihr wurde erläutert, das wichtigste Entscheidungskriterium für die Software sei gewesen, beim Bestellsystem die vollen Administrationsmöglichkeiten zu haben. Ihr wurde gesagt, dass – da schließlich auch zwei Essen täglich zubereitet würden – die Auswahl aus zwei Essen für jeden einzelnen Tag unumgänglich sei. Ihr wurde dargelegt, dass das System für die Bestellung von täglich zwanzig oder mehr Essen – also beispielsweise die ganze Abteilung einer Firma – optimiert und deshalb für ihre individuellen Bedürfnisse nicht ausgelegt sei.

Kurzum: Es handelt sich um ein Usability-Desaster für jede Person, die mit dieser Webseite interagiert. Es lassen sich an diesem Beispiel eine Reihe von Punkten zum Thema User Experience bzw. Usability und Geschlecht verdeutlichen: Grundsätzlich ist die Website des Caterers für alle Nutzenden, egal ob männlich oder weiblich, schlecht bedienbar. Aber das vorliegende Usability-Fiasko betrifft Männer und Frauen in unterschiedlichem Maße. Nicht aufgrund eines biologischen Geschlechts, sondern aufgrund der existierenden gesellschaftlichen Rollenverteilung.

Wir können davon ausgehen, dass es kein Zufall ist, dass es in dem Beispiel meist die Mütter sind, die das Essen bestellen und unter der Software zu leiden haben. Dass es kein Zufall ist, dass die Person, die das System programmiert hat und in die Logfiles geschaut hat, ein Mann war. Dass es auch kein Zufall ist, dass die Webseite für Bestellungen von Firmen optimiert ist und nicht für Essensbestellungen von Eltern. Und, nicht zuletzt vielleicht auch, dass es auch kein Zufall ist, dass die Mütter sich selbst bzw. ihrer mangelnden Technik-Affinität die Schuld für die schlechte Nutzungserfahrung gaben, während die Väter die Verantwortung ganz deutlich in der Programmierung der Website sahen.

Man sieht hier, dass die Ausrichtung auf eine bestimmte Gruppe von Nutzenden dazu beitragen kann, dass ein System für eine andere Gruppe nicht nutzungsfreundlich ist. Es zeigt auch, dass eine einfache Differenzierung nach Männern und Frauen der Sachlage nicht gerecht wird. Aber auch, dass mögliche sinnvolle Unterscheidungen – wie z. B. die Rolle innerhalb der Familie oder die Aufgabenverteilung in der Gesellschaft – vom Geschlecht und damit von unseren gesellschaftlichen Zuschreibungen nicht unabhängig sind, sondern ein Teil dessen, wie wir Mann-Sein oder Frau-Sein definieren und es im Alltag durch unser Handeln immer wieder neu herstellen. Und dass Geschlecht mit seiner Zuschreibung von wahrgenommener Wertigkeit, angemessenen Rollen und erwartetem Verhalten einen maßgeblichen Einfluss auf die Gestaltung von Bedienoberflächen hat – von der ursprünglichen Idee, worauf es bei einer Software ankommt, über den gesamten Gestaltungsprozess bis hin zum Umgang mit Feedback und dem Einarbeiten (oder in diesem Beispiel Ignorieren) von Verbesserungsvorschlägen. Insofern zeigt sich in dem Beispiel des Caterers auch, wie die Gestaltung und der Gebrauch von Software in der Herstellung und der kontinuierlichen Handhabung von Geschlecht beteiligt sind.

Es stellt sich also hinsichtlich der Gestaltung gebrauchstauglicher Anwendungen die Frage, welche Wünsche und Bedürfnisse von welchen Nutzerinnen und Nutzern welche Rolle spielen – bzw. wie wirklich sichergestellt werden kann, dass wirklich alle Nutzenden berücksichtigt werden. Hinsichtlich der oben genannten Dimensionen „Professionalisierung" und „Geschlechterverständnis" lassen sich an diesem Beispiel also eine Reihe von Punkten verdeutlichen.

Professionalisierung

Insgesamt ist es so, dass es immer mehr Programme und Bedienoberflächen gibt, mit denen Menschen interagieren, ihr Leben planen, ihre Einkäufe machen, ihre Beschwerden loswerden, ihren Informationsbedarf befriedigen, ihre Arbeit abwickeln, ihre Sozialkontakte pflegen, ihre Angehörigen unterhalten, ihre Kompetenzen erweitern etc. Die Endgeräte, mit denen dies geschieht, werden immer unterschiedlicher, der Anspruch an Intuitivität und Nutzerfreundlichkeit wird immer höher. Die Erwartung daran, dass die Auseinandersetzung mit einem System nicht nur reibungslos verläuft, sondern auch eine positive Erfahrung darstellt, steigt kontinuierlich. Entsprechend arbeiten immer mehr Menschen daran, diese Interaktion zu gestalten und zu verbessern.

Der Grad der Professionalisierung, mit dem daran gearbeitet wird, unterscheidet sich stark. In dem Beispiel des Caterers ist es offensichtlich so, dass Usability und User Experience hier mit einem geringen Professionalisierungsgrad bearbeitet wurden: Es ist davon auszugehen, dass es keine expliziten Ziele, Prozesse, Methoden oder Evaluationen hierzu gab und dass Wissen und Umsetzungskompetenz in diesem Bereich ausbaufähig sind. Da das Erstellen von Bedienoberflächen durch geeignete Werkzeuge immer einfacher wird, geschieht dies in zunehmenden Maße durch Personen, die die technischen Möglichkeiten haben, jedoch in der Gestaltung von Bedienoberflächen nicht oder wenig geschult sind – und entsprechend mit den Methoden und Möglichkeiten zur Gestaltung bedienfreundlicher Software nicht vertraut sind.

Gleichzeitig zeigt nicht nur der Blick auf die wissenschaftliche Literatur zum Thema, sondern auch ein Blick auf Stellenausschreibungen und Berufsbezeichnungen, dass der Professionalisierungsgrad im Bereich Human-Computer Interaction, Usability und User Experience kontinuierlich wächst. Nicht zuletzt lässt die Anzahl der unterschiedlichen Titel – von Interaction Designer über User Experience Engineer, User Interface Developer, Mobile Site Strategist bis hin zum Usability Analyst, um nur eine kleine Auswahl zu nennen – darauf schließen, dass dieser Bereich sich ausdifferenziert und wächst. Meist sind es die großen Firmen oder entsprechend spezialisierten Dienstleister, bei denen der Professionalisierungsgrad zunimmt. Teilweise arbeiten dort ganze Teams an Themen wie „User Experience" oder „Interaction Design".

Nun stellt sich die Frage, inwiefern der Grad der Professionalisierung mit dem Thema Gender zusammenhängt. Ein höheres Ausmaß an Wissen über den menschzentrierten Gestaltungsprozess, an Kompetenzen zur systematischen Erhebung von Nutzungskontexten und an Fähigkeiten, Lösungen zu evaluieren und iterativ zu verbessern, führt, so könnte man annehmen, zu einer besseren Nutzungserfahrung und Bedienfreundlichkeit für jede und jeden.

Die Annahme lässt sich zum einen aus Sicht der feministischen Human-Computer Interaction (Bardzell & Bardzell, 2011; Rode, 2011) grundsätzlich hinterfragen. Zum anderen – und darum geht es uns hier in der Darstellung des Themas Professionalisierung – geht ein geringeres Ausmaß an Professionalität bei der Gestaltung von Human-Computer Interaction direkt zu Lasten der Genderperspektive. Dies bedeutet konkret, dass dann, wenn unprofessionell an Gestaltungsprozesse von Bedienoberflächen herangegangen wird, Frauen größere Einbußen in Usability und User Experience hinnehmen müssen als Männer. Ein Grund für diese Amplifikation des negativen Effektes von geringerer Professionalität hinsichtlich Gender ist, dass die strukturellen Arbeitsverhältnisse in der Softwareentwicklung nach wie vor stark von Männern dominiert sind (Williams, 2014). Dies ist vor folgendem Hintergrund problematisch:

Methodische Herangehensweisen an die Gestaltung von Systemen für Endnutzerinnen und -nutzer greifen immer auf empirische Informationen über die Nutzenden zurück und beziehen diese in den Gestaltungsprozess ein. Zwar wird diese Einbindung unterschiedlich gehandhabt, je nachdem, ob beispielsweise nutzungszentrierte oder partizipative Methoden eingesetzt werden – eine systematische Einbindung tatsächlicher oder möglicher Nutzerinnen und Nutzer ist jedoch immer vorgesehen. Geschieht dies nicht – und dies ist bei zunehmenden Möglichkeiten zum „Remix" von Bedienoberflächen (Kafai und Burke, 2014), schneller werdenden Innovationszyklen und steigendem Kostendruck der Fall – so liegt nahe, dass die Personen, die das System gestalten und entwickeln, in erster Linie auf ihre eigenen Vorstellungen von möglichen Nutzenden zurückgreifen, statt deren Erwartungen, Wünschen und Fähigkeiten systematisch und mit geeigneten Methoden zu untersuchen.

Der grundlegende Fehler, der hier begangen wird, ist die Annahme, dass das Verständnis davon, wie eine Systemschnittstelle am besten gestaltet wird, durch Introspektion entwickelt werden kann: dadurch, dass die Entwickelnden oder Gestaltenden sich vorstellen, wie es genutzt werden sollte oder könnte. Ritter, Baxter & Churchill (2014) nennen diesen Irrtum in

Anlehnung an den fundamentalen Attributionsfehler in der Sozialpsychologie (Ross, 1977) den „fundamentalen Gestaltungsfehler": Die Gestaltenden attribuieren die eigenen Vorstellungen, Herangehensweisen, Ziele etc. auf die Nutzenden. In den Science and Technology Studies wird – auch im vorliegenden Band – für diese in Anlehnung an Madeleine Akrich als „I-Methodology" bezeichnete Herangehensweise aus feministischer Perspektive immer wieder aufgezeigt, dass sie für die Berücksichtigung von Gender überaus problematisch ist (z. B. Bath, 2009; Rommes, 2014).

Geschlechterverständnis

Die zweite grundlegende Dimension, die in der Auseinandersetzung mit dem Thema Gender im Zusammenspiel mit Human-Computer Interaction, Usability und User Experience eine Rolle spielt, ist das Geschlechterverständnis. Die oben aufgezeigten Überlegungen zu der amplifizierenden Wirkung von geringer Professionalisierung hinsichtlich Human-Computer Interaction auf Frauen zeigen bereits auf, dass die Annahme, man könne den Faktor Geschlecht im Bereich Usability einfach ignorieren, um dann für alle geeignete Bedienoberflächen zu gestalten, nicht richtig ist.

Umgekehrt hängt die Antwort auf die Frage, was denn nun richtig wäre, vom grundsätzlichen Verständnis von Geschlecht ab: Werden Männer und Frauen als unterschiedlich betrachtet und gilt es, mit diesen Unterschieden umzugehen – oder geht es darum, die durch die Kategorie Geschlecht gemachten Unterschiede kritisch zu hinterfragen? Je nach Geschlechterverständnis sind auch die Zielsetzungen dahingehend, wie dem Thema Gender in der Gestaltung von Software gerecht geworden werden kann, unterschiedlich: Es gehe um Ent-Vergeschlechtlichung (Bath, 2014), um Vergeschlechtlichung (Burnett, 2010) von informatischen Artefakten oder um Gender-Neutralität in der Software (Williams, 2014).

Bei Wirtschaftsunternehmen steht die Auseinandersetzung mit Geschlecht nicht im Zentrum, sondern ist Mittel zum Zweck – insofern ist es naheliegend, dass hier in dem Versuch, Geschlecht zu berücksichtigen, mit der Differenzkategorie männlich/weiblich – oder gegebenenfalls noch weiteren Geschlechterkategorien (Bivens, 2014) – gearbeitet wird. Der Versuch, eine Genderperspektive zu berücksichtigen, wird hier oft dahingehend verstanden (und erschöpft sich auch in aller Regel darin), dass ein geschlechtsspezifisches Angebot gemacht wird, meist eines, welches sich dann „an Frauen" richtet. Dies kann durchaus eine Möglichkeit darstellen, die Gruppe der Nutzenden weiter auszudifferenzieren und zu einem breiteren Spektrum an Bedienoberflächen und -möglichkeiten zu führen. Es bietet zum Beispiel die Möglichkeit, Personen, die bestimmte Software bisher nicht genutzt haben, an die Nutzung heranzuführen oder diese für sie zugänglicher zu machen. Wichtig ist, dass dabei klar sein sollte, dass es sich um zielgruppenspezifische Ansprache handelt und nicht um ein Produkt „für alle" (Rommes, 2014). Zudem wird häufig die Ansprache von Frauen oder das Angebot für Frauen in Abweichung von dem „normalen" Angebot dargestellt – was im Kleinen, z. B. bei Webformularen, dazu führt, dass sie oft einen Klick mehr machen müssen, um die für sie zutreffende Anrede auszuwählen (Marsden, 2014), im Großen dazu führen kann, dass sie mit einem eigenen Angebot beiseite gestellt werden (Rode, 2011).

Durch ein solches Bedienen der Geschlechter als unterschiedliche Zielgruppen werden die mit dem gesellschaftlichen Konzept von Geschlecht einhergehenden Vorstellungen nicht zwingend und wenn, nicht unbedingt in ihrem Grundsatz hinterfragt. Dies bedeutet, dass Bedienoberflächen und Funktionalitäten an Geschlecht angepasst werden, die Geschlechterrollen jedoch weitestgehend statisch betrachtet und gegebenenfalls sogar noch bedient werden. Dies führt somit eher dazu, den gesellschaftlichen Status Quo auf die Technologie zu übertragen und Geschlechterhierarchien zu reproduzieren (Light, 2011).

Die oben aufgeführten Überlegungen zu den differenzierten Zusammenhängen zwischen Geschlecht und Professionalisierung von User Experience zeigen jedoch auch, dass zur Berücksichtigung von Genderaspekten die bloße Frage, ob es sich um einen Nutzer oder eine Nutzerin handelt, zu kurz greift. Vielmehr lässt sich das Thema nur dann verstehen und angehen, wenn die gesellschaftliche Konstruiertheit von Geschlecht berücksichtigt wird.

Geschlecht ist nach diesem Verständnis mit all seinen Zuschreibungen, Handlungsanweisungen und Konnotationen nicht etwas, das wir grundsätzlich haben. Im Sinne des Doing Gender – Geschlecht hat man nicht, Geschlecht macht man – handelt es sich um Unterscheidungen, die wir alle verinnerlicht haben und durch unser tägliches Tun wieder herstellen (Butler, 2006) – sei es das Loben eines kleinen Mädchens für sein Aussehen oder das Sich-an-einen-Kollegen-Wenden bei Computerproblemen.

Viele Stimmen – ein Ziel

Die Unterschiede im Geschlechterverständnis werden durchaus konträr diskutiert. Aus Sicht der Geschlechterforschung wird der Fokus auf Differenz – auch in diesem Band – immer wieder problematisiert. Das erneute Hinweisen auf und die empirische Verifizierung von gesellschaftlich hergestellten Geschlechterdifferenzen führe genau dazu, diese fortzuschreiben, so die Kritik.

Die tatsächliche Praxis in den Unternehmen sieht häufig so aus, dass beim Versuch, Genderaspekte zu berücksichtigen, eine verkürzte Sicht auf Geschlecht festzustellen ist (Rommes, 2014). In der praktischen Gestaltung von Bedienoberflächen kann es jedoch durchaus relevant sein, auf real existierende Unterschiede zielgruppengerecht zu reagieren – beispielsweise, um dem Mobilitätsverhalten von Frauen besser gerecht zu werden (Häusler, Steinmann und Schmidt, 2011). Oder um durch die Berücksichtigung heterogener Nutzungsgruppen Usability und User Experience zu schaffen, die für alle besser ist. Den unterschiedlichen Herangehensweisen gemeinsam ist der Wunsch, Human-Computer Interaction so zu gestalten, dass sie für alle Menschen positiv ist. Gemeinsam ist auch die Annahme, dass Geschlecht hier eine Rolle spielt und zum Thema gemacht werden sollte. Im Sinne des Dialogs und interdisziplinären Ansatzes und der Ausrichtung sowohl an Forschung als auch an Praxis sind in diesem Buch verschiedene Herangehensweisen vertreten, um sich der Herausforderung zu stellen, Geschlecht im Bereich Human-Computer Interaction, Usability und User Experience angemessen zu berücksichtigen.

Zusammenfassende Übersicht über den vorliegenden Band

Der erste Teil des Bandes beschäftigt sich mit Möglichkeiten, Vergeschlechtlichungen in Human-Computer Interaction, Usability und User Experience grundsätzlich zu begegnen.

Doris Allhutter schlägt in ihrem Beitrag vor, User Experience als verkörpertes soziomaterielles Phänomen zu begreifen. Dies erlaubt es, diejenigen Machtverhältnisse in den Blick zu rücken, die sich unvermeidlich in Technologien einschreiben, womit diese jene Machtverhältnisse reproduzieren. User Experience wird dergestalt zu einem vergeschlechtlichten Nutzenden-Erlebnis, das Ausdruck ist der Vergeschlechtlichungseffekte technischer Konzepte, Methoden und Praktiken. Der Beitrag veranschaulicht, wie subjektive und kollektive Erfahrungen und Erinnerungen, verkörperte Konzepte und vergeschlechtlichte Orientierungen in

Interaktionen z. B. mit Computerspielen affektiv entstehen und emotionale Bedeutung für Nutzerinnen und Nutzer gewinnen. Doris Allhutter macht geltend, dass Entwicklerinnen und Entwickler auf der Basis meist impliziter Annahmen über künftige Nutzende arbeiten, was tendenziell zum Ausschluss von Nutzenden-Gruppen führt. Die bestehenden ergonomischen, kognitionswissenschaftlichen und psychologischen Ansätze laufen Gefahr, rein quantitative Wirkungszusammenhänge zu verallgemeinern und zu objektivieren, womit die Gesellschaftlichkeit, Geschichtlichkeit und das prozesshafte Werden von Subjekten im Wechselspiel mit technischen Artefakten unsichtbar bleibt. Der Beitrag verdeutlicht wie wichtig es ist, zielgruppenspezifische Designs auf zugrunde liegende essentialistische Setzungen hin kritisch zu befragen.

Wie lässt sich Technik so gestalten, dass die problematischen Vergeschlechtlichungen von Software, IT und ihren Grundlagen vermieden werden können? Um diese Frage zu beantworten, schlägt Corinna Bath in ihrem Beitrag vor, hierfür die physikalischen Metaphern von Diffraktion und Interferenz für ein Diffractive Design nutzbar zu machen, das als neue Designphilosophie geeignet ist, bestehende Desiderate zu überwinden. Informatik beeinflusst wesentlich, was wir denken können und insbesondere auch, was wir nicht denken und was damit in unserem Wissen gar nicht erst auftaucht. Kurz gesagt: wie wir die Welt konstruieren und welchen Zugang wir zu ihr gewinnen. Corinna Bath stellt die Frage, wie durch eine geeignete Modellierung von Welt und durch eine geeignete Konstruktion von Artefakten und Algorithmen ein Ort geschaffen werden kann für das, was sie das „un/an/geeignete Andere" im Sinne radikaler Alterität nennt. Wie kann es gelingen, das radikal Andere in die Konzeption, Modellierung und Gestaltung technischer Artefakte einzubeziehen – und es eben nicht durch diese ein weiteres Mal auszuschließen? Diffractive Design avanciert vor dem Hintergrund dieser Überlegungen zur Vision einer kritischen und interdisziplinär angelegten Methode der Technikgestaltung, die darauf zielt, dieser Verantwortung gerecht zu werden und das De-Gendering informatischer Artefakte zu ermöglichen.

Petra Lucht plädiert in ihrem Beitrag dafür, die Genderaspekte für Human-Computer Interaction, Usability und User Experience im Sinne intersektionaler Forschungsperspektiven zu erweitern und die Kategorie <geschlecht/gender> mit weiteren Kategorien sozialer Ungleichheit wie <class> oder <race> zu verschränken. Sie zeigt auf, dass <geschlecht/gender> als eine interdependente Kategorie verstanden werden muss; ein Umstand, dem Forschung und Praxis künftig noch stärker als bisher gerecht werden müssen. Es gilt, die intersektionale Perspektive sowohl für die Analyse als auch für die Gestaltung von Technik und Naturwissenschaften produktiv zu machen. Ihr Beitrag beantwortet die Frage „Do artifacts have intersectional gender politics?" mit einem eindeutigen „Ja".

Saskia Sell zeigt in ihrem Beitrag auf, dass jede Auseinandersetzung mit der Genderperspektive im Zusammenhang mit Human-Computer Interaction, Usability und User Experience Gefahr läuft, die bestehenden Geschlechterkonstruktionen ungewollt zu reproduzieren. Sie führt an, dass Mediennutzungsverhalten nicht angemessen entlang einer als dualistisch verstandenen Geschlechterordnung verstanden werden kann. Ausgehend von dem Grundgedanken des Doing Gender wirft Saskia Sell die Frage auf, ob diejenigen, die die neuen Technologien und Kommunikationsräume konkret gestalten, sich damit nicht aktiv an Formen des Doing Gender beteiligen. Und sie fragt, was nötig wäre, diese Differenzkonstruktionen in den Gestaltungsprozessen zu unterlaufen. Saskia Sell hält es für notwendig, dass sich die Gestaltenden bewusst werden, wie sie auf der Konstruktions- und Design-Ebene Entscheidungen treffen, die die im Beitrag dargestellten Praktiken des Doing Gender fortschreiben. Die Autorin ermuntert dazu, mehr Mut zu Irritation und Brüchen an den Tag zu legen.

Die Beiträge im zweiten Teil beziehen sich auf Vorgehensweisen und Methoden der Gestaltung von Human-Computer Interaction, Usability und User Experience und machen Vorschläge für deren Weiterentwicklung, um Genderaspekte angemessen zu berücksichtigen.

Susanne Maaß, Claude Draude und Kamila Wajda stellen mit dem „Gender Extended Research and Development" (GERD)-Modell einen Ansatz vor, der die Gender- und Diversity-Forschung für die Informatikforschung und -entwicklung nutzbar zu machen verspricht. Die Informatik steht stets aufs Neue vor der Aufgabe, Teile der Welt nachzubilden und für Nutzende verfügbar zu machen. In diesem Konstruktionsprozess finden notwendigerweise Setzungen, Selektionen und damit auch Ausschlüsse statt, die in seinem Endprodukt nicht mehr sichtbar sind. Das GERD-Modell bildet ein Bezugs- und Reflexionsmodell, das es – in Ergänzung und Erweiterung vorhandener Vorgehensweisen – ermöglicht, die gesellschaftliche Einbettung der eigenen Forschungs- und Entwicklungsarbeit anhand der wichtigsten Kernprozesse zu reflektieren. Ermöglicht wird damit eine Perspektivenerweiterung in allen Kernprozessen, insbesondere aber in den entscheidenden Planungsphasen.

Tanja Paulitz' und Bianca Prietls Beitrag zielt auf den Bedarf und die Möglichkeit der Weiterentwicklung vorhandener Methoden der Softwareentwicklung aus geschlechter-intersektionalitätskritischer Perspektive und rückt dabei methodologisch-epistemologische Aspekte ins Zentrum. Sie verstehen Technikentwicklung grundsätzlich als Teil sozialer Konstruktionsprozesse von Geschlecht in Wechselwirkung mit anderen sozialen Ungleichheitskategorien, in deren Zuge Zuschreibungen und stereotype Annahmen in der Gestaltung der Artefakte materialisiert werden. Die Autorinnen weisen anhand szenarienbasierter Ansätze auf, wie diese mit bestehenden Methoden der Gestaltung von Human-Computer Interaction verbunden werden können. Sie machen geltend, dass Techniknutzungsszenarien, die die Form konkreter Geschichten annehmen, eine intensive und reflexive Auseinandersetzung mit dem Nutzungskontext der Nutzenden ermöglichen, die darauf zielt von Stereotypen über jene Abstand zu nehmen. Sie machen deutlich, inwiefern bestehende szenarienbasierte Ansätze interdisziplinär weiterentwickelt werden müssen, um Perspektiven sozialer Ungleichheit reflexiv integrieren zu können. Die Autorinnen verbinden damit nicht zuletzt die Hoffnung, dass Humen-Computer Interaction so zu einem Moment gesellschaftlicher Veränderung werden könnte.

Nicola Marsden, Jasmin Link und Elisabeth Büllesfeld untersuchen psychologische Aspekte der Personenwahrnehmung, die bei der Entwicklung und dem Einsatz von Personas im Hinblick auf Geschlecht relevant sind. In der Softwareentwicklung und in menschzentrierten Gestaltungsprozessen werden Personas eingesetzt, um bei den Mitgliedern des Entwicklungs- oder Designteams das Verständnis für die Nutzenden zu erhöhen. Allerdings basiert diese etablierte Methode wie alle Prozesse der sozialen Wahrnehmung auf psychologischer Verfügbarkeit, kognitiver Ökonomie und sozialer Identität und macht damit die Nutzung von Stereotypen fast unumgänglich. Die Autorinnen stellen Methoden dar, um vorhandene Geschlechterstereotypen nicht in Personas festzuschreiben, sondern die geschlechtsbezogene Wahrnehmung aufzudecken und damit diskutierbar zu machen. Sie geben Empfehlungen, wie Personas Geschlechterstereotypen nicht verfestigen, sondern zur Flexibilisierung der Kategorie Geschlecht beitragen können.

Im dritten Teil des Bandes wird existierende Software dahingehend untersucht, wie Verge-schlechtlichungen hier eingeschrieben sind.

Göde Both analysiert den Virtual Personal Assistant „Siri" und legt dar, wie durch die Nut-zung von Geschlechterstereotypen hier Glaubwürdigkeit hergestellt wird. Er macht deutlich, wie Software und Geschlecht in diesem Avatar koproduziert wurden – und wie diese einge-schriebene Vergeschlechtlichung in der Nutzung dieser Software kontinuierlich fortgeführt wird. Zum einen, indem eine Arbeitsteilung materialisiert wird, in der das Ideal der weibli-chen Servicekraft stets verfügbar und hilfsbereit ist. Zum anderen, indem die nutzende Per-son die in Siri eingeschriebenen ontologischen Annahmen akzeptieren muss, um erfolgreich mit der Software umzugehen – und so im Sinne des Bildes einer eher männlichen Person, die sich häufig auf Geschäftsreisen befindet, „konfiguriert" wird.

Melanie Irrgang verdeutlicht am Beispiel von Software, die Gewalt in Filmen automatisch erkennt, was passieren kann, wenn Geschlecht bei der Entwicklung von Software nicht ex-plizit berücksichtigt wird. Bezogen auf Programme, die eine objektive Altersempfehlung für Filme technisch generieren, untersucht sie das dahinterliegende Konzept der Gewalt und zeigt auf, wie hier „männliche" Gewaltwiderfahrnisse gefunden werden, während typisch „weibliche" Gewaltwiderfahrnisse unsichtbar bleiben. Sie veranschaulicht, wie ein Vorgehen bei der Gestaltung der Software, bei dem sich Designende oder Entwickelnde auf ihre eige-nen Erfahrungen verlassen und diese zur Norm für alle Nutzenden erklären, im Ergebnis zu einer Software führt, die für sich reklamiert, Gewalt in Filmen generell zu erkennen – de facto aber vor allem „männliche" Gewalterfahrungen widerspiegelt.

Der vierte Teil des Buches beschäftigt sich mit den Möglichkeiten, durch Berücksichtigung von Gender und Diversity in Organisationen und in der Informatikausbildung die Vorausset-zungen für gendergerechte Human-Computer Interaction zu schaffen.

Dorothea Erharter und Elka Xharo zeigen in ihrem Beitrag auf, inwiefern gut gemanagte Diversity geradezu die Grundvoraussetzung für die Entwicklung innovativer Produkte ist. Sie weisen hin auf den paradoxen Umstand, dass gerade Gruppen mit hoher Kaufkraft in der Produktentwicklung bzw. im Designprozess oft zu wenig oder auch gar nicht berücksichtigt oder einbezogen werden. Sie weisen nach, wie durch die Berücksichtigung von Gender- und Diversity-Aspekten auch die Qualität und Usability von IKT-Produkten verbessert werden können. Notwendig hierfür freilich ist, dass nicht Stereotype, sondern echtes Wissen über künftige Käuferinnen und Käufer sowie Nutzerinnen und Nutzer die Entscheidungen im Design-Prozess bestimmen.

Bente Knoll berichtet über ein Projekt, in dem Websites und Informationsmaterial in der technik- und ingenieurwissenschaftlichen Branche hinsichtlich der Repräsentanz von Frauen und Männern untersucht wurde. Ausgehend von diesen empirischen Befunden vermittels Methoden des „Gender Screening" zeigt sie die Notwendigkeit auf, Frauen in ihren verschie-denen Rollen sichtbarer zu machen und konkret anzusprechen und gibt konkrete Hinweise und Empfehlungen zur diversityfreundlichen Mediengestaltung.

Kristin Probstmeyer und Gabriele Schade gehen in ihrem Beitrag aus von der empirisch belegten Notwendigkeit gezielter Beratungs- und Weiterbildungsangebote zur gender- und diversitysensiblen Hochschuldidaktik im Bereich der Informatik-Lehre. Sie stellen eine pra-xiserprobte Gender-Diversity-Toolbox vor, die Handlungsempfehlungen und konkrete Ge-staltungsbeispiele enthält, von Lehrenden auch ohne spezifische Vorkenntnisse leicht einzu-setzen ist und auch von Studierenden positiv bewertet wird. Anhand von konkreten Beispielen eröffnen sie einen integrativen Ansatz zur Gestaltung gender- und diversitysensibler Informatik-Veranstaltungen im Hochschulbereich.

Im fünften Teil des Buches werden verschiedene Nutzungsgruppen fokussiert, die im Zusammenhang mit Geschlecht stehen und es wird die mögliche gestaltungspraktische Relevanz für Human-Computer Interaction, Usability und User Experience dargestellt.

Meinald T. Thielsch, Veronika Kemper und Ina Stegmöller lenken unsere Aufmerksamkeit auf eine Erkrankung, die Frauen doppelt so häufig betrifft wie Männer und die bei der Untersuchung von Usability und User Experience bisher eher vernachlässigt wurde: die Depression. Anhand eigener empirischer Studien untersuchen sie den Einfluss psychischer Erkrankungen auf die User Experience. Sie können nachweisen, dass Depressivität Einfluss auf alle subjektiven Website-Bewertungen nimmt – hinsichtlich Inhalt, Usability und Ästhetik. Dagegen scheint die objektive Leistung bei Online-Suchaufgaben kaum beeinflusst zu sein. Sie gelangen zu dem Schluss, dass man webbasierte Angebote für an Depression erkrankte Personen sehr sorgfältig planen und in besonderem Maße interessant und verständlich gestalten muss, um die Zielgruppe anzusprechen und tatsächlich zu erreichen.

Christian Zagel, Jochen Süßmuth, Leonhard Glomann stellen dar, welche Elemente der User Experience für die Zielgruppen „Männer" und „Frauen" beim Einkaufen von Bedeutung sind – konkret bei einer interaktiven Umkleidekabine, die auf Basis einer Kombination aus Sensoren, berührungsempfindlichen Oberflächen und einer Projektionsfläche beim Anprobe- und Kaufprozess unterstützt und berät, indem die Konfektionsgröße ermittelt wird, Produktinformationen und weitere Empfehlungen gezeigt werden und die Anbindung an soziale Netzwerke hergestellt wird. Sie stellen ihre Untersuchung dar, die auch geschlechtsspezifische Unterschiede identifiziert hat. Künftig soll das System per Kundenkarte oder über Gesichtserkennung individualisiert werden, dabei sollen die geschlechtsspezifischen Unterschiede auch mit berücksichtigt werden.

Abschließend wird unter dem Titel „Dialog zwischen Wissenschaft und Praxis" über die Fachtagung berichtet, die Basis für diesen Band ist. Er ist aus dem vom deutschen Bundesministerium für Bildung und Forschung geförderten Verbundvorhaben „Gender-UseIT – Web-Usability unter Gendergesichtspunkten. Netzwerk zum Auf- und Ausbau der interdisziplinären Forschung zur Genderperspektive im Usability-Engineering-Prozess" im Jahr 2013/2014 heraus entstanden. Ziel war, dass Akteurinnen und Akteure aus Wissenschaft und Praxis in Dialog treten und sich vernetzen, um so interdisziplinär und über die Grenzen von Hochschulen und Unternehmen hinweg Ideen zum Thema auszutauschen und zusammenzuarbeiten. Eine zentrale Plattform für diesen Austausch war die Fachtagung Gender-UseIT. Der letzte Beitrag dieses Buches gibt eine Zusammenfassung der Fachtagung, die am 3. und 4. April 2014 in Berlin stattfand.

Danksagung

Wir möchten uns bei allen Teilnehmenden der Fachtagung für ihre Beiträge und ihre Aufgeschlossenheit danken – und für ihren konstruktiven Umgang mit Sichtweisen und Herangehensweisen, die so weit weg von den eigenen Gedankenwelt sind, dass sie auf den ersten Blick schwer verständlich erschienen. Nur durch ihre Bereitschaft, in die positive Unterstellung zu gehen, genauer hinzuschauen und in den Dialog zu treten, konnte der Austausch von Wissenschaft und Praxis und zwischen den Disziplinen wirklich fruchtbar werden.

Besonderer Dank geht an die Mitglieder des Fachbeirats des Projekts, die die Fachtagung mit vorbereitet und als Chairs für die Sessions mit durchgeführt haben. Susanne Maaß, Sabine Moebs, Gabriele Schade, Meinald Thielsch und Heike Wiesner haben nicht nur die Fachtagung zu einem Erfolg gemacht, sondern durch ihre Reviews und die Zusammenarbeit mit den Autorinnen und Autoren maßgeblich zum Entstehen dieses Bandes beigetragen.

Schließlich sind wir dankbar für die finanzielle Unterstützung durch das Bundesministerium für Bildung und Forschung, ohne die dieses Buch nicht möglich gewesen wäre.

Literatur

Bardzell, Shaowen & Bardzell, Jeffrey (2011). Towards a feminist HCI methodology: social science, feminism, and HCI. *CHI'11 Proceedings of the SIGCHI Conference on Human Factors in Computing Systems*, 675–684.

Bath, Corinna (2009). *De-Gendering informatischer Artefakte. Grundlagen einer kritisch-feministischen Technikgestaltung* (Dissertation). Bremen: Staats- und Universitätsbibliothek Bremen. URN: http://nbn-resolving.de/urn:nbn:de:gbv:46-00102741-12

Bath, Corinna (2014). Searching for Methodology. Feminist Technology Design in Computer Science. In Waltraud Ernst & Ilona Horwath (Hrsg.), *Gender in Science and Technology* (S. 57–78). Bielefeld: transcript.

Bivens, Rena (2014). The Gender Binary Will Not Be Deprogrammed: Facebook's Antagonistic Relationship to Gender. Abgerufen am 14. Juni 2014 von http://dx.doi.org/10.2139/ssrn.2431443

Burnett, Margaret M. (2010). Gender HCI: what about the software? *Proceedings of the 28th ACM International Conference on Design of Communication*, 251–251.

Butler, Judith P. (2006). Gender trouble. New York, NY: Routledge.

Häusler, Elisabeth, Steinmann, Renate & Schmidt, Manuela (2011). Gendersensitive Routenauswahl für FußgängerInnen. *Angewandte Geoinformatik 2011. Proceedings of the AGIT, Salzburg, Austria. Wichmann*, 357–362.

Kafai, Yasmin B. & Burke, Quinn (2014). *Connected Code: Why Children Need to Learn Programming*. Cambridge: MIT Press.

Light, Ann (2011). HCI as heterodoxy: Technologies of identity and the queering of interaction with computers. *Interacting with Computers, 23*(5), 430–438.

Ritter, Frank E., Baxter, Gordon D. & Churchill, Elizabeth F. (2014). *Foundations for Designing User-Centered Systems*. London: Springer.

Rode, Jennifer A. (2011). A theoretical agenda for feminist HCI. *Interacting with Computers, 23*(5), 393–400.

Rommes, Els (2014). Feminist Interventions in the Design Process. In W. Ernst & I. Horwath (Hrsg.), *Gender in Science and Technology. Interdisciplinary Approaches* (S. 41–55). Bielefeld: transcript.

Ross, Lee (1977). The intuitive psychologist and his shortcomings: Distortions in the attribution process. *Advances in experimental social psychology, 10*, 173–220.

Williams, Gayna (2014). Are you sure your software is gender-neutral? *interactions, 21*(1), 36–39.

I Geschlecht im Gestaltungsprozess

Vergeschlechtlichte Anwender_innen-Erlebnisse und User Experience als soziomaterielles Konzept

Doris Allhutter
Institut für Technikfolgen-Abschätzung, Österreichische Akademie der Wissenschaften

1   Einleitung

User Experience (UX) erfasst die Wahrnehmungen, Emotionen und psychologischen und physiologischen Reaktionen einer Person bei der Benutzung einer Computeranwendung. In Erweiterung von Usability vermittelt UX eine Sicht auf erlebte Produktqualität, die emotionales Erleben zentral miteinbezieht:

> „UX is about technology that fulfils more than just instrumental needs in a way that acknowledges its use as a subjective, situated, complex and dynamic encounter. UX is a consequence of a user's internal state (predispositions, expectations, needs, motivation, mood, etc.), the characteristics of the designed system (e. g. complexity, purpose, usability, functionality, etc.) and the context (or the environment) within which interaction occurs (e. g. organizational/social setting, […]).“ (Hassenzahl und Tractinsky, 2006, S. 95)

Forschung aus den Bereichen Human-Computer Interaction (HCI) und Interaction Design bringt durch die Integration psychologischer, sozialer und kultureller Faktoren mit Problemstellungen des Software Engineering soziale und subjektive Komponenten in umsetzungsorientierte Konzepte ein. Aus Sicht der feministischen Technikforschung ist entscheidend, welche Aspekte als subjektiv erlebte Produktqualität angesprochen werden, welche Wahrnehmungsmodi UX mitbedenkt oder ausschließt und inwieweit gesellschaftliche Verhältnisse in die Charakterisierung von Nutzungskontexten einbezogen werden. Unterschiedliche Definitionen von UX rekurrieren in diesem Zusammenhang auf die Vorkenntnisse und Eigenschaften der jeweiligen Nutzer_innen, auf den eher task-bezogenen Kontext der Nutzung und die daraus folgende emotionale Wirkung der Interaktion mit einer Anwendung oder einem Informationssystem (vgl. Roto, Law, Vermeeren und Hoonhout, 2011). Dabei stellt sich die Frage, wer als Nutzer_in mitgedacht ist und welche Vorkenntnisse, Eigenschaften, Emotionen und Reaktionen diesen Nutzer_innengruppen zugeschrieben werden. Aus geschlechtertheoretischer Sicht wird aber auch von einer Diversität innerhalb der Nutzer_innengruppen „Frauen" und „Männer" ausgegangen bzw. ist diese Differenzierung im Sinne einer Auflösung von dualen Geschlechtermodellen überhaupt in Frage zu stellen. Aus letzterer Perspektive werden handlungsanleitende soziotechnische Konzepte und Entwicklungsmethoden selbst als vergeschlechtlicht verstanden und es wird danach geforscht, wie sie duale Geschlechtervorstellungen (symbolisch und materiell) in Kraft setzen. Ein Sichtbarmachen dieser Prozesse eröffnet Denkräume für eine gesellschaftspolitisch engagierte Gestaltung von Informationssystemen und vergeschlechtlichten Technikverhältnissen. Dieser Beitrag diskutiert die Sichtweisen und Ziele unterschiedlicher geschlechtertheoretischer Zugänge der Technikforschung und konzeptualisiert UX schließlich als verkörpertes soziomaterielles Phänomen. Die Geschlechterperspektive ermöglicht dabei eine Annäherung an zentrale offene Fragestellungen zu Konzeptualisierung, Design und Evaluierung von UX.

2   UX als soziotechnisches Designkonzept

Seit den frühen 1990er Jahren erweiterten sich Qualitätsvorstellungen im Interaction Design von einem stark technikzentrierten Fokus auf User Performance und Usability hin zu einem erweiterten Konzept von subjektiv empfundener User Experience. Die Interaktion mit einem System oder einer Anwendung soll dabei nicht nur eine Funktion erfüllen, sondern sie soll für die Nutzer_innen affektiv und emotional von Bedeutung sein. UX umfasst dabei die Gesamtheit der Effekte, die von einem_r Nutzer_in als Ergebnis des Nutzungskontexts und der Interaktion mit einem Produkt wahrgenommen oder gefühlt werden. Usability und Usefulness sind weiterhin wichtige Teilaspekte von UX. Dabei wird unter Usability eine Qualitätskomponente verstanden, die Dimensionen wie Effektivität, Effizienz, Produktivität, Einfachheit, Lernbarkeit und pragmatische Aspekte der Nutzungszufriedenheit einschließt. Usefulness beschreibt die Systemfunktionalität. Das erweiterte Konzept bezieht zentral die „emotionalen Wirkungen" während einer Interaktion und auch die Erinnerung nach der Interaktion mit ein (Hartson & Pyla, 2012, S. 57–58). Unter emotionalen Wirkungen werden Effekte wie Freude, Spaß, Überraschung oder Bindung verstanden und „auch tiefere emotionale Faktoren wie Selbstausdruck, Identität, ein Gefühl, an der Welt Teil zu haben, oder Stolz, etwas zu besitzen" (ebd.: S. 59; eigene Übersetzung). Hassenzahl et al. (2013) schlagen vor, die „Essenz" von positiven Erlebnissen zu sogenannten „experience patterns" zu destillieren, also die Struktur von freudvollen Erlebnissen herauszuarbeiten, um sie dann in Artefakte einzuschreiben. Pohlmeyer (2011) arbeitet mit ihrem „model of continuous UX" unterschiedliche Zeitebenen heraus, indem sie unmittelbare Effekte und Kurzzeit- und Langzeit-Effekte differenziert (anticipated experience, use experience, reflective experience, repetivite experience, retrospective experience, prospective experience). In ihrem Modell spielen Erinnerungen an vorgängige Erfahrungen eine zentrale Rolle für das Produktdesign (vgl. auch Karapanos, Zimmerman, Forlizzi und Martens, 2010). In Anlehnung daran betonen Kujala, Vogel, Pohlmeyer und Obrist (2013) die Bedeutung einer „long-term UX". Die zeitliche Vielschichtigkeit von UX einzubeziehen, erlaubt es erstens, UX als eine *Reihe* von Erfahrungen zu begreifen, die nicht nur episodische Konsequenzen für Nutzer_innen, sondern auch langfristige und gesellschaftliche Auswirkungen haben. Zweitens zieht diese Sicht in Betracht, dass Zeit den Kontext und die Bedeutung einer Erfahrung radikal verändern kann (vgl. auch McCarthy und Wright, 2004).

Neben ergonomischen und psychologischen Ansätzen, die darauf abzielen, menschliche Wahrnehmung, Kognition, Erinnerung und Informationsverarbeitung zu modellieren, haben sich HCI und Interaction Design einem Verständnis zugewandt, das Interaktion als „phänomenologisch situiert" versteht (Harrison, Tatar und Sengers, 2007). Dabei wird davon ausgegangen, dass die Interaktion mit einer Anwendung oder einem System vielfältige Interpretationen hervor bringt, das heißt, dass die wahrgenommene Bedeutung einer Interaktion in einer Wechselwirkung zwischen Artefakt und Nutzungskontext entsteht. Einen zentralen Bezugspunkt in der Literatur stellt in diesem Sinne die Affektivität von Interaktionen dar

(z. B. Desmet und Hekkert, 2007; Norman, 2007). Dabei wird Affekt als eine durch Design erzeugte Beziehung mit einem Artefakt verstanden. Obwohl UX kein Produktmerkmal ist, sondern (affektiv) im Kontext einer bestimmten Nutzung durch konkrete Nutzer_innen entsteht, beschreiben es Designkonzepte oft vereinfacht als ihr Ziel, den Nutzer_innen Erfahrungen bereit zu stellen. Den Ursprung von emotionalen Erlebnissen allein in der situativen Interaktion mit dem technischen Artefakte zu verorten, verkürzt allerdings die Sichtweise, die Ansätze zu situierten Phänomenen und Affekt anbieten. UX ist ein soziotechnisches Phänomen, das in konkreten Interaktionen oder Nutzungspraktiken zu Tage tritt. Dementsprechend wird ein Interaktionsdesign unterschiedliche Nutzer_innen-Erlebnisse hervorrufen. Wie Hartson und Pyla (2012, S. 77) betonen, sei es deshalb notwendig, zielgruppenspezifische Designs auf der Basis eines soliden Wissens über diese Zielgruppen zu entwickeln. Wie in den folgenden Kapiteln zu sehen sein wird, können (queer-)feministische Ansätze zu soziomateriellen Phänomenen und Affekt hier einen wichtigen analytischen und konzeptuellen Beitrag leisten.

3   Geschlechtertheoretische Ansätze der Technikforschung

Gesellschaftliche Geschlechter-Technikverhältnisse im weiteren Sinn und das Verhältnis zwischen Nutzer_innen und Technik im Konkreten sind seit Mitte der 1980er Jahre Thema feministischer Technikhistoriker_innen und -soziolog_innen. Thematisiert wurden hier unter anderem die Ausblendung der Rolle der Frauen in der Technikentwicklung und die aktive Aneignung (und in der Folge auch Mitgestaltung) von Technologien durch Nutzerinnen. Sowohl in der Etablierung angewandter Felder, die User-Technik-Verhältnisse in den Mittelpunkt stellen, wie etwa Human-Computer Interaction, Computer-Supported Cooperative Work oder partizipative Technikentwicklung, als auch beim „turn" in Richtung einer verstärkten Bezugnahme auf Nutzungskontexte und Nutzer_innen in technikwissenschaftlicher Forschung, spielte die Ermächtigung von Usern eine zentrale Rolle. In feministischen Ansätzen geht es insbesondere um eine Ermächtigung von weiblichen Nutzer_innen und auch um eine Diversität von Nutzer_innen, die vergeschlechtlichte Lebenskontexte vervielfältigt und Aspekte wie Alter, Behinderung/Befähigung, sozio-ökonomische und kulturelle Herkunft einbezieht. Insbesondere ging es auch darum, eine Konzeption von Entwickler_innen als Experten und von Nutzer_innen als wenig technikverständig aufzubrechen und gesellschaftliche Machtverhältnisse, die diese Zuschreibungen verfestigen, explizit zu machen (vgl. Oudshoorn und Pinch, 2008).

In der Technikforschung dienen unterschiedliche Ansätze dafür, das Verhältnis zwischen Gesellschaft und Technik zu theoretisieren und Machtverhältnisse entsprechend zu erklären bzw. in sie zu intervenieren: (1) *Sozialkonstruktivistische Ansätze* wie „social construction of technology" (SCOT) oder „social shaping of technology" (SHOT) verstehen Computertechnologien als sozial geformt. Diese Ansätze gehen davon aus, dass sich gesellschaftliche Vorstellungen durch eine Konfiguration von zukünftigen Nutzer_innen und Nutzungskontexten in technische Artefakte einschreiben. Entwickler_innen greifen bei Designentscheidungen und deren Implementierung oft auf eigene Anforderungen oder Kenntnisse zurück („I-Methodology") oder treffen implizit Annahmen über zukünftige Nutzer_innen, die als Scripts in Anwendungen einfließen (vgl. Akrich, 1995; Rommes, 2014). Beide Vorgehensweisen führen tendenziell zum Ausschluss von Nutzer_innengruppen, die entweder nicht als

User mitgedacht werden, oder können aufgrund gesellschaftlicher Zuschreibungen bei-spielsweise Frauen und Männer über Produktdesign, Funktionalitäten oder Produktkommu-nikation auf stereotypisierende Weise unterschiedlich adressieren. Eine Analyse von Gender Scripts, die in Anwendungen eingeschrieben sind, intendiert ein Aufbrechen von Geschlech-terstereotypen und asymmetrischen Zuschreibungen. Ansätze, die die Diversität von Nut-zer_innengruppen und Lebens-/Nutzungskontexten bzw. die Intersektionalität von viel-schichtigen Ungleichheitsstrukturen einbeziehen, stellen essentialistische Zuschreibungen an „Frauen" und „Männer" über eine Vervielfältigung von Subjektpositionen in Frage. Dabei wird hinterfragt, welche Geschlechterbilder in technischen Kontexten hegemonial sind, und welchen vergeschlechtlichten Vorstellungen damit auch in der Entwicklung Relevanz einge-räumt wird. Machtverhältnisse werden in dieser Sicht als asymmetrische Geschlechterver-hältnisse verstanden, die sich in Technologien einschreiben und diese Asymmetrie damit weitertragen. In Bezug auf UX bieten diese Ansätze einen Weg, das durch Annahmen, Inter-views oder Beobachtungen gewonnene „solide Wissen" über unterschiedliche Zielgruppen und entsprechende Evaluationsverfahren kritisch auf Geschlechter- und soziale Biases hin zu überprüfen. Verortet man UX allerdings nicht im Design oder dessen direkten Folgen, sind hier analytische Grenzen gesetzt. (2) *Ko-konstruktivistische Ansätze* gehen nicht von einer kulturellen Formung der Technik aus, sondern beschreiben, wie Technik und Gesellschaft einander wechselseitig konstituieren. In den Vordergrund treten damit auch die Fragen, wie Geschlechtervorstellungen auch durch Technik mitgeformt werden und wie Technikentwick-lung und -nutzung unterschiedliche Lebensbereiche oder Arbeits- und Alltagspraktiken ver-geschlechtlichen. Geschlechterdifferenz wird in diesem Ansatz dadurch hergestellt, dass sie ständig wiederholt wird. Technische Konzepte und Methoden, die Entwicklung von Compu-teranwendungen und ihre Nutzung, das Reden über Technik in der Gesellschaft – all diese immer wieder wiederholten Praktiken konstruieren ständig Geschlechterdifferenz mit und bringen sie so erst hervor. Ein dichotomes Geschlechterverständnis in Frage zu stellen, be-deutet im Kontext der Technikentwicklung, dass Entwicklungspraktiken grundsätzlich als soziotechnisch zu verstehen sind und über die Auflösung von Gegensatzpaaren wie Objekti-vität/Subjektivität oder Technik/Gesellschaft technische Paradigmen als vergeschlechtlicht sichtbar gemacht werden. (3) Auch *Ansätze der Ko-Emergenz* setzen voraus, dass Gesell-schaft und Technik nicht unabhängig voneinander existieren, sondern kontinuierlich in Rela-tion zueinander entstehen. Soziotechnische Praktiken wie die Entwicklung und Nutzung von Informationssystemen werden allerdings stärker auch als materielle Praktiken beschrieben – als Praktiken, in denen nicht nur gesellschaftliche Diskurse und Strukturen, sondern auch Materialitäten wie Programme, Code aber auch Körper eine Rolle spielen und aktiv sind. Auf diese Weise werden Geschlecht und Technik als ko-emergent, d. h. als schrittweise gegensei-tige Inkraftsetzung beschrieben (vgl. van der Velden und Mörtberg, 2012). Ko-Konstruktivistische Ansätze und Ansätze der Ko-Emergenz hinterfragen technische Konzep-te, Methoden und Praktiken auf ihre Vergeschlechtlichungseffekte. Durch eine Analyse von Entwicklungsprozessen wird sichtbar gemacht, wie etwa Software-Qualität, Requirements-Engineering oder konkrete Implementierungen vergeschlechtlicht sind. Das Machtverhältnis, das sich in diesen Ansätzen zeigt, ist die Konstruktion der Geschlechterdifferenz an sich. Eine Möglichkeit der Intervention bietet daher die Dekonstruktion von Zweigeschlechtlich-keit und damit verknüpfter Dichotomien in technischen Konzepten, Methoden und Praktiken (z. B. Allhutter und Hofmann, 2010). Ko-Emergenz geht dabei einen Schritt weiter und setzt sich damit auseinander, wie Geschlechter-Technikverhältnisse verkörpert und materialisiert werden (Allhutter und Hofmann, 2014). Im Bezug auf UX eignet sich dieser Ansatz, um eine

Geschlechterperspektive dazu zu nutzen, Anwender_innen-Erlebnisse als soziomaterielle affektive Phänomene zu beleuchten.

4 UX als vergeschlechtlichtes Anwender_innen-Erlebnis

Nach einer kurzen Einführung zu Affekt und soziomateriellen Phänomenen zeigt dieses Kapitel anhand eines empirischen Beispiels, wie Anwender_innen-Erlebnisse affektiv und verkörpert sind. Wie weiter oben ausgeführt, dreht sich UX um die emotionalen Wirkungen während der Interaktion mit einem System und auch um die Erinnerung nach der Interaktion. Erinnerungen können also produktiv gemacht werden, um Anwender_innen-Erlebnisse in ihrer zeitlichen Vielschichtigkeit zu erfassen und zu analysieren, auf welche Art und Weise eine konkrete Interaktion für konkrete Nutzer_innen Bedeutung erlangt. Sie bieten einen analytischen Zugang zu einer Beziehung, die sich in einer bestimmten Anwendungssituation zwischen Nutzer_in und Artefakt ereignet, die aber auch auf vergangene Erlebnisse zurückgreift und den Hintergrund für zukünftige Erfahrungen darstellt. Die Studie, auf die ich mich beziehe, wurde mit einem Team von Computerspiele-Entwickler_innen durchgeführt und untersuchte anhand der Methode der Erinnerungsarbeit (Haug, 1999), wie informatische Konzepte mit Geschlechterdiskursen verschränkt sind. Jede_r Entwickler_in wurde gebeten, eine Erinnerung an ein eigenes Nutzungserlebnis (in dritter Person) aufzuschreiben. Die Erinnerungstexte wurden dann durch den Vergleich mit den anderen Texten aus der Gruppe von den Entwickler_innen selbst dekonstruiert (Allhutter, 2012). Dabei wurden Bedeutungsproduktionen hinterfragt, Sichtweisen ausgehandelt und herausgearbeitet, wo Emotionen in Verwicklung mit Computeranwendungen auftreten und an welchen Stellen die Gruppe affektives Einverständnis oder Ablehnung mit diesen Sichtweisen und Gefühlen herstellt. Die im Folgenden zitierten Auszüge des Materials sind Teil des Projekts „Gendered Software Design" (2007) und werden hier für eine über das Projekt hinausgehende Analyse von UX-bezogenen Aspekten wieder aufgegriffen.

4.1 Affekt und verkörperte Technikverhältnisse

In einer soziomateriellen Sichtweise bilden Gesellschaft und Technologie keine voneinander abgeschlossenen Systeme, die interagieren. Weder ist Technik gesellschaftlich geformt, noch werden gesellschaftlicher Wandel oder soziale Verhältnisse von Technologien determiniert. Gesellschaft und Technik entwickeln sich in Relation zueinander. Sie entstehen ineinander verschränkt in einem fortlaufenden Prozess, in dem auch Objekte oder ein Involviert-Sein der Menschen in materielle Verhältnisse eine aktive Rolle spielen. Eine Erinnerung an ein Anwender_innen-Erlebnis zeichnet ein Bild eines soziomateriellen Phänomens, in dem Eigenschaften eines Computersystems, Handlungen, die mit dem System durchgeführt werden und die sich auf vorgängige Praktiken beziehen, und die Körper der Nutzer_innen, die sich durch Wahrnehmungen, Interaktionen, Affekte und Emotionen in diese Praktiken involvieren, etwas miteinander hervorbringen: ein bestimmtes Technikverhältnis. Durch solche relationalen Prozesse entsteht in Phänomenen Bedeutung, die sich in Objekten und Körpern manifestiert: Nutzer_innen involvieren sich und werden sensorisch, emotional und körperlich involviert. Bestimmte Interaktionen werden damit bedeutsam – oder, wie Karen Barad (2003, S. 815) es formuliert hat, bestimmte *verkörperte Konzepte* erlangen Bedeutung und materialisieren sich. Sara Ahmed (2010, S. 234–235) erklärt in ihren Arbeiten zu Affekt und dem

Verhältnis mit Objekten, wie die Welt durch den Kontakt zwischen Körpern und Objekten eine bestimmte Form annimmt. Sie beschreibt diese Beziehung als *Orientierungen*. Orientierungen gestalten, welche Dinge für uns Bedeutung erlangen und sie bezeichnen Richtungen, die wir einschlagen: Wir orientieren uns mehr hin zu manchen Objekten als zu anderen, so Ahmed (ebd., S. 247). Die Orientierung hin zu einem Objekt steckt den Raum ab, den wir bewohnen oder einnehmen. So hat die feministische Technikforschung etwa den Umgang mit bestimmten technischen Objekten und Technikentwicklung als „männlich" bewohnten Raum beschrieben. Die Nähe von Körpern und Dingen zueinander gestaltet die Form dieser Körper und Dinge mit. Was in dieser Nähe zueinander in einem bestimmten Moment passiert, ist offen, meint Ahmed (ebd., S. 240). Wir wissen nicht immer, wie Dinge einander affizieren oder wie wir von ihnen affektiv berührt werden. Susan Kozel (2007) hat dies als Resonanz zwischen Objekten und Menschen beschrieben. Resonanzen entstehen zwischen Objekten und Körpern. Sie verbinden emotionale und kognitive Aspekte sowie das Sensorische und Affektive und beschreiben Momente des Berührt- und Affiziert-Werdens. Affekt wird in queer-feministischen Ansätzen nicht wie in kognitionswissenschaftlichen Ansätzen als neurophysiologischer Zustand einer Person verstanden, der durch einen Stimulus ausgelöst wird. Affekt wird dagegen als „Modus der Involviertheit" beschrieben – als Involviertheit in gesellschaftliche Strukturen und in Materialitäten: „Affekte beschreiben die Art und Weise, wie sich […] Herrschaftsverhältnisse in alltäglichen Praktiken und persönlichen Beziehungen manifestieren, wie sie affektiv belebt und reproduziert werden." (Bargetz, 2013, S. 217). Affektive Erfahrungen sind nicht nur individuell und subjektiv, sondern sie werden durch Empathie und Imagination mit anderen Menschen geteilt. Sie verweisen auf ein Zusammenwirken von materiellen Körpern und Gesellschaft. Sie haben eine Geschichtlichkeit und deuten als Momente des Bewegt-Werdens auch in die Zukunft. Ahmeds (2010, S. 245) Konzept der Orientierungen erklärt die Geschichtlichkeit oder das Geworden-Sein und ständige Werden von Körpern und Affekten auch als Tendenz zu etwas hin. Bestimmte Tendenzen oder die Nähe zu bestimmten Objekten haben wir schon geerbt, etwa eine Nähe zu den geschlechterdifferenten Räumen, die wir „bewohnen".

4.2   UX erinnern

Dieser Abschnitt soll nun veranschaulichen, wie subjektive und kollektive Erfahrungen und Erinnerungen, verkörperte Konzepte und vergeschlechtlichte Orientierungen in Interaktionen mit Computerspielen affektiv entstehen. Die oben beschriebene Erinnerungsarbeit wurde im Arbeitsumfeld der Entwickler_innen durchgeführt, das heißt, ein Festhalten und Dekonstruieren eines Nutzer_innen-Erlebnisses ist in diesem Kontext auch mit einem professionellen Wissen über UX-Konzepte verknüpft. Bei diesem Text einer Spieleentwicklerin handelt es sich um einen Ausschnitt aus einem erinnerten Anwender_innen-Erlebnis:

> „Der erste Versuch war *einfach beschämend*. Während ihrer Studienzeit mochte sie Rallye-Spiele, aber sie waren ihr oft ein wenig *zu schwer*. Der PSP [PlayStation Portable] *fühlte sich groß und unhandlich an* ... Der nächste Versuch *brachte die Erkenntnis*, dass häufigeres Bremsen sicher dabei helfen würde, nicht so oft über die Streckenbegrenzungen hinauszuschießen. Beim dritten Versuch begann das Spiel dann *Spaß* zu machen. ... Der siebente Versuch brachte dann erstmals ein *akzeptables Ergebnis* – Dritter ist keine tolle Platzierung, aber nicht peinlich und gut genug, um den nächsten Track zu probieren. ... Der

erste Versuch ist *wieder völlig beschämend*, aber *grundsätzlich* hat sie über das Handling des Fahrzeugs *schon eine Menge gelernt*. Sie und die Rallye-Spiele. Das war schon immer eine Hassliebe gewesen. Nachdem sie *wenig natürliches Talent* für diese Art von Spiel mitbrachte, brauchte sie immer eine *Vielzahl an Versuchen* um ein Spiel zu beherrschen, das ihre *Kumpel einfach nahmen und spielten*. Egal – es ist nur ein Spiel. Glücklicherweise hatte sie irgendwann aufgehört, es allzu persönlich zu nehmen und *zu fluchen und zu schimpfen*, wenn sie dasselbe Rennen zum x. Mal versaute." (Erinnerungstext 1)

Der Text bringt an den markierten Stellen ein multisensorisches affektives Involviertsein in die Interaktion zum Ausdruck. Um dieses vergeschlechtlichte Technikverhältnis genauer zu beleuchten, können wir fragen, wie die Interaktion erinnert wird und welche Gefühle und Affekte damit in Verbindung gebracht werden. Wer oder was wird als handelnd erinnert und welche Resonanzen bietet der Text der teilnehmenden Gruppe an? In der (kollektiven) Dekonstruktion können wir eine affektive Resonanz oder Dissonanz mit manchen der bildlichen Erinnerungen herstellen. Wir können z. B. eine haptische Wahrnehmung wie „der PSP fühlte sich groß und unhandlich an" imaginieren – diese haptische Empathie kann etwa ein Gefühl der Fremdheit, des Nicht-gewöhnt-Seins vermitteln. Was passiert, wenn ein Objekt nicht (länger) vertraut erscheint, können wir mit Ahmed fragen, und wenn dem entgegen tritt, dass „ihre Kumpel" Rennspiele „einfach nahmen und spielten". Ein zweiter Erinnerungstext aus der Gruppe der Spieleentwickler_innen verdeutlicht dieses Bild:

„Nach dem Laden des Menüs probierte er *kurz eine einzelne* Fahrt aus, um *ein Gefühl* für das Spiel zu erhalten. Im ersten Moment *empfand er die Steuerung* des Autos als sehr sensibel, ja fast schon *zu sensibel*. Es passierte sehr leicht, dass das Auto vor und nach einer starken Kurve von links nach rechts hin- und herpendelte. *Dennoch* begann er *gleich* nach der ersten Probefahrt mit einer *Meisterschaft*. Nach ein bis zwei Misserfolgen stand der erste Sieg zu Buche, und auch die etwas sensible Steuerung hatte er bereits *besser in den Griff bekommen*. Als er *nach ein paar Rennen ein Gefühl* für das Fahrzeug entwickelt hatte, ließ sich das Auto sogar erstaunlich gut fahren. Nach etwa 10 Rennen begann sich bei ihm nun *richtige Begeisterung* für das Spiel einzustellen. Die verschiedenen Rallye-Sonderprüfungen strotzten zwar wahrlich nicht gerade vor Realismus, und er empfand es als *erstaunlich*, dass die hypersensible Steuerung auf den schmalen Strecken tatsächlich so gut funktionierte, dennoch machte es einfach *sehr viel Spaß*, die verschiedenen Strecken zu befahren. ...bislang hält die Begeisterung an, *was sehr für die Qualität des Spiels spricht*." (Erinnerungstext 2)

Eine Kurzfassung von Text 1 könnte etwa so lauten: Die Entwicklerin entschließt sich, ein Rennspiel auszuprobieren. Nach einem ersten Versuch gibt es einen Rückblick in ihre Studienzeit, der uns mit einer haptischen Erinnerung an den PSP affektiv wieder in die aktuelle Situation zurückbringt. Der nächste Versuch bringt die selbstironische „Erkenntnis, dass häufigeres Bremsen sicher (...) helfen würde". Dann beginnt es Spaß zu machen, es kommt der nächste Versuch, der Siebte bringt dann ein akzeptables Ergebnis, dann folgt wieder ein missglückter Versuch. Als Abschluss gibt es wieder einen Rückblick darauf, wie sich das Verhältnis der Verfasserin zu Rennspielen in der Vergangenheit entwickelt hat. Durch viele passive Verben erscheint die Verfasserin nur an wenigen Textstellen als aktiv handelnd, während Objekte wie der PSP als aktiv oder affektiv hervortreten. Die genauen Aufzählungen der einzelnen Versuche lassen ein Bild von einem Handlungsraum entstehen, in dem sich die Entwicklerin große Mühe gibt, etwas zu erreichen. Diese Selbstkonstruktion ist mit haptischen Ausdrücken verknüpft, die Körperlichkeit und Symbolik verbinden, wie „der PSP fühlte sich groß und unhandlich an". Die Verfasserin bringt Gefühle des Beschämt-Seins, des Peinlich-berührt-Seins ins Spiel, verbindet sie mit Selbstironie und erinnert den Umgang mit dem Handling des Fahrzeugs als mäßig erfolgreichen Lernprozess. Sie stellt sich dar, als müsse sie sich die Fähigkeiten, die ihre männlich konnotierten „Kumpel" „einfach" und von Natur aus haben, durch konzentriertes Üben aneignen, und zwar in der Vergangenheit und jedes Mal wieder.

Im Text 2 lädt der Entwickler das Menü und probiert eine Fahrt aus. Er beurteilt die Qualität des Spiels und beginnt mit einer Meisterschaft. Bald steht der erste Sieg zu Buche und es folgt wieder eine Beurteilung des Spiels. Begeisterung stellt sich ein, wieder folgt eine kritische Beurteilung des Spiels. Es macht aber dennoch Spaß, die Begeisterung hält an, was wiederum für die Qualität des Spiels spricht. Der Verfasser tritt durch aktive Verben im Text hervor. Er beschreibt, wie er das Handling und die Merkmale des Spiels empfindet und stellt diese Wahrnehmungen als objektiv und als Qualitätsmerkmale des Spiels dar. Im Vergleich zur Aufzählung der vielen Versuche im Text 1 inszeniert er durch Ausdrücke wie „kurz eine einzelne Fahrt" oder „ein bis zwei Misserfolge" eine Leichtigkeit im Umgang mit dem Spiel. Durch die Meisterschaft wird das Spielen nicht, wie in Text 1, als Lernprozess begriffen, sondern in den Kontext eines Wettbewerbs gestellt. Die bildliche Beschreibung „auch die hypersensible Steuerung hatte er bereits besser in den Griff bekommen" steht haptisch und symbolisch im Gegensatz zum PSP, der sich „groß und unhandlich" anfühlt.

Wie Ahmed (2010, S. 235 ff.) erklärt, haben Orientierungen einen Hintergrund. Sie sind Effekt dessen, wohin wir tendieren, aber sie sind auch ein Ausgangspunkt. Text 1 erwähnt an zwei Stellen einen Hintergrund des erinnerten Technikverhältnisses. Die Verfasserin bringt ihre Distanz zum Rallye-Spiel in Verbindung mit ihrer Studienzeit. Sie ruft Erinnerungen an die Zeit ihrer technischen Ausbildung hervor, die auch Gegenstand eines vorangegangenen Interviews war, und setzt sie damit in ein Verhältnis zu dem vergeschlechtlichten Raum der IT-Fachhochschule, die sie besucht hat. Im letzten Absatz bringt sie die Zeitebenen zusammen, denn „Sie und die Rallye-Spiele. Das war schon immer eine Hassliebe gewesen". Während die Entwicklerin ihre Spielleistung eher ihrem fehlenden „natürlichen Talent" als der Qualität des Spiels zuschreibt, beschreibt sie das Technikverhältnis ihrer damaligen und (implizit auch) aktuellen Kollegen nicht als problematisch. In Text 2 wird die Geschichtlichkeit dieses Technikverhältnisses ausgeblendet. Sie wird nicht als relevant verkörpert und damit wird ein naturalisiertes Verhältnis reproduziert, sprich eines, das einer weißen, heterosexuellen, männlichen Geschlechterperformanz nicht zuwider läuft. Das Privileg des Bewohnens des vergeschlechtlichten Handlungsraums IT bleibt unsichtbar.

In Text 1 steht „Hassliebe" als Ausdruck starker emotionaler und körperlicher Involviertheit der Entwicklerin, als etwas, das sie im Verhältnis zu Rennspielen affektiv im Griff hat. Aber: „Egal – es ist nur ein Spiel. Glücklicherweise hatte sie irgendwann aufgehört, es allzu persönlich zu nehmen und zu fluchen und zu schimpfen". Auf die Relativierung, die eine Veränderung der Orientierung im Technikverhältnis andeutet, folgt eine Affirmation der affektiven Involviertheit durch die Verdoppelung der stark emotionalen Verben. In der Dekonstruktion kann an dieser Stelle leicht eine affektive Resonanz, eine emphatische Erinnerung hervorgerufen werden. Die transindividuelle und geschichtliche Dimension von Affekten und Gefühlen wirft die Frage auf, wie sich die Gruppe ins Verhältnis zu diesem Affekt setzt. Entsteht eine Resonanz mit der Wut, mit einer unterdrückten Wut und der darauf folgenden Explosion oder mit dem Versuch, Gelassenheit zu bewahren? Die gleiche Frage stellt sich für Text 2. Womit setzt sich die Gruppe in der Dekonstruktion dieser Erinnerung in Beziehung? Mit dem Nutzer_innen-Erlebnis oder mit der distanzierten professionellen Perspektive, die stellenweise durch die Beurteilung der Qualität des Spiels eingenommen wird?

5   UX: ein soziomaterielles Konzept

Die Analyse von Affekten und Orientierungen in Anwender_innen-Erlebnissen zeigt, dass UX nicht nur ein soziotechnisches Konzept ist, sondern als *verkörpertes Konzept* begriffen werden kann, *das als reales Phänomen in einem konkreten soziomateriellen Verhältnis zutage tritt und eine Geschichtlichkeit vergeschlechtlichter Subjekte impliziert*. Die Anwender_innen-Erlebnisse machen Interaktionen mit informatischen Artefakten als affektiven Prozess deutlich, der zeitlich vielschichtig ist und der die Körper der Nutzer_innen auf eine bestimmte Art und Weise adressiert. Dies demonstriert auch, wie Interaktionsdesign als ein Prozess verstanden werden kann, in dem Geschlechter-Technikverhältnisse differenziell in Kraft gesetzt werden. Das Geschlechter-Technikverhältnis, das im vorigen Kapitel dargestellt wurde, ist nicht verallgemeinerbar (das heißt, „Frauen" und „Männer" oder Spieleentwickler_innen haben nicht generell ein auf diese Weise (un-)problematisiertes Technikverhältnis). Diese Orientierungen im konkreten Technikverhältnis stellen aber eine Tendenz dar, in der Geschlecht als relational, temporär und situiert zu verstehen ist (Allhutter und Hofmann, 2014).

In Bezug auf Konzeptualisierung, Design und Evaluierung von UX lassen sich zwei Aspekte zusammenfassen: Erstens hebt ein soziomaterielles UX-Konzept, wie ich es im letzten Absatz skizziert habe, stärker hervor, was generell in der Konzeption von UX schon angelegt ist, aber nicht in letzter Konsequenz vollzogen wird: die Auflösung der Dichotomie eines subjektiven Nutzer_innen-Erlebnisses und einer objektiven User Experience. Die Fortschreibung der vergeschlechtlichten Dichotomie Objektivität/Subjektivität zeigt sich meines Erachtens in den disziplinären Zugängen (vgl. Obrist et al., 2012) und analytischen Bezugsrahmen, die Forschung zu UX heranzieht. Im Allgemeinen beziehen sich ergonomische, kognitionswissenschaftliche und psychologische Ansätze auf quantitative individuelle Wirkungszusammenhänge, die verallgemeinert und objektiviert werden. Die Gesellschaftlichkeit, Geschichtlichkeit und das prozesshafte Werden von Subjekten in Relationalität mit Technik und technischen Artefakten wird dadurch nicht sichtbar und bleibt im Subjektiven verhaftet. Das heißt, diese Aspekte bleiben analytisch und damit auch in der praktischen Umsetzung eine Leerstelle. User Experiences sind soziomaterielle (nicht transzendentale) Phänomene, die sich unter wirklichen, geschichtlichen und kulturell spezifischen gesellschaftlichen Bedingungen und als Teil von konkreten gesellschaftlichen Technikverhältnissen entfalten. Daher ist es zweitens von Bedeutung, wie ein soziomaterielles Konzept wie UX in konkreten Design-Entscheidungen umgesetzt wird. Literatur zu UX bezieht sich oftmals auf eine Liste von Emotionen und affektiven Wirkungen, die eine Interaktion mit einer Anwendung oder einem Informationssystem auslösen soll, oder versucht eine generelle Struktur von emotionalen Erlebnissen zu erstellen. Etwas abstrakt werden in diesem Zusammenhang auch „tiefere emotionale Faktoren" wie „Identität" ins Spiel gebracht. Wie bereits erwähnt, gehen diese

Herangehensweisen von verallgemeinerten menschlichen Wahrnehmungen und emotionalen und psychologischen Reaktionen aus. Es ist darüber hinaus aber produktiv, die unterschiedliche Situiertheit von Menschen in gesellschaftlichen Technikverhältnissen einzubeziehen. Emotionen und Affekte folgen keinem Reiz-Reaktionsschema und sind nicht Ausdruck der Interaktionen, die ein System anbietet. Sie sind auf unvorhersehbarere Weise mit Körpern, Materialitäten und ihren Geschichtlichkeiten verwickelt. Einen Ansatzpunkt bieten hier „long-term UX"-Konzepte, die unterschiedliche Zeitlichkeiten und Erinnerungen einbeziehen. Aus einer Geschlechterperspektive zeigt sich, wie vergangene, gegenwärtige und zukünftige Technikverhältnisse in Nutzer_innen-Erlebnissen (und damit auch in der Entwicklung) ineinanderfließen. Ich schlage daher vor, dass Erhebungs- und Umsetzungsmethoden für ein diversitätsorientiertes UX-Design, ebenso wie Evaluierungsmethoden geschichtlich gewachsene Orientierungen hin zu bestimmten Objekten und Interaktionen stärker in den Blick nehmen. Ein eventuell zugrunde liegendes Konzept von „zielgruppenspezifischem" Design sollte dabei auf essentialistische Setzungen hinterfragt werden.

Danksagung

Dieser Beitrag wurde durch eine Förderung des Austrian Science Fund (FWF), Projektnummer V273-G15, ermöglicht.

Literatur

Ahmed, S. (2010). Orientations Matter. In D. Coole & S. Frost (Hrsg.), *The new materialisms: ontology, agency and politics* (S. 234-257). Durham: Duke University Press.

Akrich, M. (1995). User Representations: Practices, Methods and Sociology. In A. Rip, T. Misa & J. Schot (Hrsg.), *Managing Technology in Society.* (S. 167–184). London/New York: Pinter.

Allhutter, D. (2012). Mind Scripting. A Method for Deconstructive Design. *Science, Technology & Human Values, 37*(6), 684–707.

Allhutter, D. & Hofmann, R. (2010). Deconstructive design as an approach for opening trading zones. *Thinking Machines in the Philosophy of Computer Science: Concepts and Principles, Hershey: IGI Global,* 175–192.

Allhutter, D. & Hofmann, R. (2014). Affektive Materialitäten in Geschlechter-Technikverhältnissen. Handlungs- und theorie-politische Implikationen einer antikategorialen Geschlechteranalyse. *Freiburger Zeitschrift für Geschlechterstudien,* 20(2), (in Druck).

Barad, K. (2003). Posthumanist performativity: Toward an understanding of how matter comes to matter. *Signs, 28*(3), 801–831.

Bargetz, B. (2013). Markt der Gefühle, Macht der Gefühle. *Österreichische Zeitschrift für Soziologie, 38*(2), 203–220.

Desmet, P. M. & Hekkert, P. (2007). Framework of product experience. *International Journal of Design, 1*(1), 57–66.

Harrison, S., Tatar, D. & Sengers, P. (2007). The three paradigms of HCI. *alt.chi paper presented at CHI'07 Conference on Human Factors in Computing Systems,* San Jose, CA, USA.

Hartson, R. & Pyla, P. S. (2012). *The UX Book: Process and guidelines for ensuring a quality user experience.* Waltham: Elsevier.

Hassenzahl, M., Eckoldt, K., Diefenbach, S., Laschke, M., Lenz, E. & Kim, J. (2013). Designing moments of meaning and pleasure. Experience design and happiness. *International Journal of Design, 7*(3), 21–31.

Hassenzahl, M. & Tractinsky, N. (2006). User experience — a research agenda. *Behaviour & Information Technology, 25*(2), 91–97.

Haug, F. (1999). *Vorlesungen zur Einführung in die Erinnerungsarbeit.* Hamburg: Argument.

Karapanos, E., Zimmerman, J., Forlizzi, J. & Martens, J. B. (2010). Measuring the dynamics of remembered experience over time. *Interacting with Computers, 22*(5), 328–335.

Kozel, S. (2007). *Closer: performance, technologies, phenomenology.* Cambridge: MIT Press.

McCarthy, J. & Wright, P. (2004). *Technology as Experience.* Cambridge: MIT Press.

Norman, D. A. (2007). *Emotional design: Why we love (or hate) everyday things.* New York: Basic books.

Kujala, S., Vogel, M., Pohlmeyer, A. E. & Obrist, M. (2013). Lost in time: the meaning of temporal aspects in user experience. *CHI'13 Extended Abstracts on Human Factors in Computing Systems*, 559–564

Obrist, M., Roto, V., Vermeeren, A., Väänänen-Vainio-Mattila, K., Law, E. L. C. & Kuutti, K. (2012). In search of theoretical foundations for UX research and practice. *CHI'12 Extended Abstracts on Human Factors in Computing Systems,* 1979–1984.

Oudshoorn, N. & Pinch, T. (2008). 22 User-Technology Relationships: Some Recent Developments. *The handbook of science and technology studies* (3. Auflage), (S. 541–565). Cambridge: MIT Press

Pohlmeyer, A. E. (2011). *Identifying Attribute Importance in Early Product Development.* Technische Universität Berlin, Doktorarbeit.

Rommes, E. (2014). Feminist Interventions in the Design Process. In W. Ernst & I. Horwath (Hrsg.), *Gender in Science and Technology. Interdisciplinary Approaches* (S. 41–55). Bielefeld: transcript.

Roto, V., Law, E., Vermeeren, A. & Hoonhout, J. (2011). *User Experience White Paper.* Outcome of the Dagstuhl Seminar on Demarcating User Experience, Germany.

van der Velden, M. & Mörtberg, C. (2012). Between Need and Desire Exploring Strategies for Gendering Design. *Science, Technology & Human Values, 37*(6), 663–683.

Diffractive Design

Corinna Bath

Gender, Technik und Mobilität, Institut für Flugführung, Technische Univeristät Braunschweig
Ostfalia Hochschule für angewandte Wissenschaften

1 Einleitung

Bislang konzentriert sich die Geschlechter-Technik-Forschung auf Frauen und ihren unzureichenden Zugang zu technischen Studiengängen und Berufen (Leicht-Scholten, 2007; Koreuber, 2010; Quaiser-Pohl und Endepohls-Ulpe, 2010; Stöger, Ziegler und Heilemann, 2012). Wenige Untersuchungen nehmen ingenieurwissenschaftliche Fachkulturen und Curricula oder die Nutzung von Technik in den Blick (Bauer und Götschel, 2006; Maass und Wiesner, 2006). Noch geringer sind Erkenntnisse über problematische Vergeschlechtlichungen von Inhalten und Methoden technischer Studiengänge und von technischen Produkten (vgl. Zorn, Maass, Rommes, Schirmer und Schelhow, 2007; Sørensen, Faulkner und Rommes, 2012). Mit Projekten wie „Gendered Innovations" (vgl. http://genderedinnovations. stanford.edu/) wurde zwar der Versuch unternommen, die Bedeutung der Kategorie Geschlecht für die natur- und ingenieurwissenschaftliche Forschung und Entwicklung zu verdeutlichen. Allerdings wird dort mit einem Geschlechterverständnis von „sex" und „gender" gearbeitet, das an den meisten Orten der Geschlechterforschung als überholt gilt (vgl. Butler, 1991; Becker-Schmidt und Knapp, 2000; Degele, 2008). So wird etwa von der Möglichkeit einer analytischen Trennung von „sex" und „gender" ausgegangen, ohne auf die für die Geschlechterforschung grundlegende Sex-Gender-Debatte Bezug zu nehmen, die die Unterscheidbarkeit der beiden Begriffe prinzipiell mit dem Argument in Frage gestellt hat, dass es kein vorsoziales, unhistorisches, nichtkulturelles Körperliches geben kann. Ferner wird, statt zu untersuchen, wie Zweigeschlechtlichkeit und Heteronormativität sozio-materiell hergestellt werden, vielfach gesetzt, was Gegenstand der Analyse sein sollte (vgl. Bath und Both, 2014; siehe auch Bath, 2007).

In diesem Beitrag möchte ich *Diffractive Design* als eine Designphilosophie zur Technikgestaltung in der Informatik vorschlagen, die darauf zielt, die genannten Desiderate zu überwinden. Im Folgenden geht es somit um die Frage, wie sich Geschlechterforschung und Technikgestaltung in der Informatik produktiv miteinander ins Gespräch bringen lassen. Dazu greife ich auf die physikalische Metapher der Diffraktion bzw. Interferenz zurück, die von der Physikerin und feministischen Wissenschaftstheoretikerin Karen Barad im Anschluss an Donna Haraway in Diskussion gebracht worden ist.

Im folgenden Abschnitt erläutere ich Barads Verständnis von Diffraktion, um im nachfolgenden Abschnitt die Bedeutung der drei Ebenen des Begriffs – optische Metapher, Epistem-onto-logie und Relationalität mit dem Unerfassbaren und den Anderen – für die Informatik zu diskutieren. Der nächste Abschnitt führt davon ausgehend in kritische Technikgestaltungsansätze ein, die gesellschafts- und wissenschaftstheoretische Erkenntnisse in informatische Methoden integriert haben.

Diffractive Design baut auf solch vielversprechenden vorliegenden Ansätzen auf. Zurückgegriffen wird dabei ebenso auf Ansätze, die Geschlechteranalysen in Technikentwicklung übersetzen und beispielsweise der Frage nachgehen: Wie lässt sich Technik so gestalten, dass die problematischen Vergeschlechtlichungen von Software, IT und ihren Grundlagen, die in vorliegenden Forschungen bereits identifiziert worden sind, vermieden werden? *Diffractive Design* führt diese unterschiedlichen Ansätze interferent im Sinne eines „Durch-einander-hindurch-Lesens" mit dem Ziel guter Technikgestaltung zusammen, so dass am Ende „lebbaren Welten" im Sinne Donna Haraways und „lebenswerte Leben" im Sinne Judith Butlers entstehen können.

2   Interferenz bzw. Diffraktion

Interferenz bzw. Diffraktion[1] bezeichnet das physikalische Phänomen der Überlagerung von Wellen, die sich an bestimmten Stellen verstärken oder aufheben. Es bilden sich Interferenzmuster, in denen Unerwartetes sichtbar und scheinbar Selbstverständliches verschwinden kann. Die feministische Wissenschafts- und Technikforscherin Karen Barad (2007, 2012, 2013) hat diesen Begriff im Anschluss an Donna Haraway (1995) aufgegriffen, um eine Prozesshaftigkeit von Seins- und Wissensformen zu denken, die weder nach Logiken der Ausschließung oder Ermächtigung funktioniert, noch Vorstellungen fester Identitäten bedient. Barad nutzt damit eine Metapher, in die aktuelle Ansätze der Geschlechterforschung bereits eingelassen sind. Denn Geschlechterforschung begreift Frauen und Männer, Weiblichkeit und Männlichkeit nicht als etwas Feststehendes, das Identität bestimmt. Vielmehr wird Geschlecht als ein Prozess verstanden. Wir aktualisieren Geschlecht ständig in unseren alltäglichen Interaktionen. Wir stellen Geschlecht als Norm ständig wieder neu her. Dabei scheint wie bei der Überlagerung von Wellen weder ein eindeutiger Bezug auf ein Original möglich zu sein, noch entsteht am Ende das Immer-Gleiche. Es kommt vielmehr in jeder Iteration zu Verschiebungen und Veränderungen. Auch deshalb lassen sich Ausschluss oder Ermächtigung nicht einfach kausal und für eine Gruppe denken, die damit ungerechtigt als homogen angenommen wird.

Gleichzeitig bietet der Rückgriff auf die Physik die Möglichkeit einer Übersetzung zwischen MINT-Fächern und Gender Studies bzw. den Sozial- und Geisteswissenschaften. Über das optische Bild der Interferenz hinausgehend, verknüpft Barad den Begriff zugleich mit quantentheoretisch-philosophischen Überlegungen, die der Physiker Nils Bohr in Diskussion gebracht hatte. Paradigmatisch steht dafür das Doppelspaltexperiment, das je nach Versuchsaufbau (wird „gemessen", welche Teilchen durch den einen oder anderen Spalt hindurch gehen, oder wird nicht „gemessen") die für Wellen typischen Interferenzmuster oder die für Materie typischen Muster als Ergebnis zeigt. Dies lässt sich zunächst als Einflussnahme der

---

[1] Ich folge Barad (2007) darin, die Begriffe Diffraktion und Interferenz synonym zu verwenden, um auf die enge Verknüpfung von Wissen und Sein sowie die Problematik von Kausalität hinzuweisen, obwohl Diffraktion im physikalischen Sinne meist als Beugung (also in Bezug auf den Prozess der Entstehung und Herstellung von Interferenzen) verstanden wird, während Interferenzmuster den Effekt von Beugung bezeichnen.

Forschenden auf das Ergebnis der Forschung lesen – ein Phänomen, das in den selbstreflexiven Sozial- und Geisteswissenschaften geläufig ist, wird damit auch physikalisch belegt.

Die Paradoxie, dass Materie unter bestimmten Umständen auch Eigenschaften von Wellen aufweisen kann, ist damit jedoch nicht aufgelöst oder erklärt. Während Heisenberg diese Paradoxie als Unschärfe – und damit als ein epistemologisches Problem – begreift, versteht sein Lehrer Bohr es als ein ontologisches: Die Teilchen „haben" Wellen- oder Materiecharakter, sie „haben" bei der Messung im Beschleuniger entweder Ort oder Impuls, aber nicht beides gleichzeitig. Dies deutet darauf hin, dass Wissen und Sein noch viel enger miteinander verknüpft sind als gemeinhin angenommen. Barad spricht deshalb von auch von Epistem-onto-logie oder Onto-epistemo-logie.

Barads bzw. Bohrs Denken geht darüber hinaus. Sie behaupten mit Hilfe weiterer quanten-physikalischer Experimente, dass Sein und Wissen keine individuellen und objektivistischen Projekte, sondern radikal relational sind. Diese Relationalität sei zudem grundlegend durch Andere und Anderes bestimmt, die immer nur teilweise begreifbar und beschreibbar sein können.

Ein solches Verständnis könnte lähmen, handlungsunfähig machen. Es kann jedoch auch zu neuen Denkweisen inspirieren. Es war Haraway, die mit Bezug auf Trinh Min-ha bereits in ihren frühen Schriften auf das politische Potential des Begriffs „un/an/geeignete Andere" (Haraway, 1995, S. 20–21) aufmerksam gemacht hat, der in diesem Zusammenhang hilfreich erscheint, um diese physikalischen Phänomene mit Erkenntnissen der Gender und Postcolonial Studies in Beziehung zu setzen. „Un/an/geeignete Andere" bringen nicht nur das Verworfene, die jenseits der Norm Stehenden, die/das nicht wissbare(n) Andere(n) mit ins Spiel, sondern ermöglichten „die Differenzbeziehungen zwischen den Völkern und zwischen menschlichen Wesen, anderen Organismen und Maschinen neu fassen […]: nicht als hierarchische Herrschaft, Einverleibung von Teilen in Ganzheiten, paternalistische und kolonialistische Protektion, symbiotische Verschmelzung, antagonistische Opposition oder instrumentelle Produktion aus der Ressource." (ebd.). Übliche Gesten der Unterwerfung ließen sich damit ebenso vermeiden wie ein naiver Versuch des Ausbrechens aus bestehenden Herrschaftskonstellationen. Es sei jedoch, wie Haraway betont, eine „harte intellektuelle, kulturelle und politische Arbeit" erforderlich, um eine solche bessere Welt zu denken und zu produzieren. „[E]ine differentielle, [interferente] feministische Allegorie [könnte] die „un/an/geeigneten Anderen" […] in eine Science-Fiction-Welt mit Namen Anderswo entlassen. Das wäre der Ort, der sich aus [Interferenzmustern] zusammensetzte." (ebd.). Es sind demnach also gerade Diffraktionen/Interferenzen, die denjenigen und dasjenige, die/das bisher außerhalb der Norm und/oder außerhalb des Wissens stehen, ein Sein und lebenswertes Leben eröffnen.

3 Diffraktive Verknüpfungen von Informatik und Geschlechterforschung

Die drei skizzierten Ebenen von Interferenz bzw. Diffraktion – optische Metapher, Epistem-onto-logie und Relationalität mit dem Unerfassbaren – erlauben es, Verknüpfungen von Informatik und Geschlechterforschung neu zu denken. Als optische Metapher stellt Diffraktion meines Erachtens ein besseres Leitbild für interdisziplinäres Arbeiten dar als die bisher zumeist praktizierten Modelle, bei denen eine der Disziplinen mit ihren Theorien, Methoden und Arbeitsweisen letztendlich als Maßstab der Beurteilung gesetzt wird. Barad (2013, S. 60 ff.) wendet sich explizit gegen solche unidirektionalen Modelle, die beispielsweise versuchen mit physikalischen oder biologischen Konzepten gesellschaftliche Entwicklungen zu erklären oder auch umgekehrt die Gesellschaft als Modell für die Naturwissenschaften heranzuziehen. Beim „Durch-einander-hindurch-Lesen" – wie Barad ihren methodischen Ansatz auch bezeichnet – sollen zwei oder mehrere Theorien verschiedener disziplinärer Herkunft gleichwertig behandelt werden, wobei auch kleinste Unterschiede berücksichtigt werden sollen. Ihres Erachtens reicht es jedoch nicht, Zweibahnstraßen zu bauen und „die Ergebnisse dessen zu addieren, was passiert, wenn jede der Theorien mal an der Reihe ist, das Gegenstück zu spielen" (ebd.).

Barads Ziel ist es vielmehr, die aus den verschiedenen disziplinären Praktiken hervorgehenden Verstehensweisen „auf Augenhöhe" miteinander ins Gespräch zu bringen. So wie zwei oder mehrere Wellen, die aufeinander treffen, nicht gleich bleiben, sondern sich überlagern, an manchen Stellen verstärken, an anderen nivellieren, gehen die beteiligten disziplinären Ansätze aus einem solchen Prozess radikal interdisziplinärer Konversation nicht als dieselben hervor. Sie sind im Effekt so miteinander verknüpft, dass sie Interferenzmuster bilden. Dabei sind – wie die physikalischen Experimente zeigen – bereits kleinste Differenzen entscheidend für das, was am Ende als Ergebnis entsteht. Deshalb legt Barads diffraktive Methodologie höchste Aufmerksamkeit auf Unterschiede: „Diffraktion ist auch eine geeignete Metapher zur Beschreibung meines methodologischen Ansatzes, Einsichten durch einander hindurch zu lesen und dabei die Details und Besonderheiten von Differenzbeziehungen und deren Auswirkungen zu beachten und auf sie einzugehen." (Barad, 2013, S. 28).

Bis diese Vision umgesetzt sein wird und wir zu einem solch interdisziplinären Arbeiten zwischen Informatik und Geschlechterforschung gekommen sind, ist es vermutlich noch ein langer Weg. Nichtsdestotrotz erscheint mir die optische Metapher der Diffraktion, ausbuchstabiert als ein „Durch-einander-hindurch-Lesen", als ein vielversprechender Ansatz, um informatische Arbeitsweisen für die Geschlechtertheorie produktiv zu machen und Erkenntnisse der Geschlechterforschung in informatische Produkte umzusetzen.

Auch der zweite Aspekt des Diffraktionskonzepts, die Verknüpfung von epistemologischen und ontologischen Aspekten, erscheint mir für die Verknüpfung von Informatik und Geschlechterforschung äußerst relevant. Kaum eine andere technisch-orientierte Disziplin verbindet das materielle Gestalten von Welt, d. h. von Sein, so stark mit der informationellen Gestaltung, d. h. der Gestaltung der Grundlagen von Wissen, wie die Informatik. Als Wissenschaft der Informationsverarbeitung besteht eine ihrer Kernbeschäftigungen in der Modellierung und automatischen Bearbeitung von Wissen. Informatische Konzepte und Abläufe beeinflussen zunehmend, was wir denken können, und vor allem das, was undenkbar ist und verworfen wird oder nicht sein darf. Dirk Siefkes und die Kolleg_innen des Projekts zur Sozialgeschichte der Informatik betonten, dass die Gegenstände der Informatik „Hybridobjekte" seien: einerseits als Notationen immateriell-geistig, andererseits wird ihnen eine spezifische Form der Wirkmacht, der Bewegung und des Agierens zugeschrieben, die materiell wirksam ist. Sie sind gleichzeitig Zeichen und Gegenstand (Siefkes, Eulenhöfer, Stach und Städtler, 1998, S. 3–4). Sie werfen damit sowohl wissenschafts- und erkenntnistheoretische Probleme (Epistemologie) als auch ontologische Probleme auf. Interferenz ermöglicht, diese aus einer geschlechterkritischen Perspektive zu bearbeiten und Fragen der Verantwortung als Wissenschaftler_in bzw. Informatiker_in zu diskutieren (vgl. Bath, 2013, *Semantic Web*).

Interferenz verweist auf die Notwendigkeit, uns mit unserem – teils unvermeidbaren – Eingreifen auseinanderzusetzen, selbst wenn wir die Folgen dieser Eingriffe nicht vollständig wissen können. Wenn wir Barads Ansatz folgen, kann Wissen nicht Repräsentation von Welt sein, sondern bedeutet ihr machtdurchzogenes Schaffen. „Interferenzen" fordern somit eine ethisch, erkenntnistheoretisch und politisch fundierte Praxis – auch in der Technikgestaltung – ein.

Damit stellt sich nicht nur die Frage nach der Technikgestaltung, sondern auch nach der Wissensproduktion im Angesicht unvermeidlicher Alterität: Wie lassen sich Technologien konstruieren, wenn die Welt draußen, wir selbst, unsere Apparate und ihre intra-relationalen Verwicklungen stets in Teilen unklar bleiben müssen, wenn wir sie nicht vollständig wissen können? Diese Frage kann zugleich politisch gewendet und aus einer geschlechtertheoretisch-feministischen Perspektive untersucht werden: Wie kann durch eine geeignete Modellierung von Welt, durch eine geeignete Konstruktion von Artefakten und Algorithmen und durch passende epistem-onto-logische Annahmen ein Ort für „un/an/geeignete Andere" geschaffen werden?

In den folgenden Abschnitten wird diskutiert, wie dieser Anspruch in Technikgestaltung in der Informatik übersetzt werden kann.

4 Kritische Technikgestaltungsansätze

In der kritischen Informatik gibt es eine Reihe von Ansätzen, die Technikgestaltung mit Gesellschafts- und Wissenschaftskritik, Ökonomiekritik und Ethik verknüpfen. Am bekanntesten ist darunter das *Participatory Design (PD)* der skandinavischen Schule (vgl. Greenbaum und Kyng, 1991; Kuhn und Muller, 1993; Bødker et al., 2004), bei dem zukünftige Nutzer_innen möglichst früh und möglichst gleichberechtigt an der Entwicklung von Technik beteiligt werden sollen. Es umfasst ein breites Methodenspektrum, das auf den regelmäßig stattfindenden PDC-Konferenzen diskutiert wird.

Participatory Design der skandinavischen Schule steht in marxistischer Tradition und grenzte sich früh gegen sozio-technische Ansätze ab, die als zu management-orientiert betrachtet wurden. Demgegenüber verstand sich *Participatory Design* stets als eine politisch und gewerkschaftlich motivierte, technologische Forschung und Entwicklung für diejenigen, die gesellschaftlich strukturell benachteiligt sind. Es entstanden seit den 1990er Jahren auch viele Projekte von Frauen für Frauen, insbesondere für Beschäftigte in typischen Frauenberufen (vgl. insbesondere Hammel, 2003). Kritik an der Partizipationsforschung wird primär daran geübt, dass die politischen Ansprüche angesichts von Modernisierungs- und Neoliberalisierungsstrategien aufgegeben oder nicht mehr eingelöst werden können.

Einen zweiten für diesen Beitrag relevanten kritischen Technikgestaltungsansatz stellt das *Reflective Design* (Sengers, Boehner, David und Kaye, 2005) dar, das ich hier insbesondere auch deshalb diskutieren möchte, weil Barad Diffraktion bzw. Interferenz der Reflektion gegenüber stellt. *Reflective Design* zielt primär darauf, kulturell verankerte Werte und nicht reflektierte Annahmen, die technischen Artefakten bzw. den Methoden und Praktiken zu ihrer Konstruktion eingeschrieben werden, bewusst zu machen, um auf dieser Grundlage alternative Gestaltungsmöglichkeiten zu entwickeln und auszuprobieren. Die zu konstruierenden Artefakte sollen den Nutzer_innen nicht nur umfassende Erfahrungen, sondern zugleich eine

Reflektion ihrer gesellschaftlich-kulturellen Selbstverständnisse ermöglichen: „[R]eflection itself should be a core technology design outcome of HCI" (Sengers et al., 2005, S. 50).

Dazu wird „Reflektion", d. h. gesellschaftskritische bzw. -theoretische Ansätze, mit Technikgestaltung kombiniert. *Reflective Design* nimmt theoretische Anleihen bei marxistischen, feministischen und postkolonialen Ansätzen, den Kultur- und Medienwissenschaften sowie der Psychoanalyse. Auf dieser Grundlage sollen bei der Technikgestaltung relevante Selbstverständnisse offen gelegt und somit – als ein erster Schritt möglicher Veränderung – der bewussten Entscheidung zugänglich gemacht werden. „Critical theory argues that our everyday values, practices, perspectives, and sense of agency and self are strongly shaped by forces and agendas of which we are normally unaware such as the politics of race, gender and economics" (ebd.).

Damit bietet der Ansatz prinzipiell die Möglichkeit, Vergeschlechtlichungen technischer Produkte zu begegnen, die aus impliziten problematischen Geschlechtervorstellungen resultieren. Insbesondere aufgrund seines Bezugs auf feministische und Geschlechtertheorien birgt *Reflective Design* das Potential, Festschreibungen, Stereotypen und vorherrschenden gesellschaftlichen Selbstverständnissen von (Zwei-)Geschlechtlichkeit und Heteronormativität entgegenzuwirken.

Um diese gesellschafts- und geschlechtertheoretischen Ansprüche in den Prozess und die Praxis der Technikgestaltung umzusetzen, arbeitet *Reflective Design* mit verschiedenen methodischen Ansätzen, die je nach Problemlage ausgewählt und miteinander kombiniert werden können. Zum Einsatz kommen Elemente aus dem Participatory Design, dem Value Sensitive Design, Critical Technical Practice sowie dem Design for Experience. Ferner gründet Reflective Design im Critical Design, Ludic Design und dem Reflection-in-Action-Ansatz (vgl. Bath, 2009, für eine Beschreibung und geschlechterwissenschaftliche Einordnung dieser Ansätze). Ziel ist es, dass sowohl der Prozess der Gestaltung als auch das technische Produkt Reflektionen bei den Designer_innen und Nutzer_innen evoziert. Mithin geht es darum, die technischen Produkte selbst als Akteur_innen kritischer Positionen zu konzipieren.

Im Vergleich zu den meisten anderen Methoden kritischer Technikgestaltung zielt *Reflective Design* jedoch nicht nur auf die Nutzung, sondern setzt zugleich bei den Technikgestalter_innen an. Dies korrespondiert mit der Verschiebung, nicht allein auf Partizipation und Erfahrung zu fokussieren, sondern auch darauf, Voraussetzungen und grundlegende Annahmen bei der Gestaltung von technischen Artefakten herauszuarbeiten und gegebenenfalls zu verändern. Ferner ist es mit diesem Ansatz möglich, über die Gestaltung von Software und Informationstechnologien hinaus zu gehen und auch Grundlagen und Voraussetzungen dieser in den Blick zu nehmen. Es ist insofern möglich, epistemologische (bzw. epistem-ontologische) Annahmen und Grundlagen der Technikgestaltung, etwa Modellierungsansätze oder Algorithmen, kritisch wie feministisch zu problematisieren und gegebenenfalls neu zu gestalten.

5   Diffractive Design

Barad und Haraway ernst nehmend, genügt eine solche Reflektion in der Technikgestaltung, wie sie das *Reflective Design* vorschlägt, nicht. Es geht vielmehr darum, über die Repräsentationsansätze, von denen die Informatik geprägt ist, die sich auch in zahlreichen kritischen sozial- und geisteswissenschaftlichen Ansätzen finden, hinauszugehen.

> „Diffraktionsmuster zeichnen die Geschichte von Interaktion, Interferenz, Verstärkung und Differenz auf. Diffraktion handelt von heterogener Geschichte, nicht von Originalen. Anders als Reflexionen verschieben Diffraktionen nicht das Gleiche in mehr oder weniger verzerrter Form woanders hin. ... Eher kann Diffraktion als eine Metapher für eine Art kritischen Bewußtseins am Ende dieses ziemlich schmerzhaften Christlichen Milleniums sein; eine, die sich verschreibt, einen Unterschied zu machen anstatt das Heilige Ebenbild zu wiederholen." (Haraway, 1997, S. 273, zitiert in der Übersetzung nach Barad, 2013)

Um nicht im Ewiggleichen befangen zu bleiben und insbesondere die bestehende strukturell-symbolische Geschlechterordnung überwinden zu können, bietet sich Diffraktion somit als ein besserer Begriff als Reflektion an. Eine weitere Herausforderung liegt darin, das Unerfassbare und die un/an/geeigneten Anderen, die sowohl im Eigenen wie im Außen liegen können, mit in die Konzeption, Modellierung und Gestaltung technischer Artefakte einzubeziehen. Denn gerade die Informatik rekonfiguriert mit ihren Artefakten zunehmend, was wir wissen und denken können, wie wir handeln und damit auch, was wir sind..

Diffractive Design ist die Vision einer kritischen Technikgestaltungsmethode, die darauf zielt, genau diese Aufgabe zu erfüllen. Dazu werden auf Basis der von Barad vorgeschlagenen Methode die zu konzipierenden technischen Artefakte mit kritischen Technikgestaltungsmethoden und dem Interferenzansatz durch-einander-hindurch-gelesen. *Diffractive Design* kann methodisch auf den Ansätzen des *Reflective Design* und des *Participatory Design* aufbauen. Welche kritischen Technikgestaltungsansätze genau zum Einsatz kommen sollen, ist spezifisch zu prüfen und sollte auf einer fundierten Analyse beruhen.

Eine Möglichkeit besteht darin, nach der von mir vorgeschlagenen Vorgehensweise des „De-Gendering informatischer Artefakte" (Bath, 2009; Bath, 2014) vorzugehen. Dabei wird von der Analyse problematischer Vergeschlechtlichungen informatischer Artefakte ausgegangen, für die ich vier Dimensionen differenziert hatte: 1. strukturell bedingte Ausschlüsse bestimmter Nutzer_innengruppen von der Technologie, die häufig durch die so genannte „I-Methodology" (Akrich, 1995) in der Technikgestaltung zustande kommen, 2. Ein- und Festschreibungen der vorherrschenden geschlechterhierarchischen Arbeitsteilung, die oft auf unangemessenen Annahmen über weibliche und männliche Kompetenzen oder die mangelnde Berücksichtigung der Geschlechterpolitiken im Anwendungsfeld zurückzuführen sind, 3. die Normalisierung von Geschlecht durch die explizite Repräsentationen von geschlechtlichen Körpern und Verhaltensweisen in Artefakten und 4. Geschlechterpolitik und Epistemologie der Modellierung und Grundlagenforschung in der Informatik, die mit De-Kontextualisierung, traditionellen Objektivitätsauffassungen und zu hinterfragenden ontologischen Annahmen verwickelt sind. Diesen Problematiken wurden jeweils angepasste Methoden der Technikgestaltung, die auf ein De-Gendering zielen, entgegengestellt. Dabei hatte ich über Ansätze des *User-Centred Design*, des *Participatory Design* und *Reflective Design* hinaus gehend je nach Kontext und Problem weitere Methoden der kritischen Technikgestaltung vorgeschlagen wie das *Underdetermined Design* (Cassell, 2003), *Mind Scripting* (Allhutter, Hanappi-Egger und John, 2008; Allhutter, 2012), *Value Sensitive Design* (Friedman und Kahn, 2003; Flanagan, Nissenbaum, Diamond und Belman, 2007) oder *Critical Technical Practice* (Agre, 1997). Neben der von der Geschlechterforschung inspirierten Untersuchung problematischer Vergeschlechtlichungen von Artefakten können auch – wie beim *Research and Development (GERD)* (Wajda, Draude, Maass und Schirmer, 2013) – Phasen der Software-Entwicklung zum Ausgangspunkt der Analyse gemacht werden oder auf andere Verknüpfungen von Analyse und Design (vgl. etwa Wagner, Brattetei und Stuehldahl, 2010; Rommes, Bath und Maass, 2012) zurückgegriffen werden.

Diffractive Design gibt hier kein Vorgehen vor, sondern verlangt vielmehr eine differenzierte Analyse des Ausgangsproblems dessen, was sozio-technisch rekonfiguriert werden soll (vgl. Suchman, 2007). Es wären weitere methodische Elemente zu ergänzen, welche zusätzlichen Herausforderungen begegnen können, die ich hier zusammenfassen möchte:

1. Technologiegestaltungsprozesse anzustoßen, welche die bestehenden Geschlechterordnung mit ihrer zweigeschlechtlich-heteronormativen Basis eher beugen („diffract") als diese fortzusetzen,

2. nicht nur Produkte der Informatik im engeren Sinne zu gestalten, d. h. Software und Informations- und Kommunikationstechnologien, sondern auch alternative Gestaltung von Epistem(onto)logien der Modellierung und Algorithmen vorzuschlagen. Und

3. durch den Technikgestaltungsprozess einen Ort zu schaffen für Unerfassbares und „un/an/geeignete Andere", der nach Haraway aus Interferenzmustern zusammengesetzt ist.

Nach den bisherigen Ausführungen erscheint ein solches *Diffractive Design* sehr gut geeignet für die die Informatik konstituierenden Aufgaben: die Modellierung von Wissen und die Konstruktion von Artefakten. Ein konsequentes interferentes Durch-einander-hindurch-Lesen von kritischen Technikgestaltungsansätzen mit Barad, Bohr und Haraway sowie Geschlechterforschung, feministischer „Epistem-onto-logie" (Barad 2007, 2012) und Ethik bergen das Potential, im konkreten Fall informatische Artefakte auf der Basis sorgfältiger Analysen zu entwerfen und herzustellen, die sich auf traditionelle Objektivitätsverständnisse beziehen und diese zugleich geschlechterkritisch reformulieren. Ziel ist angesichts von Modernisierungs- und Neoliberalisierungsstrategien die Konstruktion „lebbare Welten" im Sinne Haraways, die den „un/an/geeigneten Anderen" einen Ort verschaffen, der ihnen/uns ein „lebenswertes Leben" im Sinne Butlers ermöglicht. *Diffractive Design* ist die Vision einer verantwortungsvollen und feministischen Technikgestaltung, die eine radikal interdisziplinäre Zusammenarbeit von Geschlechterforscher_innen mit Technikgestalter_innen erforderlich macht.

Literatur

Agre, P. (1997). *Computation and Human Experience*. Cambridge: Cambridge University Press.

Akrich, M. (1995). User Representations: Practices, Methods and Sociology. In A. Rip, T. Misa & J. Schot (Hrsg.), *Managing Technology in Society* (S. 167–184). London/New York: Pinter.

Allhutter, D. (2012). Mind Scripting: A Method for Deconstructive Design. *Science, Technology & Human Values, 37*(6), 684–707.

Allhutter, D., Hanappi-Egger, E. & John, S. (2008). Mind Scripting: Zur Sichtbarmachung von impliziten Geschlechtereinschreibungen in technologischen Entwicklungsprozessen. In B. Schwarze, M. David & B. Ch. Belker (Hrsg.), *Gender und Diversity in den Ingenieurwissenschaften und der Informatik* (S. 153–165). Bielefeld: Webler.

Barad, K. (2007). *Meeting the Universe Halfway. Quantum Physics and the Entanglement of Matter and Meaning*. Durham/London: Duke University Press.

Barad, K. (2012). *Agentieller Realismus*. Frankfurt a.M.: Suhrkamp.

Barad, K. (2013). Diffraktionen. Differenzen, Kontingenzen und Verschränkungen von Gewicht. In C. Bath, H. Meißner, S. Trinkaus & S. Völker (Hrsg.), *Geschlechter Interferenzen. Wissensformen – Subjektivierungsweisen – Materialisierungen* (S. 27–67). Münster [u. a.]: LIT Verlag.

Bath, C. (2007). „Discover Gender" in Forschung und Technologieentwicklung? *Soziale Technik, Zeitschrift für sozial- und umweltverträgliche Technikgestaltung, 4,* 3–5.

Bath, C. (2009). *De-Gendering informatischer Artefakte. Grundlagen einer kritisch-feministischen Technikgestaltung* (Dissertation). Bremen: Staats- und Universitätsbibliothek Bremen. URN: http://nbn-resolving.de/urn:nbn:de:gbv:46-00102741-12

Bath, C. (2013). Semantic Web und Linked Open Data. Von der Analyse technischer Entwicklungen zum „Diffractive Design". In C. Bath, H. Meißner, S. Trinkaus & S. Völker (Hrsg.), *Geschlechter Interferenzen. Wissensformen – Subjektivierungsweisen – Materialisierungen* (S. 69–116). Münster [u. a.]: LIT Verlag.

Bath, C. (2014). Searching for methodology. Feminist technology design in computer science. In Waltraud Ernst & Ilona Horwath (Hrsg.), *Gender in Science and Technology. Interdisciplinary Approaches* (S. 57–78). Bielefeld: transcript.

Bath, C. & Both, G. (2014). *Gendered Innovations – eine ambivalente Intervention in die Naturwissenschaften, Ingenieurwissenschaften und Medizin.* Vortrag auf der Jahrestagung der Fachgesellschaft Gender Studies am 14./15.2.2014 in Paderborn.

Bath, C., Meißner, H., Trinkaus, S. & Völker, S. (2013). *Geschlechter Interferenzen. Wissensformen – Subjektivierungsweisen – Materialisierungen.* Münster: LIT-Verlag.

Bauer, R. & Götschel, H. (Hrsg.) (2006). *Gender in den Naturwissenschaften. Ein Curriculum an der Schnittstelle der Wissenschaftskulturen.* Talheim/ Mössingen: Talheimer.

Becker-Schmidt, R. & Knapp, G. (Hrsg.) (2000): *Feministische Theorien zur Einführung.* Hamburg: Junius.

Bødker, S., Kensing, F., Simonsen, J. (2004). *Participatory IT Design: Designing for Business and Workplace Realities.* Cambridge: MIT Press.

Butler, J. (1991). *Das Unbehagen der Geschlechter.* Frankfurt a.M.: Suhrkamp. (Im Orig.: Butler, J. (1990). *Gender trouble. Feminism and the subversion of identity.* New York: Routledge.)

Cassell, J. (2003). Genderizing HCI. In J. Jacko & A. Sears (Hrsg.), *Handbook of Human-Computer Interaction* (S. 402–411). Mahwah, NJ: Lawrence Erlbaum.

Degele, N. (2008). *Gender/Queer Studies: Eine Einführung.* Paderborn [u. a.]: UTB.

Flanagan, M., Nissenbaum, H., Diamond, J. & Belman, J. (2007). A Method for Discovering Values in Digital Games. Situated Play. *DiGRA '07* (Tokyo, JP, September 24–28, 2007). Verfügbar unter: http://valuesatplay.org/?page_id=12.

Friedman, B. & Kahn, P. (2003). Human Values, Ethics, and Design. In J. Jacko & A. Sears (Hrsg.), *The human-computer interaction handbook* (S. 1177–1199). Mahwah, NJ: Lawrence Erlbaum Associates.

Greenbaum, J. & Kyng, M. (Hrsg.) (1991). *Design at Work. Cooperative Design of Computer Systems.* Hillsdale, NJ: Lawrence Erlbaum.

Hammel, M. (2003). *Partizipative Softwareentwicklung im Kontext der Geschlechterhierarchie.* Frankfurt a.M.: Peter Lang

Haraway, D. (1995). Monströse Versprechen. Eine Erneuerungspolitik für un/an/geeignete Andere. In D. Haraway, *Monströse Versprechen. Coyote-Geschichten zu Feminismus und Technowissenschaft* (S. 11–80). Hamburg: Argument. (Im Orig.: Haraway, D. (1992). Promises of the Monsters: A Regenerative Politics for Inappropriate/d Others. In L. Grossberg, C. Nelson & P. A. Treichler (Hrsg.), *Cultural Studies* (S. 295–337). New York/London: Routledge.)

Haraway, D. (1997*). Modest_Witness@Second_Millennium. FemaleMale©_Meets_OncoMouse™.* New York/London: Routledge.

Koreuber, M. (Hrsg.) (2010). *Geschlechterforschung in Mathematik und Informatik.* Baden-Baden: Nomos.

Kuhn, S. & Muller, M. (Hrsg.) (1993). Special Issue on Participatory Design. *Communications of the ACM, 36*(4).

Leicht-Scholten, C., (Hrsg.) (2007). *Gender and Science. Perspektiven in den Natur- und Ingenieurwissenschaften.* Bielefeld: transcript.

Maass, S. & Wiesner, H., (2006). Programmieren, Mathe und ein bisschen Hardware … Wen lockt dies Bild der Informatik*? Informatik-Spektrum, 29*(2), S. 125–132.

Quaiser-Pohl, C. & Endepohls-Ulpe, M. (Hrsg.) (2010). *Bildungsprozesse im MINT-Bereich: Interesse, Partizipation und Leistungen von Mädchen und Jungen.* Münster: Waxmann.

Rommes, E., Bath, C. & Maass, S. (2012): Methods for Intervention: Gender Analysis and Feminist Design of ICT. *Science Technology Human Values, 37*(6), S. 653–662.

Sengers, P., Boehner, K., David, S. & Kaye, J. (2005). Reflective Design. In O. W. Bertelsen, N. O. Bouvin, P. G. Krogh & M. Kyng (Hrsg.), *Critical Computing – Between Sense and Sensibility* (S. 49–58). Red Hook, N.Y: Curran.

Siefkes, D., Eulenhöfer, P., Stach, H. & Städtler, K. (1998). *Sozialgeschichte der Informatik. Kulturelle Praktiken und Orientierungen.* Wiesbaden: Deutscher Universitätsverlag.

Sørensen, K., Faulkner, W. & Rommes, E. (2012). *Technologies of Inclusion: Gender in the Information Society.* Tapir Academic Press.

Stöger, H., Ziegler, A. & Heilemann, M. (Hrsg.) (2012). *Mädchen und Frauen in MINT: Bedingungen von Geschlechtsunterschieden und Interventionsmöglichkeiten.* Münster: LIT.

Suchman, L. (2007). *Human-Machine Reconfigurations. Plans and Situated Action* (2. Auflage). Cambridge: Cambridge University Press.

Wagner, I., Brattetei, T. & Stuehdahl, D. (2010). *Exploring Digital Design: Multi-Disciplinary Design Practices.* Berlin: Springer.

Wajda, K., Draude, C., Maass, S. & Schirmer, C. (2013). GERD – Wo Gender, Diversity und Informatik zusammentreffen. In S. Boll, S. Maass & R. Malaka (Hrsg.) (2013), *Mensch & Computer 2013* (S. 301–304). München: Oldenbourg Verlag.

Zorn, I., Maaß, S., Rommes, E., Schirmer, C. & Schelhowe, H. (Hrsg.) (2007). *Gender Designs IT. Construction and Deconstruction of Information Society Technology.* Wiesbaden: Verlag für Sozialwissenschaften.

Usability und Intersektionalitätsforschung – Produktive Dialoge

Petra Lucht
Technische Universität Berlin

Do [artifacts] have intersectional gender politics?

Die Kategorie <geschlecht/gender> ist Anlass und Ort für vielfältige, kontroverse Debatten und Auseinandersetzungen in Wissenschaft, Politik und gesellschaftlicher Praxis. Mit der Schreibweise <geschlecht/gender> möchte ich im Folgenden erstens auf die Vielfalt an Ansätzen in den Geschlechterstudien im deutschsprachigen Kontext vorwiegend des 20. Jahrhunderts verweisen, die den angelsächsisch geprägten Begriff „Gender Studies" stark aufgegriffen haben oder an diese anschließen und die mit der Verwendung des englischen Begriffs „gender" auf die historische, soziale und kulturelle Herstellung der Kategorie „Geschlecht/Gender" fokussieren. Die spitzen Klammern verwende ich, um zweitens darauf zu verweisen, dass ich <geschlecht/gender> zudem als interdependente Kategorien im Anschluss an Walgenbach verstehe. In Anlehnung an die Hypertext-Programmierung soll dies darauf hinweisen, dass jeder Verweis auf die Kategorie <geschlecht/gender> auf weitere Kategorien sozialer Ordnung verweist, und somit die Kategorie <geschlecht/gender> erst mittels Interdependenzen als solche in Erscheinung tritt. Diese Schreibweise verwende ich in der Konsequenz daher auch für die Kategorien <race> und <class>.

In diesem Band wird danach gefragt, wie „Genderaspekte" für Human-Computer-Interaction (HCI), Usability und User Experience (UX) berücksichtigt werden können. Für meinem Beitrag hierzu möchte ich aktuelle Fokussierungen in den Geschlechterstudien aufgreifen, in denen für intersektionale Forschungsperspektiven plädiert wird, d. h. für Untersuchungen, die Verschränkungen der Kategorie <geschlecht/gender> mit weiteren Kategorien sozialer Ungleichheiten in den Blick nehmen. Die Prägung des Begriffs „intersectionality" wird der US-amerikanischen Rechtswissenschaftlerin Kimberlé Crenshaw (1989) zugeschrieben, die mit der Metapher der Kreuzung in Anlehnung an die englische Bezeichnung für Straßenkreuzung – intersection – die Verschränkung von Dominanzverhältnissen bezogen auf die kategorialen Zuschreibungen von <race> und <gender> analysierte.

Ziel meines Beitrags ist es, einen konzeptionellen Vorschlag für die Integration von Ansätzen der „Intersektionalitätsforschung" in den Geschlechterstudien in Naturwissenschaft und Technik zu unterbreiten, so dass intersektionale Perspektiven sowohl für die Analyse als auch für die Gestaltung von Technik und Naturwissenschaften produktiv werden können. Usability erscheint nun konzeptionell für die Integration von Geschlechteraspekten insofern besonders anschlussfähig, als Usability auch als „Gebrauchstauglichkeit" verstanden wird und zu den übergreifenden Anforderungen an die Softwarearchitektur gehört (Balzert, 2011). Gemäß der ISO-Norm 9241-210, die den Prozess zur Gestaltung gebrauchstauglicher interaktiver Systeme beschreibt, ist Gebrauchstauglichkeit das „Ausmaß, in dem ein System, ein Produkt oder eine Dienstleistung durch bestimmte Benutzer in einem bestimmten Nutzungskontext genutzt werden kann, um festgelegte Ziele effektiv, effizient und zufriedenstellend zu erreichen" (ISO, 2010, S. 7). Aber welche „Benutzer" werden adressiert und wie wird „Benutzbarkeit" im konkreten Fall umgesetzt? Die Intersektionalitätsforschung eröffnet hier geschlechtertheoretische Perspektiven, um Verschränkungen sozialer Ungleichheiten mit Fokus auf <geschlecht/gender> für Nutzer_innen von Softwareprodukten zu berücksichtigen.

1   Intersektionale Geschlechterpolitik von Artefakten

Fragt vor etwa zehn Jahren die Soziologin und Geschlechterforscherin Gudrun Axeli-Knapp (2005) – angelsächsische Auseinandersetzungen um <race>, <class> und <gender> aufgreifend – inwiefern die „Intersektionalitätsforschung" ein „neues" Paradigma in den Geschlechterstudien darstelle, so wurde dieses seither in den deutschsprachigen Geschlechterstudien eingehend debattiert und als Forschungsperspektive dezidiert etabliert (vgl. u. a. Walgenbach et al., 2007, sowie Winker und Degele, 2009). So geht der Begriff „Intersektionalität" beispielsweise auch in das Handbuch Frauen- und Geschlechterforschung (Kortendiek und Becker, 2010) in Form eines Beitrags von Ilse Lenz (2010) zu diesem ein. Auseinandersetzungen mit intersektionalen Perspektiven werden auch in den Geschlechterstudien zu Technik und Naturwissenschaften aufgenommen (vgl. u. a. Palm, 2007; Bath, 2009; Götschel, 2012; Paulitz, 2012). Auf das Desiderat, intersektionale Forschungsperspektiven an den Schnittstellen der Geschlechterstudien mit der Usability-Forschung umzusetzen, weist insbesondere Bath (2009, S. 231) hin. Wie können nun intersektionale Ausrichtungen der Geschlechterstudien sowohl für die reflexive Untersuchung von Technik und Naturwissenschaften als auch für Gestaltungsprozesse in diesen Disziplinen produktiv werden?

Bevor ich dieser Frage am Beispiel von Praxisprojekten aus Technik und Naturwissenschaften nachgehe, möchte ich auf einige Schwerpunkte und Veränderungen der Perspektiven auf die Kategorie <geschlecht/gender> hinweisen – auch wenn diese vielfältigen Veränderungen sowie die Verschränkungen von Forschungsperspektiven hier nicht umfassend resümiert werden können. Die vielfältigen Ansätze und Perspektiven in den Geschlechterstudien tragen Becker und Kortendiek (2010) für den bundesdeutschen Kontext im Handbuch Frauen- und Geschlechterforschung zusammen. Für eine ausführliche Aufarbeitung der komplexen Entwicklungen der Gender Studies bzw. der Geschlechterstudien im deutschsprachigen Kontext sei an dieser Stelle auf die Darlegung von Hark (2005) verwiesen.

Zahlreiche Forschungen in den Geschlechterstudien haben gezeigt, dass Kategorien von <geschlecht/gender> nicht (biologisch) vorgegeben sind, sondern in vielfacher Weise hergestellt werden. Im Wechselspiel mit der zweiten Frauenbewegung im 20. Jahrhundert wurde die Frauenforschung an den Universitäten in den 1980er Jahren etabliert. Die von Maria Mies formulierten Postulate der Frauenforschung zeigten programmatisch an, dass es um Forschung von Frauen mit Frauen und für Frauen gehen sollte und nicht um Forschung „über" Frauen. Mit der zunehmenden Etablierung der Frauenforschung veränderte sich diese

Perspektive: Es wurde vermehrt auf relationale Geschlechterverhältnisse in der nun als „Geschlechterforschung" bezeichneten Forschungsperspektive bzw. Programmatik fokussiert. Mit einer weiteren Begriffsverschiebung hin zu den „Gender Studies" Ende der 1980er Jahre ging eine grundsätzliche Kritik an der häufig in mimetischen, dualistischen Verkürzungen endenden Unterscheidung zwischen biologischen Geschlecht – „sex" – und dem soziokulturellen Geschlecht – „gender" – einher. Dies stellten Gildemeister und Wetterer (1992, S. 205–206) mit Bezug auf Butlers „Unbehagen der Geschlechter" (1991) auch als „Aporien" heraus. Butler (1991) hatte kritisiert, dass die Unterscheidung zwischen biologischem Geschlecht – sex – und dem sozialen oder kulturellen Geschlecht – gender – zur Herstellung zweigeschlechtlicher Zuweisungssysteme und heteronormativer Geschlechterordnungen konstituierend beiträgt. Vor dem Hintergrund der Butler'schen Analyse vergeschlechtlichter Performanzen im Alltag gewannen u. a. auch interaktionistische Forschungsperspektiven an Überzeugungskraft. Diese verstehen und analysieren <geschlecht/gender> als Doing Gender mittels routinisierter Alltagspraxis. Das Konzept der interaktionistischen Herstellung von <geschlecht/gender> geht u. a. auch auf die Forschungen von West und Zimmermann (1987) zurück. Von den Prozessen des Doing Gender sind auch Wissenschaft und Technik nicht ausgenommen wie beispielsweise Wiesner (2002) eindrücklich aus verschiedenen Forschungsperspektiven der Geschlechterstudien und der Wissenschaftsforschung darlegte. Im Bereich der Usability-Forschung ist diese Forschungsperspektive der Geschlechterstudien insofern anschlussfähig, als die Nutzung von Technik erst durch interaktive Nutzung zu einer solchen wird (Bath, 2009). So schließt beispielsweise auch Marsden (2014) an die analytischen Perspektiven der Herstellung von Geschlecht bzw. des Doing Gender für Untersuchungen zur Nutzung von Internet-Formularen an.

Seit den Anfängen ihrer Institutionalisierung an den Universitäten liegt der Schwerpunkt der Frauenforschung respektive der Geschlechterstudien vor allem in den Sprach-, Sozial-, Erziehungs-, Geistes- und Kulturwissenschaften. Ein Blick in das Handbuch der Frauen- und Geschlechterforschung von Becker und Kortendiek (2010) zeigt jedoch, dass die Geschlechterstudien zu Technik und Naturwissenschaften mittlerweile ebenfalls deutliche Konturen eines eigenständigen wissenschaftlichen Feldes trotz dessen mangelnder Institutionalisierung an den Hochschulen aufweisen: Die Beiträge zu Physik (Götschel, 2010), Informatik (Bath, Schelhowe und Wiesner, 2010), Mathematik (Blunck und Pieper-Seier, 2010), Technik (Paulitz, 2010) und dem Ingenieurwesen (Ihsen, 2010) etablieren ähnliche Taxonomien für unterschiedliche Disziplinen: Geht es einerseits um „Frauen in ...", so weisen die Beiträge andererseits auf Desiderate hinsichtlich der Geschlechterstudien zu den epistemischen Inhalten und Produkten der mathematischen, technischen und naturwissenschaftlichen Disziplinen hin. In der Einleitung zum Sammelband *Recodierungen des Wissens. Stand und Perspektiven der Geschlechterforschung in Naturwissenschaften und Technik* haben Tanja Paulitz und ich auf die Dynamiken der sich historisch und aktuell vollziehenden Veränderungen von vergeschlechtlichten Codierungen dieses „Wissens" in Technik und Naturwissenschaften hingewiesen (Lucht und Paulitz, 2008). Wird auf letztere Perspektive fokussiert, so zeigt sich, dass es vordergründig zunächst nicht um „das Soziale" oder „die Kultur" zu gehen scheint. Vielmehr rücken nun auch die [dinge] – [objekte], [technik], [materialitäten] – und in diesem Band ausführlich behandelt: die informatischen [artefakte] in den Fokus der Geschlechterstudien. Abweichend von den in Anlehnung an Hypertext-Formatierung gekennzeichneten Begriffen <gender>, <class>, <race>, die ich als interdependente Kategorien fassen möchte und deren Etablierung im Zusammenhang mit Interventionen sozialer Bewegungen stehen, kennzeichne ich [dinge], [objekte], [technik], [materialitäten] mit eckigen Klammern. Dies soll darauf hinweisen, dass auch diese Begriffe nicht auf äußerlich Vorgegebenes oder eine äußere Realität bezeichnen. Vielmehr sind diese Begriffe ebenfalls historisch und kontextbezogen zu verstehen und weisen darüber hinausgehend auf soziokulturelle Konzepte hin, die in den Geschlechterstudien zu Technik und Naturwissenschaften untersucht werden.

Aber um zu den [Artefakten] zurückzukehren: Auch sie, die [Artefakte], sind an der Herstellung vergeschlechtlichter sozialer Ungleichheiten und arbeitsteiliger Prozesse in der späten Moderne respektive der globalisierenden Moderne beteiligt (vgl. ausführlich hierzu Bath, 2009). Die von Langdon Winner (1980) formulierte Frage „Do Artefacts Have Politics?" stellt sich also zugespitzt für den verschränkenden Analysefokus der Intersektionalitätsforschung in den Geschlechterstudien zu Naturwissenschaft und Technik in folgender Weise:

Do [artifacts] have intersectional gender politics?

Mit diesen „verdinglichten" Geschlechteraspekten setze ich mich im Folgenden in Bezug auf deren Auffinden in Praxisprojekten auseinander: Wie kann diesen „verdinglichten" Geschlechteraspekten auf die Spur gekommen werden? Welche Forschungsperspektiven in den Geschlechterstudien, welche in der Intersektionalitätsforschung könnten hierfür hilfreich sein?

2   Das intersektionale „Sanduhr-Modell" – für MINT?!

„I try to create the conditions in which [students] will invent an alternative."
(Reinharz 1990, S. 300)

Um der Frage „Do [artifacts] have intersectional gender politics?" nachzugehen, nehme ich im Folgenden u. a. Bezug auf das konzeptionelle Vorgehen für die Umsetzung von Praxisprojekten, die von Student_innen und Nachwuchswissenschaftler_innen der MINT-Fächer in Projektwerkstätten erarbeitet wurden. Diese Projektwerkstätten sind integraler Bestandteil des Studienprogramms GENDER PRO MINT. Dieses Studienprogramm ist von Bärbel Mauß entwickelt worden, die es seit seiner Etablierung leitet. Es wird seit dem Sommersemester 2012 vom Zentrum für Interdisziplinäre Frauen- und Geschlechterforschung (ZIFG) an der Technischen Universität Berlin für Student_innen der MINT-Fächer angeboten (vgl. www.genderpromint-zifg.tu-berlin.de). Die Abkürzung „MINT" bezeichnet „Mathematik, Informatik, Naturwissenschaften und Technik". Seit dem Sommersemester 2013 habe ich die Gastprofessur für „Gender Studies in den Ingenieurwissenschaften" am ZIFG der Technischen Universität Berlin inne. In diesem Rahmen betreue ich Studienprojekte und Qualifikationsarbeiten in Projektwerkstätten, die im Studienprogramm GENDER PRO MINT angeboten werden. Das im Folgenden vorgestellte Lehrkonzept habe ich für die Betreuung von Praxisprojekten im Bereich der Geschlechterstudien zu Technik und Naturwissenschaften für das Studienprogramm GENDER PRO MINT im Sommersemester 2013 zum ersten Mal ausgearbeitet und im Wintersemester 2013/14 fortgeführt. In die hier vorgestellte Konzeptentwicklung sind mit Bezug auf die Umsetzung forschungsorientierter Genderlehre im Studienprogramm GENDER PRO MINT (vgl. Mauß und Greusing, 2012) insbesondere meine vorhergehenden Lehr- und Forschungserfahrungen aus Forschungswerkstätten der qualitativen, empirischen Sozialforschung, aus meinen seit dem Sommersemester 2009 angebotenen Forschungswerkstätten „Gender in MINT" (vgl. Lucht und Mauß, in Vorbereitung) sowie aus der Mitarbeit an konstruktivistisch orientierter Didaktik in den Naturwissenschaften (Cavicchi, Lucht und Hughes-McDonnell, 2001) eingegangen.

Für die Bearbeitung von Praxisprojekten im Studienprogramm GENDER PRO MINT schlage ich ein Vorgehen in drei Phasen vor: In der ersten Phase wird die Vorgehensweise für ein Praxisprojekt an dem für die qualitative, empirische Sozialforschung von Maxwell (1996) entwickelten „Sanduhr-Modell" orientiert und neu ausgerichtet. Dieses Forschungsdesign stellt einen Kontrast sowohl zu linearen, zu zyklischen als auch zu iterativen Forschungs- und Entwicklungsprozesse in Wissenschaft und Technik dar. Diese sind auch in der Informatik prominent. In der zweiten Phase werden Perspektiven der intersektional orientierten Geschlechterstudien in Bezug auf Praxisprojekte exploriert. In der dritten Phase werden die für die Praxisprojekte identifizierten unterschiedlichen Perspektiven der Geschlechterstudien spezifiziert und Vorschläge für die Analyse und/oder die Umgestaltung der Praxisprojekte entwickelt.

Was sind „Praxisprojekte" im Studienprogramm GENDER PRO MINT?

Am ZIFG wird seit dem Sommersemester 2012 das Studienzertifikat GENDER PRO MINT für Studierende und Promovierende der Natur-, Technik- und Planungswissenschaften angeboten. Nach dem Besuch von einführenden und vertiefenden Seminaren (Module 1, 2 und 4) werden in Projektwerkstätten (Modul 3 und 5) eigene Praxisprojekte aus den MINT-Fächern bearbeitet. „Praxisprojekte" bezeichnen hier zum einen Studienprojekte wie beispielsweise Seminararbeiten oder die Durchführung eigener empirischer Forschung und Entwicklung oder auch die Entwicklung von Entwürfen in den Planungswissenschaften. Als „Praxisprojekte" werden in den Projektwerkstätten auch Bachelor-, Master- und Promotionsvorhaben in den Projektwerkstätten bearbeitet. Ziel ist es, Genderkompetenzen zu erwerben sowie spezifizierte Perspektiven der Gender/Diversity Studies in eigene natur-, ingenieur- und planungswissenschaftliche Praxisprojekte oder Qualifikationsarbeiten (BA/MA/Diplom/Promotion) zu integrieren. Die Betreuung und Durchführung der Praxisprojekte in den Projektwerkstätten folgt den Ansätzen des forschungsorientierten Lernens und Lehrens mit Bezug auf jeweils für das Projekt relevante und spezifizierte Ansätze der Geschlechterstudien. Im Projektmodul 3 „Wie lassen sich Erkenntnisse aus den Analysen der Gender Studies auf die Inhalte der MINT Studienfächer übertragen?" geht es vorrangig um die Reflexion von Inhalten, Methoden und Konzepten der MINT-Fächer aus Gender-Studies-Perspektiven. Ziel der Praxisarbeit im Abschlussmodul 5 „Gender und Diversity in der Gestaltung von Forschungsprojekten und Technologien" ist es, relevante Ansätze der Gender Studies in die eigene Qualifikationsarbeit zu integrieren. Die Praxisprojekte werden einzeln und auch gemeinsam in der Gruppe bearbeitet sowie in verschiedenen Stadien präsentiert und diskutiert. Besonders wertvoll ist, dass so Erfahrungen mit den Herausforderungen des interdisziplinären Arbeitens im Bereich der Gender/Diversity Studies gewonnen werden. Die laufenden Praxisprojekte werden an einem ausgewählten Termin des Semesters, einem „Projekttag", einer interessierten Öffentlichkeit vorgestellt.

Für diesen Band beschränke ich mich auf die Beispiele für Praxisprojekte, die in der Informatik angefertigt wurden bzw. in denen informatische [Artefakte] Bestandteil der Ausarbeitung sind. In unterschiedlichem Ausmaß ist in diesen studentischen Praxisprojekten auf Usability, d. h. auf die Gebrauchstauglichkeit eines Softwareprodukts aus Perspektiven der Geschlechterstudien reflektiert worden.

2.1   Phase 1: Übersetzung eines Praxisprojekts aus einem MINT-Fach in das integrierte „Sanduhr-Modell"

Der erste Schritt für die Bearbeitung eines Praxisprojekts aus einem MINT-Fach mag einfach klingen, ist es zumeist jedoch nicht. Student_innen erhalten zunächst die Aufgabe, ein Praxisprojekt aus ihrem MINT-Fach für die Bearbeitung in der Projektwerkstatt auszuwählen und dieses zu erläutern. Vermittelt über das Praxisprojekt treten Lernende und Lehrende so miteinander in einen interdisziplinären Dialog. Darüber hinaus wird so auch eine genauere Bestimmung des Praxisprojekts in der Projektwerkstatt befördert.

Anschließend stelle ich den Studierenden in dieser ersten Phase die Aufgabe, anhand eines alternativen Vorgehensmodells einen erkenntnistheoretischen sowie methodologischen Perspektivenwechsel (oder auch „Paradigmenwechsel" nach Reinharz, 1990) zu vollziehen. Ausgangspunkt hierfür ist, dass für eine Aufgabenstellung aus einem MINT-Fach zumeist ein lineares bzw. serielles Forschungsdesign, z. T. auch ein iteratives oder zyklisches Forschungsdesign implizit oder explizit vorausgesetzt und umgesetzt wird. In der Informatik firmieren Forschungsdesigns auch als „Vorgehensmodelle" unterschiedlicher Art. In einer an der Technischen Universität München durchgeführten Studie haben Fritzsche und Keil (2007) die Kategorisierung etablierter Vorgehensmodelle und ihre Verbreitung in der deutschen Software-Industrie untersucht. Die im Folgenden genannten Vorgehensmodelle sind in der industriellen Software-Entwicklung gemäß dieser Studie verbreitet: So stellen z. B. das Wasserfallmodell und das V-Modell lineare Vorgehensmodelle dar, während das Spiralmodell als zyklisch und das Evolutionäre Vorgehensmodell als iterativ charakterisiert werden können. Einzelne Phasen werden im Spiralmodell und auch im evolutionären Modell mehrfach durchlaufen.

Anstatt solchen linearen, zyklischen oder auch iterativen Vorgehensweisen implizit oder explizit zu folgen, stelle ich Student_innen in GENDER PRO MINT die Aufgabe, die Vorgehensweise ihres ausgewählten Praxisprojekts aus einem MINT-Fach in das „Sanduhr-Modell" im Anschluss an Maxwell (1996) zu übersetzen (vgl. Abb. 2). Dies hat zum Ziel, einen konzeptionellen Raum für die Reflexion und Transformation von Praxisprojekten aus Technik und Naturwissenschaft in Bezug auf Geschlechterstudien und Intersektionalitätsforschung zu eröffnen. Hinweisen möchte ich an dieser Stelle darauf, dass Maass et al. (vgl. Beitrag in diesem Band) im Anschluss an existierende Vorgehensmodelle und Forschungsverläufe in der Informatik das „Gender Extended Research and Development" (GERD)-Modell entwickelt haben. Konzeptionell „benennt das GERD-Modell [...] Reflexionsaspekte, die sich an grundlegenden Gender- und Diversity-Studies orientieren [...]". Diese Aspekte sollen zu einer „erweiterten Betrachtung von Forschungsfragen" anregen und können auf „jeden Kernprozess in Forschung und Entwicklung bezogen werden" und über die Reflexion hinausgehend auch in „abstrakte oder technische Lösungskonzepte umgesetzt werden". Das GERD-Modell ist ebenfalls reflexiv und integrierend hinsichtlich der Berücksichtigung von Genderaspekten in der Informatik angelegt.

Maxwell entwickelte dieses Sanduhr-Modell für die Konzeption von Forschungsprojekten in der qualitativen, empirischen Sozialforschung, die in den 1990er Jahren zudem stark von epistemologischen Prämissen der Postmoderne inspiriert war. Maxwells Anliegen war es, dieses Modell den prominenten Vorgehensweisen sowohl in der quantitativen Sozialforschung als auch in der qualitativen Sozialforschung gegenüber zu stellen (Maxwell, 1996,

S. 5). Ich habe es als sehr gewinnbringend und grundlegend für das Verständnis der Paradigmen der postmodernen, qualitativen, empirischen Sozialforschung kennen und schätzen
gelernt. Diese Transformation von linearen, zyklischen oder auch iterativ angelegten Vorgehensmodellen in das „Sanduhr-Modell" veranschaulicht visuell, dass alle Elemente eines
Forschungsdesigns konzeptionell und reflexiv aufeinander bezogen sind. Gegenüber dem
Baukastenprinzip stellt das Sanduhr-Modell ein Vorgehensmodell bzw. Forschungsdesign
dar, in dem die einzelnen Elemente miteinander als intergiert betrachtet werden.

Abb. 1:   Sanduhr (Foto privat)

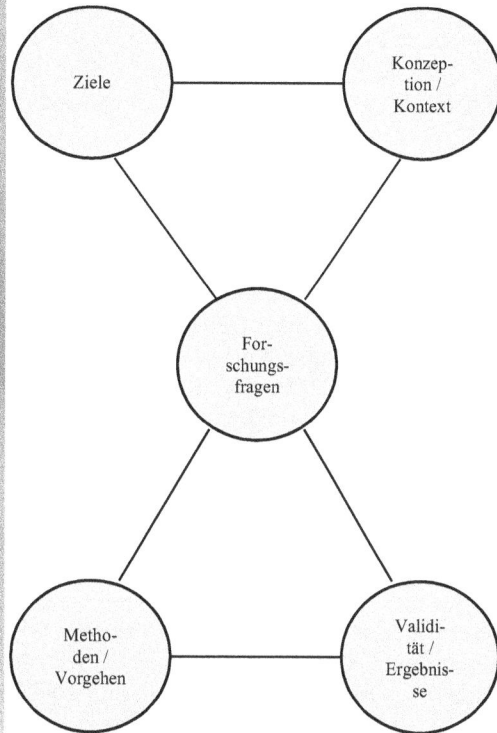

Abb. 2:   Das „Sanduhr-Modell" in Anlehnung an
            Maxwell (1996, S. 5)

Maxwell (1996, S. 5–6) erachtet fünf Elemente als wesentlich für ein Forschungsdesign
(vgl. Abb. 2): erstens die Ziele, zweitens die Konzeption bzw. den Kontext, drittens die Forschungsfragen, viertens das Vorgehen bzw. die Methoden und schließlich fünftens die Ergebnisse und die Validität der Untersuchung. Die Elemente im oberen Teil der Sanduhr, also die
Ziele und Konzepte, sind über die Forschungsfragen mit den unteren Elementen, also den
Methoden und Ergebnissen, verknüpft. Während Ziele und Konzeption eher äußere Anknüpfungspunkte für ein Forschungsprojekt sind, beziehen sich die Methoden und Ergebnisse auf
die Untersuchung selbst. Die Verbindungslinien im Sanduhr-Modell repräsentieren wechselseitige Einflüsse der Elemente aufeinander. In der Konsequenz bedeutet dies, dass konzeptionelle Änderungen eines dieser Elemente im Forschungsdesign bzw. im Vorgehensmodell
auch Änderungen aller weiteren Elemente nach sich ziehen.

Studierende erhalten in Phase 1 der Bearbeitung ihrer Praxisprojekte die Aufgabe, die genannten fünf Elemente in ihren Projekten zu bestimmen und deren wechselseitige Bedingt-
heiten darzulegen und zu begründen.

2.2 Phase 2: Reflexion der Praxisprojekte in Bezug auf intersektionale Geschlechterstudien

Im nächsten Schritt rekapitulieren Student_innen Ansätze aus den Geschlechterstudien, die
sie in vorhergehenden einführenden Lehrveranstaltungen und Vertiefungsmodulen des Studienprogramms GENDER PRO MINT bereits kennengelernt haben. Für jedes Studien- bzw.
Qualifikationsprojekt wird diskutiert, inwiefern diese Perspektiven für Reflexionen des vorgegebenen Praxisprojekts infrage kommen könnten.

Gender und Wissenschaft

Für eine erste Einordnung der Projekte hinsichtlich der unterschiedlichen Perspektiven, die
aus den Geschlechterstudien an die Praxisprojekte herangetragen werden können, wird den
Projektwerkstätten die Unterscheidung in die drei Perspektiven der „Gender and Science"-
Ansätze der Wissenschaftsforscherin Evelyn Fox Keller (1995) herangezogen. Sie schlug
vor, erstens Forschungen zur historischen und aktuellen Beteiligung von Frauen an den Naturwissenschaften als „Women in Science"-Ansatz zu bezeichnen. Diese Perspektive nimmt
die MINT-Fächer als Professionen oder auch als Fachkulturen in den Blick. Die zweite Keller'sche Perspektive resümiert Forschung zur Herstellung von geschlechtsspezifischen Unterschieden in den Wissensordnungen der Naturwissenschaften in dem „Science of Gender"-
Ansatz. Die Geschlechterstudien unterziehen aus dieser zweiten Keller'schen Perspektive die
naturwissenschaftlich-technische Forschung und Entwicklung kritischen Analysen hinsichtlich der Validität der angewandten Methoden und der erzielten Ergebnisse. Schließlich kategorisiert Keller drittens Sprachanalysen als „Gender in Science"-Ansatz, die die Verwendung
von geschlechtskonnotierten Metaphern zur Erklärung von Technik und Natur in den Blick
nehmen oder die die Erzählungen über die Wissensproduktion in den Naturwissenschaften
untersuchen. Insbesondere Arbeiten zum dritten Schwerpunkt haben aufgezeigt, dass gesellschaftliche Vorstellungen zur Kategorie <geschlecht/gender> selbst dann naturwissenschaftliche Theorien und Modellvorstellungen prägen können, wenn letztere keine Geschlechterkategorien zum Forschungsgegenstand haben. Vergeschlechtlichte Zuschreibungen zu Naturwissenschaften, deren Berufsfeldern, wissenschaftlichen Theorien, Praxen und Paradigmen
sowie zu Naturvorstellungen sind aus den unterschiedlichen Perspektiven dieser „Gender and
Science"-Ansätze kritisch evaluiert und vielfach grundsätzlich infrage gestellt worden. Diese
drei für die Naturwissenschaften, v. a. jedoch für die Biologie und die Lebenswissenschaften
entwickelten Forschungsperspektiven lassen sich auch auf den Bereich der Technikwissenschaften erweitern. So habe auch ich selbst auf diese Unterteilung für Aufarbeitungen zum
Forschungsstand der Geschlechterstudien zur Physik in der Vergangenheit Bezug genommen
(vgl. Lucht 1997, 2004).

Für die Informatik haben eine Reihe an Untersuchungen zur Beteiligung von Frauen an dieser Disziplin im 20. und 21. Jahrhundert aufgezeigt, dass diese eine wechselhafte Geschichte
hinsichtlich des zu Beginn sehr hohen, später niedrigeren Anteils an Frauen durchlaufen hat
(vgl. u. a. Ruiz-Ben, 2008). Hieran schließt bspw. auch das aktuelle Forschungsprojekt von
Stefanie Nordmann an: Mit Bath (2008) gesprochen widmet sie sich in ihrem Promotionsvorhaben dem Ziel, dass „Mehr Frauen in die Informatik!" gehen. Hierfür untersucht sie die

motivationale Ausgangslage von IT-Studentinnen in monoedukativen Studiengängen im Vergleich zu derjenigen von Frauen in koedukativen Studiengängen. Für die intersektionale Analyse werden hier soziale Herkünfte und aktuelle Lebenssituationen der befragten Informatik-Studentinnen einbezogen. Diese Untersuchung wird zwar nicht im Rahmen des Studienprogramms GENDER PRO MINT durchgeführt. Ich führe diese Studie hier dennoch exemplarisch für diese Untersuchungsperspektive an, da sie ein Beispiel für die Umsetzung des „Women in Science"-Ansatzes in Verbindung mit der „Intersektionalitätsforschung" ist.

Usability-Forschung, die Genderaspekte berücksichtigt, ist demgegenüber eher der zweiten oder dritten Keller'schen Perspektive zuzuordnen. Im Folgenden gehe ich auf eine mögliche Ausdifferenzierung dieser beiden Forschungsperspektiven im Anschluss an Bath (2008) ein.

Vergeschlechtlichung informatischer Artefakte

Für die Bearbeitung der zweiten und dritten von Keller formulierten Perspektive anhand von Praxisprojekten habe ich in den Projektwerkstätten von GENDER PRO MINT mit der Unterscheidung von Vergeschlechtlichungen informatischer Artefakte von Bath (2008) in vier Ebenen gearbeitet und diese auch auf die Diskussion von Projekten aus anderen Bereichen von Technik und Naturwissenschaften als denen der Informatik bezogen. Bath (2008) arbeitet mit einer ähnlichen Unterscheidung des Forschungsfeldes der Geschlechterstudien zur Informatik wie Evelyn Fox Keller. Sie unterteilt in „1. Mehr Frauen in die Informatik", „2. Geschlechtsspezifische Nutzung von Informationstechnologien", „3. Gendering informatischer Artefakte", um schließlich vorwiegend im Anschluss an existierende Ansätze der Partizipationsforschung innerhalb der Informatik „4. Methodiken des De-Gendering informatischer Gegenstände" vorzuschlagen. An welche Konzepte der Partizipationsforschung hier angeschlossen werden könnte, arbeitet sie in ihrer Monographie (Bath 2009) ausführlich aus. Bath unterscheidet in Bezug auf das „Gendering informatischer Artefakte" für die Analyse folgende Dimensionen: „I. die geschlechtsspezifische Arbeitsteilung durch IT", „II. die Einschreibung von Abwesenheit von Geschlechterverhältnissen", „III. Problemdefinitionen und Annahmen, die Ausschlüsse produzieren" und „IV. Rückgriffe aus geschlechtskodierte, anthropologische Grundannahmen". Für die Diskussion der Praxisprojekte in MINT habe ich diese vier Perspektiven als die vier „As" zugespitzt: 1. *Arbeitsteilung*: Welche geschlechtsbezogene Arbeitsteilung ist in Technik eingeschrieben?, 2. *Abstraktion*: Wie wird <geschlecht/gender> durch „abstrakte" Technik „unsichtbar"?, 3. *Androzentrismus* („I-Methodology"): Welche – androzentrischen – Annahmen gehen in den Entwicklungsprozess von Technik ein? und 4. *Antropomorphismus*: Inwiefern sind technische Artefakte „vergeschlechtlicht"? Auch wenn sich diese Formulierungen auf [technik] beschränken, so wurden diese Fragen in Bezug auf die jeweiligen Praxisprojekte aus unterschiedlichsten Disziplinen der Natur-, Technik- und Planungswissenschaften an der Technischen Universität Berlin bezogen. Jedoch sind in diesen Perspektiven intersektionale Geschlechterstudien nicht explizit.

Gender als interdependente Kategorie

Für die Vermittlung intersektionaler Perspektiven in den Geschlechterstudien habe ich den Aufsatz „Gender als interdependente Kategorie" von Katharina Walgenbach (2007) in den Projektwerkstätten ausgewählt, da dieser Text aus meiner Warte das Anliegen der Debatten um Intersektionalitätsforschung einlöst, die Berücksichtigung von Kategorien sozialer Ungleichheit in den gesellschaftlichen Kontexten ihrer Etablierung zu verorten. Für die Integration von Kategorien sozialer Ungleichheiten in die Geschlechterstudien wird vielfach auf Diskurse und soziale Bewegungen in den USA verwiesen. Es ist demgegenüber jedoch produktiv, so Walgenbach, „von vielfältigen Genealogien der Interdependenz-Debatte auszugehen" (2007, S. 25). Für die Aufarbeitung der Bedeutungen dieser Kategorien in gesellschaftlichen Kontexten von Deutschland bzw. der BRD ist es konsequent, dass Walgenbach die Etablierung von Kategorien sozialer Ungleichheiten in den Geschlechterstudien in den Kontexten derjenigen sozialen Bewegungen verortet, die maßgeblich zu dieser Etablierung beigetragen haben. Walgenbach führt die Intervention der proletarischen Frauenbewegung in Deutschland an, deren Vertreterin Clara Zetkin die Ausblendung des Zusammenhangs von Klasse und Geschlecht kritisiert. Ein weiteres Beispiel in der Geschichte der Soziologie stellt Mathilde Vaertings Analyse von Machtverhältnissen in der Gesellschaft dar, die die Zugehörigkeit zu sozialer Schicht, Alter und Geschlecht in die Theoriebildung einbezog. In Deutschland stellen der Nationalsozialismus und die Nachkriegszeit historische Zäsuren dar. Erst seit Ende der 1960er Jahre kommt es erneut zu nachhaltigen Interventionen sozialer Bewegungen. Walgenbach geht auf die Frauenbewegung von Frauen mit Behinderungen seit den 1970er Jahren ein, die mit der Etablierung der Disability Studies zu Beginn des 21. Jahrhunderts im Zusammenhang steht; eine Ausblendung in den Geschlechterstudien der Kategorien <ethnie> und <migration> im Zusammenhang mit struktureller Gewalt, Arbeitsverhältnissen und Staatsbürgerschaft zeigte sich angesichts deren Ausblendung in den Geschlechterstudien, die die Migrantinnenbewegung seit Anfang der 1980er Jahre kritisierte. Auch greift Walgenbach auf, dass die jüdische Frauenbewegung in Deutschland entscheidende Impulse für die Geschlechterstudien gegeben hat, die sich der Diskussion um Mit-Täterinnenschaft von Frauen im Nationalsozialismus widmeten. Eine Etablierung der eigenen Geschichtsschreibung für Schwarze Frauen in der BRD verortet Walgenbach für diese in den 1980er Jahren und verbindet dies mit der Etablierung der Begriffe „Afro-Deutsch" und „Schwarz" als politische Begriffe. Walgenbach weist darauf hin, dass queere Interventionen in Debatten der Gender Studies sowie Anschlussmöglichkeiten für unterschiedliche Theoriestränge dieser an Queer Studies zwar erfolgt sind, aber in Intersektionalitätsdebatten zugleich auch erneut relativiert oder ausgeblendet werden könnten (2007). Zur Konstitution der aktuellen Geschlechterordnungen mittels Heteronormativität nimmt Walgenbach (2007, S. 41) hier u. a. auf Hark (2005) Bezug. An diese Einwendung gegen Intersektionalitätsforschung schließen auch Dietze et al. (2007) im gleichen Sammelband mit dem Beitrag „‚Checks and Balances'. Zum Verhältnis von Intersektionalität und Queer Theory" an – u. a. mit Bezug auf Hark (2005). Der Beitrag von Dietze et al. (2007) stellt damit eine mögliche Korrespondenz zum Beitrag von Walgenbach dar, um historische und aktuelle Bezüge zwischen Intersektionalitätsforschung und Queer Theory in den Debatten zu verankern.

Ein zweites Anliegen Walgenbachs ist, für eine Verschiebung der Begriffsbildung „Intersektionalität" zu „Interdependenz" zu argumentieren. Sie führt dazu aus:

> „Meine zentrale These ist [...], dass mit den [...] Verschränkungs- und Überkreuzungsmetaphern [...] die Vorstellung eines ‚genuinen Kerns' sozialer Kategorien einhergeht. Aus diesem Grund entwickele ich den Vorschlag, von interdependenten Kategorien statt von Interdependenzen auszugehen. Exemplarisch führe ich meine Argumentation anhand der interdependenten Kategorie Gender aus." (Walgenbach 2007, S. 23)

Walgenbach fokussiert mit Interdependenz sowohl auf die „gegenseitige Abhängigkeit von sozialen Kategorien" untereinander als auch auf innerkategoriale Interdependenz, d. h. darauf, die „Kategorie Gender in sich heterogen strukturiert zu sehen" (Walgenbach 2007, S. 61).

Obwohl ich das Konzept der Interdependenz gegenüber dem der Intersektionalität favorisie-re, hat sich diese von Walgenbach favorisierte Begriffsverschiebung nicht in den Debatten um „Intersektionalitätsforschung" in den Geschlechterstudien durchgesetzt. Diese Einschät-zung teilt auch Walgenbach (2013) selbst. Um den hier vorgeschlagenen Dialog zwischen Usability-Forschung in der Informatik und Ansätzen in den Geschlechterstudien, die inter-sektionale Perspektiven einbeziehen, diskursiv anzuschließen, habe ich mich daher auf den Begriff der Intersektionalität bezogen.

Für die Bearbeitung von Praxisprojekten in MINT-Bereichen lege ich keine der in diesem Abschnitt angeführten, geschlechtertheoretischen Perspektiven fest. Vielmehr wird in der gemeinsamen Reflexion auf ein Praxisprojekt in GENDER PRO MINT und unter Bezugnahme auf die gewählten analytischen Perspektiven eine oder mehrere Perspektive der Geschlech-terstudien ausgewählt. Diese wird anschließend projektspezifisch vertieft mittels weiterer Literaturrecherchen oder Veränderungen der Ziele, Konzepte, Forschungsfragen, Methodiken und Kriterien für die Validität des Forschungsdesigns bzw. Vorgehensmodells.

In Phase 2 der Bearbeitung eines Praxisprojekts aus einem MINT-Fach suche ich also zu vermitteln, dass die konzeptionellen Elemente eines Vorgehensmodells zunächst auf ihre impliziten, intersektionalen Vergeschlechtlichungen hin analysiert werden sollen. Zudem wird aufgrund wechselseitiger Bezogenheiten der konzeptionellen Elemente aufeinander deutlich, dass implizite intersektionale Vergeschlechtlichungen eines Elements im Vorge-hensmodell in ein hierauf bezogenes Element übernommen oder aber in dieses übersetzt werden. Können im Rahmen der Projektarbeit in GENDER PRO MINT in einem der konzepti-onellen Elemente eines Forschungsdesigns oder eines Vorgehensmodells beipielsweise diffe-renztheoretisch angelegte oder auch intersektionale Vergeschlechtlichungen identifiziert werden, so wirkt sich dies auch auf die auf dieses Element bezogenen, weiteren Elemente des Vorgehensmodells aus.

Phase 3: Integration intersektionaler Geschlechterstudien in Praxisprojekte in MINT

Um im Bild zu bleiben, wird in Phase 3 der Bearbeitung eines Praxisprojekts aus einem MINT-Fach schließlich „die Sanduhr umgedreht". Die Reflexion auf die das erwartete End-produkt, somit also die Reflexion über das erwartete Ergebnis eines Praxisprojekts, zeigt in der Regel, welche Ziele und Konzepte für ein Projekt von Anbeginn leitend sind. So ermög-licht das integrierte Vorgehensmodell der Sanduhr aus meiner Sicht eine mögliche Visualisie-rung für die in der Erkenntnistheorie etablierte These zur Theoriebeladenheit von empirisch erhobenen Daten. In Bezug auf <geschlecht/gender> kann eine Reflexion über die geschlech-tertheoretischen Implikationen der Vorgehensweisen und der Ergebnisse eines Praxisprojekts aufzeigen, dass diese bereits Bestandteil der zu Anfang formulierten Ziele und der Konzepti-on eines Praxisprojekts waren. Die explizite Integration veränderter geschlechtertheoreti-scher Perspektiven kann daher zu einer Transformation der zu Beginn formulierten Ziele und Konzepte führen. Entsprechend der veränderten Ziele und Konzepte werden u. U. auch die Forschungsfragen verändert. Die auf die Ziele, Konzepte und Forschungsfragen bezogenen Methoden sowie die erzielten Ergebnisse – und somit also das gesamte Praxisprojekt – kön-nen in einer Weise transformiert werden, die es ermöglicht Perspektiven, intersektionale Geschlechterstudien zu integrieren.

Beispiele für Praxisprojekte in GENDER PRO MINT

In den Praxisprojekten, die sich auf die Informatik als Fach oder auf ausgewählte Teilbereiche dieser Disziplin beziehen, finden sich unter den Praxisprojekten des Studienprogramms erste Beispiele. Die hier ausgewählten folgenden zwei Praxisprojekte bezogen auf die Informatik wurden auch auf dem Projekttag des Studienprogramms GENDER PRO MINT am 5. Juli 2013 an der Technischen Universität Berlin einer interessierten Öffentlichkeit vorgestellt. Präsentiert wurden laufende Praxisprojekte aus den Bereichen Informatik (Melanie Irrgang), Medizinische Technik (Mareike Okrafka), Stadt- und Regionalplanung (Toni Karge) sowie Klimaphysik (Franziska Kaiser und Max Metzger).

Eine intersektionale Analyseperspektive für ihr aktuelles Praxisprojekt im Bereich der Biomedizinischen Technik erarbeitet Mareike Okrafka. Sie stellt die konzeptionellen Voraussetzungen und die experimentelle Durchführung hinsichtlich theoretischer, methodologischer und anwendungsbezogener Perspektiven der Disability Studies und der Geschlechterstudien in den Fokus. Im Bereich der medizinischen Technik hat sie die Aufgabe, eine „Tele-Rehabilitation bei Schlaganfall – Aufbau einer Telehaptik-Verbindung" zu entwickeln. Für die Umsetzung dieses Praxisprojekts setzt sie sich mit den Konzeptionen von Autarkie und Selbstbestimmung wie sie in den Disability Studies diskutiert werden sowie mit gesellschaftlichen und geschlechterkonnotierten Normen, die in Technologien eingeschrieben sind, auseinander. Für eine Einführung in die Disability Studies wurde u. a. Waldschmidt (2012) herangezogen. Ein Schlaganfall führt zu einer zeitweisen oder einer dauerhaften Behinderung. Für die Umsetzung der Entwicklung eines Trainingsgeräts geht nun eine dekonstruktivistische Perspektive der Geschlechterstudien mit ein, nämlich die, dass im Zuge der Entwicklung eines Trainingsgeräts für die User, hier Schlaganfallpatient_innen, die in diese Technologie eingeschriebenen Geschlechterstereotypen reflektiert werden.

Der Reproduktion geschlechterstereotyper Vorstellungen mittels der Entwicklung informatischer Artefakte im Bereich der semantischen Suche ist Melanie Irrgang in ihrem bereits abgeschlossenen Praxisprojekt auf die Spur gekommen. In ihrem Studienprojekt aus der Informatik zur „Gewalterkennung in multimedialen Inhalten im Bereich der semantischen Suche" hat sie mittels Ansätzen der intersektionalen Geschlechterstudien untersucht, welche impliziten Annahmen in die Entwicklung von Software eingehen, die Gewalterkennung in Hollywoodfilmen ermöglichen soll. Anhand der Aufgabenstellung aus der Informatik zur Erkennung von Gewaltszenen in Hollywoodfilmen mittels Software stellte Melanie Irrgang zunächst die Möglichkeiten und Grenzen semantischer Software zur Gewalterkennung in multimedialen Inhalten vor Augen. In der zweiten Phase der Bearbeitung ihres Projekts konnte herausgestellt werden, dass für die Konzeption des Praxisprojekts Gewaltkonzepte als allgemeingültig vorausgesetzt wurden, die geschlechtskodiert waren: So wurde lediglich physische Gewalt als Gewalt operationalisiert während strukturelle, sexualisierte, häusliche und psychische Gewalt nicht Teil der angestrebten Semantischen Suche mittels Software waren. In der dritten Phase der Bearbeitung des Praxisprojekts setzte sich Melanie Irrgang mit einer möglichen Neuverteilung der Verantwortlichkeit für Medienkompetenz auseinander, die durch diese neue Technologie induziert werden könnte. In der Diskussion der Ergebnisse ihrer Bearbeitung ihres Praxisprojekts hinsichtlich der impliziten Gewaltkonzepte gibt sie schließlich Hinweise auf neuere Ansätze der intersektionalen Gewaltforschung in den Geschlechterstudien (vgl. u. a. Kortendiek und Schröttle, 2011). Dieses Praxisprojekt wird detaillierter im Beitrag von Melanie Irrgang zu diesem Band vorgestellt (vgl. Irrgang, Beitrag zu diesem Band).

3 Usability und Intersektionalitätsforschung – Produktive Dialoge

Faszinierend ist, dass in den Projektwerkstätten des Studienprogramms GENDER PRO MINT Student_innen der MINT-Fächer sich in kurzer Zeit in Theorien und Konzepte der intersektionalen Geschlechterstudien einarbeiten und diese in Bezug auf die Konzeption und Umsetzung ihrer Praxisprojekte aus den MINT-Fächern reflektieren. Die damit einhergehenden Integrationen von geschlechtertheoretischen Perspektiven in die Praxisprojekte lassen sich nicht herbeiführen, aber sie können konzeptionell angelegt werden. Die Transformationen der Praxisprojekte vollziehen sich als konstruktive, kreative Prozesse. Mit Reinharz (1990) verbindet mich die Vorstellung, Bedingungen dafür zu ermöglichen, Alternativen zu Bestehendem zu erfinden.

Visualisierungen von Vorgehensmodellen, die weder linear noch zyklisch angelegt sind, wie das hier vorgestellte „Sanduhr-Modell" können konzeptionell aufzeigen, dass Geschlechteraspekte als integrale Bestandteile eines Vorgehensmodells bzw. eines Praxisprojekts insgesamt zu reflektieren sind. Insbesondere während Phase 2 der Bearbeitung der Praxisprojekte zeigt sich, dass das Problem der „fehlenden Genderaspekte" nicht damit zu lösen oder zu beheben ist – wie es lineare Vorgehensmodelle für Forschungs- und Entwicklungsprozesse nahe legen –, dass Genderaspekte nachträglich oder in Form von Elementen, Bausteinen oder Modulen in bereits existierende Vorgehensmodelle oder Forschungsdesigns quasi nur noch additiv hinzugefügt werden könnten. Vielmehr sind Praxisprojekte in MINT in der Regel sowohl von impliziten als auch expliziten Vorannahmen über <geschlecht/gender> durchzogen. Zumeist können in Phase 2 auch Ausblendungen intersektionaler Perspektiven hinsichtlich der Historizität und der Interdependenzen der Kategorie <geschlecht/gender> mit weiteren Kategorien sozialer Ungleichheiten identifiziert werden. Ziel in Phase 3 der Bearbeitung der Praxisprojekte aus MINT-Fächern ist es daher, die Ziele, die konzeptionellen Voraussetzungen, die Forschungsfragen, die Methodiken und die Validität der Ergebnisse und damit das gesamte Projekt aus intersektionalen Perspektiven der Geschlechterstudien zu reflektieren und Vorschläge für deren (Um-)Gestaltung zu entwickeln.

In diesem Beitrag war es mein Anliegen, für die Bearbeitung von Praxisprojekten aus der Informatik anhand von studentischen Praxisprojekten exemplarisch darauf hinzuweisen, dass informatischer Artefakte vergeschlechtlicht sind. Dies zeigte sich in Bezug auf eine prospektive, geschlechtsbezogenen Arbeitsteilung, eingeschriebene Androzentrismen und Abstraktionen von <geschlecht/gender>. Intersektionale Perspektiven in den Geschlechterstudien bieten in Bezug auf diese Perspektiven weiterführende Ansatzpunkte dafür, Verschränkungen der Kategorie <geschlecht/gender> mit weiteren Kategorien sozialer Ungleichheiten und in Bezug auf die Entwicklung informatischer Artefakte und Usability in den Blick zu nehmen.

Dies ist – mit Blick auf die Ausgangsfrage – auch notwendig, denn:

Do artifacts have intersectional gender politics? – Ja, selbstredend!

Danksagung

Der Beitrag zu diesem Sammelband entstand anlässlich einer Vortragsanfrage für die Fachtagung Gender-UseIT in Berlin am 3. und 4. April 2014, auf der HCI, Web-Usability und UX unter Gendergesichtspunkten erörtert wurden. Peter Will gab mir erste Hinweise auf die Bedeutung von Vorgehensmodellen in der Informatik. Für konstruktive Kommentare zu diesem Text danke ich Michaela Will, Verena Grueter, Martina Erlemann, Melanie Irrgang und Göde Both sowie den Gutachter_innen.

Literatur

Balzert, H. (2011). *Lehrbuch der Softwaretechnik: Entwurf, Implementierung, Installation und Betrieb* (3. Auflage). Heidelberg: Spektrum Akademischer Verlag.

Bath, C. (2008). De-Gendering von Gegenständen der Informatik: Ein Ansatz zur Verankerung von Geschlechterforschung in der Disziplin. In B. Schwarze, M. David & B. C. Belker, (Hrsg.), *Gender und Diversity in den Ingenieurwissenschaften und der Informatik* (S. 166–182). Bielefeld: UVW.

Bath, C. (2009). *De-Gendering informatischer Artefakte. Grundlagen einer kritisch-feministischen Technikgestaltung* (Dissertation). Bremen: Staats- und Universitätsbibliothek Bremen. URN: http://nbn-resolving.de/urn:nbn:de:gbv:46-00102741-12

Bath, C., Schelhowe, H. & Wiesner, H. (2010). Informatik: Geschlechteraspekte einer technischen Disziplin. In R. Becker & B. Kortendiek (Hrsg.), *Handbuch Frauen- und Geschlechterforschung* (3. Auflage) (S. 829–841).Wiesbaden: VS Verlag für Sozialwissenschaften.

Becker, R. & Kortendiek, B. (Hrsg.) (2010). *Handbuch Frauen- und Geschlechterforschung* (3. Auflage).Wiesbaden: VS Verlag für Sozialwissenschaften.

Blunck, A. & Pieper-Seier, I (2010). Mathematik: Genderforschung auf schwierigem Terrain. In R. Becker & B. Kortendiek (Hrsg.), *Handbuch Frauen- und Geschlechterforschung* (3. Auflage) (S. 820–828). Wiesbaden: VS Verlag für Sozialwissenschaften.

Butler, J. (1991). *Das Unbehagen der Geschlechter*. Frankfurt a.M.: Suhrkamp.

Cavicchi, E., Lucht, P. & Hughes-McDonnell, F. (2001). Playing with Light. *Educational Action Research, 9*, 25–49.

Crenshaw, K. (1989). *Demarginalizing the Intersection of Race and Sex: A Black Feminist Critique of Antidiscrimination Doctrine, Feminist Theory and Antiracist Politics*. The University of Chicago Legal Forum, 139–167.

Dietze, G., Haschemi Yekani, E. & Michaelis, B. (2007). „Checks and Balances". Zum Verhältnis von Intersektionalität und Queer Theory. In K. Walgenbach, G. Dietze, A. Hornscheidt & K. Palm (Hrsg.), *Gender als interdependente Kategorie. Neue Perspektiven auf Intersektionalität, Diversität und Heterogenität* (S. 107–139). Opladen & Farmington Hills: Verlag Barbara Budrich.

Dietze, G., Hornscheidt, A., Palm, K. & Walgenbach, K. (2007). Einleitung. In K. Walgenbach, G. Dietze, A. Hornscheidt & K. Palm (Hrsg.), *Gender als interdependente Kategorie. Neue Perspektiven auf Intersektionalität, Diversität und Heterogenität* (S. 7–22). Opladen & Farmington Hills: Verlag Barbara Budrich.

Fritzsche, M. & Keil, P. (2007). *Kategorisierung etablierter Vorgehensmodelle und ihre Verbreitung in der deutschen Software-Industrie*. Technische Universität München, TUM-I0717, Juni.

Hark, S. (2005). *Dissidente Partizipation. Eine Diskursgeschichte des Feminismus*. Frankfurt a. M.: Suhrkamp.

Gildemeister, R. & Wetterer, A. (1992). Wie Geschlechter gemacht werden. Die Soziale Konstruktion der Zweigeschlechtlichkeit und ihre Reifizierung in der Frauenforschung. In G.-A. Knapp & A. Wetterer (Hrsg.), *TraditionenBrüche. Eintwicklungen feministischer Theorie* (S. 201–254). Freiburg i.Br.: Kore Verlag.

Götschel, H. (2010). Physik: Gender goes Physical – Geschlechterverhältnisse, Geschlechtervorstellungen und die Erscheinungen der unbelebten Natur. In R. Becker & B. Kortendiek (Hrsg.), *Handbuch*

Frauen- und Geschlechterforschung. (3. Auflage) (S. 842–850). Wiesbaden: Verlag für Sozialwissen-schaften.

Götschel, H. (2012). Gender and Science Studies Competence for Students in Engineering, Natural Sciences, and Science Education. The Project „Degendering Science" at the University of Hamburg, Germany. In A. Béraud, A.-S. Godfroy & J. Michel (Hrsg.), GIEE 2011. *Gender and Interdisciplinary Education for Engineers. Formation Interdisciplinaire des Ingénieurs et Problème du Genre* (S. 101–114), Rotterdam.

Ihsen, S. (2010). *Ingenieurinnen. Frauen in einer Männerdomäne.* In R. Becker & B. Kortendiek (Hrsg.), Handbuch Frauen- und Geschlechterforschung (3. Auflage) (S. 799–805). Wiesbaden: Verlag für Sozialwissenschaften.

Irrgang, M. (2014). *Was ist Gewalt und wie heißt er? Semantische Gewalterkennung aus Sicht der Gender Studies.* In diesem Band.

ISO (2010). *Ergonomie der Mensch-System-Interaktion – Teil 210: Prozess zur Gestal-tung gebrauchs-tauglicher interaktiver Systeme (ISO 9241-210: 2010).* Geneva: International Organization for Standardisation.

Keller, E. Fox (1995). The Origin, History, and Politics of the Subject Called „Gender and Science": A First Person Account. In Sh. Jasanoff, G. E. Markle, J. C. Petersen & T. Pinch (Hrsg.), *Handbook of Science and Technology Studies* (S. 80–94). Thousand Oaks, London, New Dehli: Sage.

Knapp, G.-A. (2005). Intersectionality – ein neues Paradigma feministischer Theorie? Zur transatlantischen Reise von „Race, Class, Gender". *Feministische Studien, 1*(5), 68–81.

Kortendiek, B. & Schröttle, M. (Hrsg.) (2011). Neue Perspektiven auf Gewalt. *Schwerpunktheft GENDER Zeitschrift für Geschlecht, Kultur und Gesellschaft.* Heft 2.

Lenz, I. (2010). Intersektionalität: Zum Wechselverhältnis von Geschlecht und sozialer Ungleichheit. In R. Becker & B. Kortendiek (Hrsg.), *Handbuch Frauen- und Geschlechterforschung* (3. Auflage) (S. 158–165). Wiesbaden: Verlag für Sozialwissenschaften.

Lucht, P. & Mauß, B., unter Mitarbeit von Both, G. (Hrsg.) (in Vorbereitung). *Gender Studies zu neuen Technologien* (Arbeitstitel). Herbolzheim: Centaurus Verlag.

Lucht, P. (1997). Frauen- und Geschlechterforschung über die Physik. Eine Übersicht. *Koryphäe 10*(21), 28–32.

Lucht, P. (2004). Frauen- und Geschlechterforschung für die Physik. In P. Lucht, *Zur Herstellung epistemi-scher Autorität. Eine wissenssoziologische Studie über die Physik an einer Elite-Universität in den USA* (S. 38–63). Herbolzheim: Centaurus Verlag.

Mauß, B. & Greusing, I. (2012). *Forschungsbasierte Genderlehre – Eine Doppelstrategie am ZIFG. news, Frauenpolitisches Forum an der Technischen Universität Berlin* (Wintersemester 2012), 14–15.

Lucht, P. & Paulitz, T. (Hrsg.) (2008). *Recodierungen des Wissens. Stand und Perspektiven der Geschlechterforschung in Naturwissenschaften und Technik.* Frankfurt a. M.: Campus Verlag.

Maaß, S., Draude, C., Wajda, K. (2014). Gender-/Diversity-Aspekte in der Informatikforschung: Das GERD-Modell. In diesem Band.

Marsden, N. (2014). Doing Gender in Input Fields. *CHI'14 Extended Abstracts on Human Factors in Computing Systems*, 1399-1404.

Maxwell, J. A. (1996) *Qualitative research design. An interactive approach.* Thousand Oaks, London, New Dehli: Sage.

Palm, K. (2007). Multiple Subjekte im Labor? Objektivitätskritik als Ausgangsbasis für interdepen-denztheoretische Theorie und Praxis der Naturwissenschaften. In K. Walgenbach, G. Dietze, A. Hornscheidt & K. Palm (Hrsg.), *Gender als interdependente Kategorie. Neue Perspektiven auf Intersektionalität, Diversität und Heterogenität.* Opladen & Farmington Hills: Barbara Budrich.

Paulitz, T. (2010) Technikwissenschaften. Geschlecht in Strukturen, Praxen und Wissensformationen der Ingenieurdisziplinen und technischen Fachkulturen. In R. Becker & B. Kortendiek (Hrsg.), *Handbuch Frauen- und Geschlechterforschung* (3. Auflage) (S. 787–798). Wiesbaden: Verlag für Sozialwissenschaften.

Paulitz, T. (2012). *Mann und Maschine. Eine genealogische Wissenssoziologie des Ingenieurs und der modernen Technikwissenschaften, 1850–1930.* Bielefeld: transkript.

Reinharz, Sh. (1990). So-Called Training in the So-Called Alternative Paradigm. In E. Guba (Hrsg.), *The Paradigm Dialog* (S. 291–302). Newbury Park, California: Sage.

Ruiz-Ben, E. (2008). Internationalisierung der IT-Branche und Gender-Segregation. In P. Lucht & T. Paulitz (Hrsg.), *Recodierungen des Wissens. Stand und Perspektiven der Geschlechterforschung in Naturwissenschaften und Technik* (S. 177–193). Frankfurt, New York: Campus Verlag.

Waldschmidt, A. (2012). *Selbstbestimmung als Konstruktion. Alltagstheorien behinderter Frauen und Männer* (2. Auflage). Wiesbaden: Verlag für Sozialwissenschaften.

Walgenbach, K. (2007). Gender als interdependente Kategorie. In K. Walgenbach, G. Dietze, A. Hornscheidt & K. Palm (Hrsg.). *Gender als interdependente Kategorie. Neue Perspektiven auf Intersektionalität, Diversität und Heterogenität* (S. 23–64). Opladen & Farmington Hills: Barbara Budrich.

Walgenbach, K. (2013). Postscriptum: Intersektionalität – Offenheit, interne Kontroversen und Komplexität als Ressourcen eines gemeinsamen Orientierungsrahmens. In H. Lutz, M. T. Herrera Vivar & L. Supik (Hrsg.), *Fokus Intersektionalität* (S. 265–277). Wiesbaden: Springer Fachmedien.

West, C. & Zimmerman, D. H. (1987). Doing Gender. *Gender & Society. Official publication of sociologists for women in society, 1*(1987), 125–151.

Wiesner, H. (2002). *Die Inszenierung der Geschlechter in den Naturwissenschaften. Wissenschafts- und Genderforschung im Dialog.* Frankfurt/Main: Campus Verlag.

Winker, G. & Degele, N. (2009). Intersektionalität. Zur Analyse sozialer Ungleichheiten. Bielefeld: transcript.

Winner, Longdon (1980). Do Artefacts Have Politics? *Daedalus 109*(1), 121–136.

Doing Gender im IT-Design – Zur Problematik der (Re-)Konstruktion von Differenz

Saskia Sell
Institut für Publizistik- und Kommunikationswissenschaft, Freie Universität Berlin

1 Das Konzept des Doing Gender aus der Perspektive der Gender Media Studies

Eine Auseinandersetzung mit der Genderperspektive im Bereich HCI, Web Usability und User Experience birgt immer auch die Gefahr, missverstanden zu werden und dadurch Geschlechterunterschiede bzw die Geschlechterdichotomie ungewollt zu reifizieren. Durch eine Überbetonung von Differenz zwischen zwei binär gedachten Geschlechtern kann das Bild entstehen, dass diese Unterschiede Voraussetzung für eine erfolgreiche Gestaltung von Bedienoberflächen und Online-Kommunikation seien. Daher ist es wichtig, kritische Perspektiven aus den Gender Studies stets im Blick zu halten, um die eigene Position kritisch zu hinterfragen und nicht ungewollt herrschende Geschlechterkonstruktionen zu reproduzieren.

Bedürfnisse, Interessen und Kontexte von Männern und Frauen werden häufig explizit unterschiedlich gedacht. In klassischen Denk- und Deutungsmustern des Differenzfeminismus in der Tradition Kristevas oder Irigarays und theoretischer Strömungen der Geschlechterforschung, die im Kern ein essentialistisches Verständnis von Geschlecht zugrunde legen, wird eine binäre Differenz zwischen Mann und Frau, „wenn nicht qua Biologie, so doch qua historisch-gesellschaftlicher Sozialisation" (Lünenborg und Maier, 2013, S. 19), festgeschrieben. Diese Interpretation greift zu kurz und wird den aufgerufenen Auseinandersetzungen und kreativen Spielarten mit dem sozialen Geschlecht nicht gerecht.

Feministische Strömungen, die sich auf das hier angesprochene Differenzmodell berufen, üben häufig Kritik an zentralen Forderungen nach Angleichung weiblichen Handelns an in rein männlichen Zusammenhängen konstruierte Normen, Handlungsweisen und Strukturen. Nicht die Annäherung an das Modell des Männlichen, das als bereits gesetzte und naturalisierte Norm unhinterfragt bleibt, soll das Ziel feministischer Politik sein, sondern die Anerkennung des Weiblichen als dezidiert Anderem.

Diese gleichermaßen einseitige Betrachtungsweise ist nicht minder problematisch, weshalb im Folgenden knapp weitere zentrale Theorieansätze der Gender Media Studies dargestellt werden, um hinzuführen zum Konzept des Doing Gender, das in der Auseinandersetzung mit der Gestaltung von Kommunikationstechnologie den Spielraum, der jede Art von Design erst ermöglicht, erweitert und deterministischen Ansätzen eine emanzipatorische Perspektive gegenüberstellt. Zwischen sozialtheoretischen Konzeptionen und anwendungsorientierten

Fragestellungen findet somit, im Hinblick auf die Konstruktion von Geschlecht, eine Verknüpfung statt.

Die Problematik der (Re-)Konstruktion von Differenz durch Kommunikationsdesign soll
entlang dieser zentralen Theorieansätze der Geschlechterforschung kritisch diskutiert werden.

1.1   Vom Gleichheitsansatz zum Differenzansatz

Der einleitend angesprochene Differenzansatz hat sich innerhalb der Geschlechterforschung
als Gegenpol zum ursprünglichen Gleichheitsansatz entwickelt. Letzterer bildet den erkenntnistheoretischen Ursprung der kommunikationswissenschaftlichen Geschlechterforschung
(damals noch „Frauenforschung") und verfolgte das Anliegen, „Diskriminierungen von
Frauen in den Medien in Form von Unterrepräsentanz einerseits und Stereotypisierung und
Trivialisierung andererseits aufzuzeigen und mehr Gleichheit in Bezug auf die Darstellung
der Geschlechter zu erreichen" (Röser und Müller, 2012, S. 38, unter Rückgriff auf Klaus,
2001). Neben der Untersuchung von Formen der Repräsentation – oder Nicht-
Repräsentation, wie Tuchman in ihrem bereits 1978 erschienenen Aufsatz „The Symbolic
Annihilation of Women by the Mass Media" treffend dargestellt hat – von Frauen in den
Medien wurde der Gleichheitsansatz vor allem in den 1980er Jahren im Rahmen der Berufsfeldforschung, die Geschlechterstrukturen – beispielsweise Ungleichheiten in der Bezahlung,
geringere Anzahl von Frauen in Macht- und Entscheidungspositionen und damit geringere
Handlungsspielräume etc. – im Medienproduktionskontext untersuchte, zur Grundlage empirischer Studien (u. a. Becher et al., 1981; Neverla, 1983; Neverla und Kanzleiter, 1984).

Von den Annahmen des Gleichheitsfeminismus unterscheiden sich differenzfeministische
Strömungen in Sozialtheorie und Medienpraxis. Ungleichheit wird „nicht (nur) unfreiwillig
erfahren, sondern (auch) bewusst und aktiv hergestellt" (Lünenborg und Maier, 2013, S. 28).
Etwa durch Fragen nach dezidiert „weiblicher" Mediennutzung und damit verbundener diffe-
renter Aneignung von IT wurde unter Betonung des Unterschieds der Geschlechter nach
Formen des „weiblichen Schreibens", des „weiblichen Journalismus" oder „weiblicher" PR-
Kommunikation, die gleichgesetzt wurde mit mehr „Freundlichkeit", gefragt. Neben kritischen Studien, die derartige als typisch weiblich konstruierte Verhaltensweisen und Formen
der „geschlechtsgebundenen Besonderung" (Lünenborg und Maier 2013, S. 29) im Zusammenhang mit Karrierehemmnissen sahen, gab es eine Reihe positivistischer Ansätze, die in
der Interpretation von Ergebnissen aus Mediennutzungsstudien die vorab angenommene
Differenz durch unterschiedliche Nutzungsweisen von Medienprodukten bestätigt sahen.
Aktuellere Perspektiven der kommunikationswissenschaftlichen Geschlechterforschung
betonen jedoch, dass sich weder das Rezeptions- oder Mediennutzungsverhalten noch bestimmte Darstellungsformen oder Genrestrukturen angemessen entlang einer als dualistisch
verstandenen Geschlechterordnung verstehen lassen (ebd., S. 30). Es bedarf an dieser Stelle
also eines Perspektivenwechsels.

1.2   Dekonstruktion und Doing Gender

Aus der Auseinandersetzung zwischen Gleichheits- und Differenzdeutungen heraus entwickelten sich, besonders in Abgrenzung zum Differenzfeminismus, erweiterte emanzipatorische Ansätze entlang der Konzepte der Diskurstheorie und des interaktionistischen Konstruk-

tivismus (Lünenborg und Maier, 2013, S. 78 ff.; Gildemeister, 2008, S. 172 ff.). Geschlecht gilt hier, der Theoriearbeit Butlers folgend, nicht als etwas, das biologisch und/oder qua Sozialisation festgelegt ist, sondern als performativer Akt. Gender ist also nicht Essenz, sondern „Identität, die durch eine stilisierte Wiederholung von Akten zustande kommt" (Butler, 2002, S. 302). Erst durch Performativität, durch die Wiederholung bestimmter Handlungsmuster in Verbindung mit der Akzeptanz der Deutungshoheit diskursiver Strömungen, die diese Handlungsmuster als „männlich" oder „weiblich" konnotieren, wird Geschlecht und werden mit Geschlecht verbundene gesellschaftliche Ordnungsstrukturen, interaktiv (re-)produziert. Dieses Verständnis der „sozialen Konstruktion von Geschlecht" hat sich seit den frühen 1990er Jahren sowohl in der Geschlechterforschung als auch in der Geschlechterpolitik stark verbreitet, wobei der Konstruktionsbegriff im Bereich der Sozialtheorie unterschiedlich interpretiert und definiert und oft mit diskurstheoretischen Erklärungsmustern gleichgesetzt wird (Gildemeister, 2008, S. 169–170).

Doing Gender – aktives vergeschlechtlichtes Handeln oder reaktives Sich-entlang-von-vorgegebenen-Geschlechterrollenbildern-Verhalten – verleiht der dualistischen Struktur erst ihre Gültigkeit. Männlichkeit und Weiblichkeit sowie die entsprechenden Diskurse werden durch die Verbindung von Handlung, Deutung und Wertung interaktiv hergestellt: Geschlecht hat man nicht, Geschlecht macht man. Dieses Muster innerhalb geschlechtsgebundener Aushandlungsprozesse haben auch Gildemeister und Wetterer (1992) in ihrer mikrosoziologischen Studie anschaulich verdeutlicht. Sie legen in ihrer Analyse den Fokus auf geschlechtsspezifische Sozialisation und Arbeitsteilung mit dem Ziel der Ideologiekritik. Bevor sie Beispiele aus der Berufsfeldforschung anführen, wird die Kategorie Geschlecht hier zunächst sowohl anhand von ethnologischen und kulturanthropologischen Studien als auch auf der Grundlage von biologischen Analysen dekonstruiert. Aus der ersten Perspektive heraus ergibt sich, dass es Kulturen mit drittem Geschlecht gibt, dass Geschlechtswechsel in vielen Kulturen möglich sind und dass die Geschlechtszugehörigkeit in den meisten Fällen aufgrund der Rolle und nicht abhängig von Körpermerkmalen bestimmt wird. Dieser Aufbruch des Mann-Frau-Dualismus wird gestützt durch biologische Erkenntnisse, die besagen, dass das genetische Geschlecht, das Keimdrüsengeschlecht und das Hormongeschlecht, anders als im Alltagsbewusstsein verankert, nicht übereinstimmen müssen. Für Gildemeister und Wetterer zeigt sich Zweigeschlechtlichkeit daher als soziale Konstruktion, innerhalb derer der Rückgriff auf die Natur lediglich der Legitimationsbeschaffung dient, was auch Scheich in ihrer Analyse bestätigt (Scheich, 1999). Auch sie sehen Doing Gender als aktiv gestaltbaren Handlungszusammenhang und betrachten Geschlecht grundsätzlich als situationsspezifisch, wandelbar und kontextabhängig (Gildemeister und Wetterer, 1992).

Mit diesen neueren Ansätzen verändert sich die Herangehensweise der Geschlechterforschung grundlegend, sie befreit sich aus dem klassischen Dualismus von Männlichkeit und Weiblichkeit und öffnet den Blick für Handlungsweisen und Darstellungsformen, die sich weder dem einen noch dem anderen Schema zuordnen lassen. Zur Dekonstruktion der Annahme, Geschlecht sei etwas Gegebenes, Unveränderliches, Determiniertes, wird vor allem, in Anlehnung an die Tradition der Cultural Studies, innerhalb der Gender Media Studies durch die Wahrnehmung von Brüchen, von kritischer Reflexion oder der Entwicklung „subversiver Interpretations- und Aneignungsstrategien" beigetragen (Lünenborg und Maier, 2013 und Klaus, 2005).

Um nicht in die Verlegenheit zu kommen, durch wahrgenommene Brüche den Ursprungsdualismus tradierter Narrationen hinterfragen zu müssen, werden allerdings Handlungen und

Verhaltensweisen, die nicht mit dem klassischen Muster entsprechen, oft diskursiv zunächst als Mängel konstruiert. Wenn sich beispielsweise der Mythos festgeschrieben hat, dass Frauen qua Geschlecht kein Interesse an Technologie haben, führt die gegensätzliche Beobachtung, dass es sehr wohl Frauen mit den entsprechenden Interessen und Fähigkeiten gibt, eher dazu, diese entlang bestehender Deutungsmuster als „unweiblich" zu bezeichnen, als dass in letzter Konsequenz die dualistischen Denkweisen und Geschlechterstereotype in ihrer binären Differenz neu überdacht werden. Doch auch diese diskursiv-ordnungspolitische Strategie stößt an ihre Grenzen, was man im Bereich der Gender Media Studies beispielsweise anhand medialer Repräsentationen von Frauen in Machtpositionen ablesen kann – galt Angela Merkel als erste deutsche Bundeskanzlerin zu Beginn ihrer Regierungszeit zunächst als machtvoll, ergo „unweiblich", fand im Laufe der Jahre eine Veränderung im sie und damit ihre Geschlechtsidentität bezeichnenden Mediensystem statt, wurden Weiblichkeit und Macht nicht mehr als sich wechselseitig ausschließend dargestellt, waren Attribute wie „weiblich" und „machtvoll" keine durchgehend sich gegenseitig ausschließenden Zuschreibungen mehr. Dabei wurden auf der Ebene der Repräsentation durchaus Versuche vorgenommen, durch den Fokus auf Weiblichkeit ihre Kompetenz in Frage zu stellen: Gerade die Art der visuellen Medienberichterstattung reproduzierte die Annahme, Weiblichkeit bedinge beschränkte politische Fähigkeiten (Lünenborg et al., 2009, S. 87). Die durch die dualistischen Konzepte entstandenen Deutungsmuster kompetent-unweiblich oder weiblich-inkompetent brechen heute erst langsam auf.

Übertragen auf die Frage nach einer wie auch immer gearteten „gendersensiblen" Gestaltung von informationstechnologischen Kommunikationsräumen stellt sich mit Blick auf Genderaspekte also zunächst die Frage nach der eigenen Ausgangsposition und dem professionellen Selbstverständnis. Gilt es im Rahmen einer dezidiert gestalterischen Tätigkeit als Kernaufgabe, auf vermeintlich gesellschaftlich Vorgegebenes zu reagieren und das eigene Design an als dominant wahrgenommene Deutungsmuster von zweigeschlechtlicher Differenz anzupassen und selbige damit aktiv zu (re-)produzieren, oder werden Formen der binären Vergeschlechtlichung als diskursiv verstärkte performative Akte des Doing Gender verstanden und bewusst neue Impulse gesetzt, die die Konstruiertheit dieser Ordnungsstruktur transparent machen und den dargestellten Dualismus aufbrechen?

Vom Ansatz der dekonstruktivistischen Geschlechteranalyse, die es ermöglicht, derartige Konstruktionen von Differenz transparent zu machen, unterscheiden sich weitere Ansätze aus dem Bereich der IT- und Netzkultur, die sich oft als „postgender" geriert. Beispiele lassen sich unter anderem im Selbstverständnis der europäischen Piratenparteien finden, oder in der viel zitierten Hackerethik, die besagt, es käme rein auf Fähigkeiten an und nicht auf sogenannte „Boguskriterien" wie Geschlecht oder andere soziodemographische Typologisierungen auf Akteursebene.[2] Der Ansatz erscheint einerseits fair und betont den Wunsch, Menschen nicht qua Geschlecht (oder Klasse, Ethnie, Bildungsgrad etc.) zu bevorzugen oder zu benachteiligen, er ist aber insofern problematisch, als dass er, im Gegensatz zu dekonstruktivistischen Ansätzen, bestehende Differenzkonstruktionen, die sich beispielsweise auch auf den Erwerb von bestimmten Fähigkeiten auswirken können, negiert.

Um sich der Frage zu stellen, ob das Netz oder ob virtuelle Räume neue Möglichkeiten bieten, den klassischen Geschlechterzuschreibungen samt ihrer eingeschriebenen Hierarchie und

---

[2] Vgl. dazu für den deutschsprachigen Raum bspw. die Ausführungen des CCC: http://www.ccc.de/de/hackerethik (letztmaliger Zugriff: 11.05.2014).

bestehender Ungerechtigkeiten zu entrinnen, ist neben der Anwendung und Erweiterung gestaltungspraktischer Möglichkeiten die Reflexion über die eigene Rolle innerhalb des diskursiven Aushandlungsprozesses notwendig: Was trage ich zur einen oder anderen Entwicklungslinie und zur Relevanzsetzung und Wertung von Geschlecht im Feld der Technologie im Rahmen meiner gestalterischen Tätigkeit bei?

Allen Ansätzen aus der Geschlechterforschung gemein ist ein geteiltes Unbehagen mit der hierarchischen Differenzierung der Gesellschaft entlang von Geschlechteridentitäten. Es geht bei der Geschlechterfrage also immer auch um Forderungen nach Gerechtigkeit und die grundsätzliche Frage nach Hierarchie oder Heterarchie, nach Chancengleichheit und nach selbstbestimmtem Leben innerhalb sozialer Zusammenhänge. Der hier dargestellte Aushandlungsprozess impliziert, dass Technologie im Allgemeinen und Informations- und Kommunikationstechnologie im Besonderen dabei nicht als neutrales Instrument betrachtet werden kann. Im Rahmen der Gestaltung und Aneignung beeinflussen sich technologische Möglichkeiten und kulturelle und/oder politische Dimensionen wechselseitig – was im Folgenden entlang des Co-Emergenzprinzips genauer erörtert wird.

2   Das Prinzip der Co-Emergenz: wechselseitige Beeinflussung normativer und technologischer Diskursdimensionen

Winner untersucht in seinen unter dem Titel „The Whale and the Reactor. A Search for Limits in an Age of High Technology" 1986 erschienenen zentralen technikphilosophischen Analysen politische und soziale Implikationen von Technologie. Er geht davon aus, dass Entscheidungen, die technologische Entwicklungen betreffen, immer zugleich, ob intendiert oder nicht, politische Entscheidungen sind. Nicht nur das technologisch Machbare, sondern auch normative Aspekte spielen für ihn eine zentrale Rolle in Design- und Konstruktionsprozessen. Besonders anschaulich stellt er dies anhand eines Beispiels aus dem Bereich der Architektur dar: am Bau der von Robert Moses (von den 1920ern bis in die 70er Jahre erfolgreicher Gestalter des öffentlichen Raums in New York) entworfenen Brücken über Zubringerstraßen zu beliebten Naherholungsgebieten auf Long Island. Was hat Brückenbau mit Politik zu tun? Viele der Brücken aus Winners Beispiel wurden für ihre Zeit unüblich niedrig gebaut, so niedrig, dass nur die Autos der (in ihrer Bauzeit vornehmlich weißen) Mittel- und Oberschicht problemlos Zugang zu den weitläufigen Parkanlagen an der Küste Long Islands hatten, während die von der (in ihrer Bauzeit vornehmlich schwarzen) Unterschicht genutzten Busse zu hoch waren, um unter ihnen her fahren zu können. Caro, der Biograph des berühmten Gestalters Moses, erklärt, dass hier bewusst politische Dimensionen in die manifesten Technologien des öffentlichen Raumes eingeschrieben wurden. Moses selbst war über sein Umfeld hinaus bekannt für seine rassistischen und klassenbezogenen Vorurteile, die er, für Winner in diesem Fall besonders deutlich, auch in seine gestalterische Arbeit eingeschrieben hat (Winner, 1986, S. 22–23).

Was für Architektur und Gestaltung öffentlicher Räume gilt, lässt sich übertragen auf den Bereich des Kommunikationsdesigns und die Gestaltung digitaler oder mediatisierter öffentlicher Räume. Nicht nur, was die Offenheit und barrierefreie Zugänglichkeit von digitalen Kommunikationsplattformen und die damit zusammenhängende Frage, wie frei in einem bestimmten Kontext kommuniziert werden kann, betrifft, spielen politische Dimensionen auf der Ebene der Gestaltung eine Rolle, sondern auch im Hinblick auf die Frage, ob die konzipierten Nutzungsangebote vergeschlechtlicht werden oder nicht, ob also diejenigen, die die Kommunikationsräume gestalten, sich aktiv an Formen des Doing Gender und an der diskursiven (Re-)Produktion des Mann-Frau-Dualismus beteiligen, oder ob sie diese Differenzkonstruktionen unterlaufen.

Hier wird einmal mehr deutlich, dass kommunikationstechnologische Innovationen, wie beispielsweise das Internet, nicht nur rein technikdeterministisch als Ursache für gesellschaftliche Veränderungen betrachtet werden können. Sie werden in einem Kontinuum sozialer, politischer und kultureller Gemengelagen entworfen, die ihre Gestaltung mindestens genauso stark beeinflussen, wie die Frage danach, was technologisch machbar ist. Dass öffentliche Kommunikationsräume durch die Art ihrer Gestaltung bestimmte Nutzungsformen nahelegen, ist noch kein Garant dafür, dass wir nicht auch andersartige Aneignungsformen, die zum Zeitpunkt der Entwicklung noch nicht mitgedacht wurden, beobachten können. Diese Abgrenzung von einseitig deterministischen Perspektiven greift Wajcman in ihrer technikfeministischen Darstellung auf: „Science and technology embody values, and have the potential to embody different values." (Wajcman, 2004, S. 126).

Dezidiert auf Medieninnovationen bezogen spricht u. a. auch Dogruel von Co-Evolution und betont die Wechselwirkung von Gestaltungsprozessen mit sozialen und politischen Strukturen und Diskursen (Dogruel, 2013, S. 328). Der Begriff der Co-Evolution ist allerdings irreführend, tappt man durch die Verwendung der biologischen Evolutionsmetapher allzu leicht wieder in die Determinismusfalle im Hinblick auf „evolutionäre" Prozesse. Da es sich jedoch um kulturelle Handlungspraktiken auf der Basis individueller Entscheidungsprozesse handelt, erscheint der Emergenzbegriff in diesem Zusammenhang passender. Er befreit einerseits von der Prämisse der Vorhersehbarkeit bestimmter Entwicklungen bzw. von deren kausaler Ableitung aus dem Bestehenden. Andererseits verschleiert er damit auch – im Gegensatz zum Evolutionsbegriff – nicht die Tatsache, dass es sich nicht um unbewusste oder instinktive biologische Adaptionsprozesse handelt, sondern um bewusste individuelle Handlungsentscheidungen im professionellen Kontext.

Wajcmans Argumentation kommt zu einem ähnlichen Schluss, sie lehnt deterministische Deutungsmuster ebenso entschieden ab und schreibt:

> „I have suggested that all technologies be properly characterized as contingent and open, expressing the networks of social relations in which they are embedded. With this in mind, we will be less inclined to identify technology itself as the source of positive or negative change, and will concentrate instead upon the changing social relationships within which technologies are embedded and how technologies may facilitate or constrain those relationships." (Wajcman, 2004, S. 108)

Weiterhin betont sie, dass technologische Innovationen vor allem deshalb neue Möglichkeitsräume schaffen, weil es Frauen gibt, die diese neuen Räume für sich einnehmen und die diesen Räumen zugrunde liegenden Maschinen nicht als männliche Domäne betrachten. Daraus ableitend bewertet sie die Förderprogramme, die junge Frauen vermehrt in technische Berufe bringen sollen, als positiven Schritt auf dem Weg zu mehr Gleichberechtigung (ebd., S. 109), wobei sie, differenztheoretisch argumentierend, bestehende Hürden vor allen Dingen in der Fortschreibung der Dominanz patriarchaler Strukturen sieht, die Frauen ihrer Ansicht nach davon abhalten, sich entsprechend zu professionalisieren (ebd., S. 112). Des Weiteren weist Wajcman auf das fehlende Problembewusstsein innerhalb der Praxis hin, wodurch sie mehr oder weniger direkt die Relevanz der hier fortgeführten Auseinandersetzung unterstreicht:

> „Practitioners act as if their own methodologies are not affected by the social context and have no politics. They do not reflect on how the preponderance of white, privileged, heterosexual men might have framed the field. […] For technofeminism, politics is an 'always-already' feature of a network, and a feminist politics is a necessary extension of network analysis. Science and technology embody values, and have the potential to embody different values." (ebd., S. 126)

Haraway bedient sich ebenfalls des Co-Emergenzprinzips, indem sie in ihrer Kernschrift feministischer Technikforschung, dem Cyborg Manifesto, herausarbeitet, wie Mythos und Werkzeug sich wechselseitig konstituieren. Technologien und (Geschlechter-)Diskurse sind für sie gleichermaßen geronnene Momente fluider sozialer Interaktionen (Haraway, 1985/2007, S. 45). Haraway versteht Geschlecht als Mythos, der sich durch Performanz und Formen des Doing Gender innerhalb sozialer Interaktion konstituiert und in Wechselwirkung zu technologischen Entwicklungen steht. Haraway sieht in der Figur der Cyborg und in ihrer Metaphorik als Chimäre zwischen Mensch und Maschine die Möglichkeit, klassisch dualistische und differenzialistische Denkmuster aufzubrechen, was in ihrer Interpretation feministische Ermächtigungsstrategien unterstützt. Diese gesellschaftswissenschaftlichen Implikationen greifen auch Flanagan et al. auf und formulieren für die gestalterische Praxis, deren Verantwortung im Hinblick auf ihre Rolle im Diskurs sie betonen, den klaren Anspruch, die in technologische Artefakte eingeschriebenen sozialen Werte als Kriterium der Beurteilung der Qualität von Technologie zu berücksichtigen.

> „If an ideal world is one in which technologies promote not only instrumental values such as functional efficiency, safety, reliability, and ease of use, but also the substantive social, moral, and political values to which societies and their people subscribe, then those who design systems have a responsibility to take these latter values as well as the former into consideration as they work In technologically advanced, liberal democracies, this set of values may include liberty, justice, enlightenment, privacy, security, friendship, comfort, trust, autonomy and sustenance." (Flanagan et al., 2008, S. 322)

Im Hinblick auf die Differenzierungskategorie Geschlecht und ihre Fortschreibung im Bereich der IT ist das Bewusstsein um die hier angesprochene Verantwortung der gestalterischen Praxis zentral.

Im eingangs aufgegriffenen Anspruch, die „Frauenperspektive" zwecks erfolgreicher Kommunikation zu berücksichtigen, spiegelt sich die bewusste Entscheidung, sich der Praxis des Doing Gender im Bereich des IT-Designs anzuschließen und die Mann-Frau-Dichotomie mit all ihren Implikationen und inhärenten Hierarchisierungen innerhalb der Gestaltungspraxis aufrecht zu erhalten – was nachfolgend, im Hinblick auf mögliche Auswirkungen dieser Praxis, anhand verschiedener Beispiele problematisiert wird.

3   Doing Gender im IT-Design: (Re-)Konstruktion oder
         Überwindung binärer Differenzkategorien

Bereits ein kritischer Blick in die IT-Geschichte zeigt, dass die hier und jetzt formulierten
Wünsche nach mehr Beteiligung von Frauen im IT-Bereich im Grunde Reclaims längst er-
reichter Zielen darstellen. Light (1999) hat hier im Bereich der Technikgeschichte mit ihrer
Studie zur zentralen Rolle von Technikerinnen in der frühen Entwicklungsphase von elektro-
nischen Computern im doppelten Sinne Pionierinnenarbeit geleistet. Ihre Auseinandersetzung mit den Ursprüngen der Computerentwicklung in den USA während des Zweiten Weltkriegs ergab, dass die maßgeblich an der Konstruktion des ENIAC (Electronic Numerical
Integrator and Computer, erster rein elektronischer Universalrechner) beteiligten Technikerinnen gezielt aus der IT-Entwicklungsgeschichte herausgeschrieben wurden. Ihre Professionalität wurde ihnen aberkannt, ihre „Weiblichkeit" hingegen wurde in den Vordergrund gerückt.

> „While celebrating women's presence, wartime writing minimized the complexities of
> their actual work. While describing the difficulty of their task, it classified their occu-
> pations as subprofessional. While showcasing them in formerly male occupations, it
> celebrated their work for its femininity. Despite the complexities – and often path-
> breaking aspects – of the work women performed, they rarely received credit for in-
> novation or invention." (Light, 1999, S. 455)

Hier wurde die Tätigkeit im IT-Bereich klar vergeschlechtlicht bewertet: „The ENIAC project made a fundamental distinction between hardware and software: designing hardware was
a man's job; programming was a woman's job." (Light, 1999, S. 468). Kathleen McNulty
oder Frances Bilas waren die ersten Programmiererinnen. Sie übten Tätigkeiten im Bereich
der Softwareentwicklung aus, für die weitreichende Kenntnisse und Fähigkeiten im Umgang
mit Hardware notwendig waren. Die konstruierte Dichotomie stieß auch damals unmittelbar
an ihre Grenzen, wurde aber insoweit auf die Spitze getrieben, als entlang des Geschlechts
überhaupt erst definiert wurde, welche Tätigkeiten als „technologisch" galten – wenn Frauen
also IT-Berufe ausübten, waren es keine – prestigeträchtigen – IT-Berufe mehr (ebd,
S. 468 ff.). Ihre beruflichen Erfolge wurden von Anfang an negiert, in den Ergebnispräsenta-
tionen, die die Frauen selbstverständlich vorbereitet hatten, und in den Dokumentationen der
Entwicklungsleistungen kamen ihre Namen schlichtweg nicht mehr vor, genauso wenig im
öffentlichen Diskurs um die technologischen Innovationen, die sie maßgeblich mit erarbeitet
hatten – nicht einmal dann, wenn sie, wie Adele Goldstine, in Führungspositionen aufgestie-
gen waren und sich breite technologische Expertise erarbeitet hatten (ebd., S. 472 ff.). Er-
schreckend deutlich wird die Hierarchisierung innerhalb der Mann-Frau-Differenz in diesem
Zusammenhang auch in der zugehörigen Management-Literatur der 1940er Jahre. Light
zitiert aus einem Leitfaden für Manager: „Women can be trained to do any job you've got –
but remember 'a woman is not a man'; A woman is a substitute – like plastic instead of met-
al." (Light 1999, S. 481). Deutlicher lassen sich die Verhältnisse innerhalb der Zuschrei-
bungstrias Gender, Technologie und Arbeit nicht aufzeigen.

Mit ihrer historischen Analyse hat Light einen wichtigen Beitrag zur Dekonstruktion des
Mythos, dass Frauen desinteressiert an IT und/oder unfähig seien, geleistet. Das ENIAC-
Beispiel ist exemplarisch für einen generalisierbaren Prozess. Klaus formuliert aus der Per-
spektive der Gender Media Studies:

„Die Frau ist keine Essenz, sondern eine Form des Mythos ‚Geschlecht', die mit gesellschaftlichen, kulturellen und historischen Bedeutungen gefüllt ist. Durch die ge-
schlechtliche Identifikation der Individuen wird der Mythos zur Basis ihrer Welta-
neignung. Die Bedeutung und die Anreicherung des Mythos mit Sinn geschieht nicht
von außen, wird den Menschen nicht oktroyiert, sondern von den sozialen Subjekten
im Lebensvollzug, in ihrem kontextgebundenen Handeln erschaffen." (Klaus, 2005,
S. 361)

Sie betont dabei nachdrücklich, dass die Kategorie Geschlecht keineswegs das Handeln de-
terminiere und gibt, ähnlich wie Light, Beispiele aus der Berufsfeldforschung an. Diese beschreibt den Wandel zahlreicher Berufe vom typischen Männer- zum ebenso typischen Frauenberuf und umgekehrt (ebd.). Problematisch und im wörtlichen Sinne bezeichnend ist dabei,
dass mit diesem Wandel zugleich ein Wandel von materieller und immaterieller Wertigkeit
des Berufs verbunden ist, dass bei gleicher Tätigkeit deutliche Differenzen im Bereich Einkommen und Bezahlung sowie in Fragen der allgemeinen Anerkennung und Prestigeträch-
tigkeit reproduziert werden. Befindet sich ein Beruf in einer Phase „Männerberuf" zu sein,
gilt die selbe professionelle Tätigkeit als respektabler und prestigeträchtiger und wird materiell höher entlohnt, als in der Phase, in der er als „Frauenberuf" kategorisiert wird. In extremen Fällen geht die Entwicklung so weit, dass der weiblich konnotierten Tätigkeit der Be-
rufsstatus selbst aberkannt wird, was man beispielsweise in den historischen Entwicklungen
im Bereich der Pflege- und Erziehungstätigkeiten beobachten kann.

Gildemeister und Wetterer beschreiben einen geschlechterdualistisch segregierten Arbeitsmarkt und bestätigen die historische Analyse von Light in Bezug auf Frauen in IT-Berufen.
Neben dem Wandel von der Programmiererin zum Programmierer und der entsprechenden
Aufwertung des Berufs beobachten sie ähnliche Prozesse des „Geschlechtswechsels" von
beruflicher Tätigkeit auch für andere Berufsfelder. Markante Beispiele sind der Wechsel vom
Sekretär zur Sekretärin, einhergehend mit einer entsprechenden Abwertung, wobei sprachliche Atavismen mit altem Status erhalten bleiben (Parteisekretär, UN-Generalsekretär), der
Wechsel von der Hausfrau zum Koch/Gebäudereiniger, mit der entsprechenden Aufwertung
und Anerkennung der Tätigkeit als „Arbeit". Diese diskursive Strategie lässt sich auch heute
noch beobachten – besonders auffällig im Bereich der Kindererziehung bzw. den Wechsel
von der Mutter zum Erzieher betreffend. Auch wenn die Anerkennung erzieherischer Tätigkeit als Arbeit bereits eine längere Tradition hat, fängt die Debatte um ihre Wertigkeit, sprich
um höhere Löhne und mehr Prestige, erst an, als vermehrt auch Männer den Beruf ergreifen.
(Diese Facette des Aushandlungsprozesses zeigt sich beispielsweise in der Berichterstattung
um den von ver.di initiierten Kita-Streik im Jahr 2012.[3] Die hier unkritisch formulierte Darstellung des Gender Pay Gap – „Netto hatten Erzieherinnen nach Zahlen des Mikrozensus
2008 im Schnitt 1365 Euro zur Verfügung, die wenigen Männer rund 230 Euro mehr." – lässt
sich zusätzlich zum angesprochenen Aspekt in die Gesamtproblematik der vergeschlechtlichten Wertung von Arbeit einordnen.) Des Weiteren stellen sie – auch historisch betrachtet –
den Wandel von der Heilkundigen Frau zum Arzt dar, der mit einer massiven Aufwertung der
Tätigkeit einherging, sowie die Aufwertung der Arbeit der Schriftsetzerin durch den Setzer
und die damit einhergehende Gleichsetzung von Männlichkeit und Maschinenarbeit. Ihr

---

[3] Vgl dazu bspw.: http://www.focus.de/finanzen/news/arbeitsmarkt/tid-25265/miese-bezahlung-kaum-anerkennung-
warum-die-kita-mitarbeiter-auf-die-strasse-gehen-was-erzieher-verdienen_aid_723939.html (letztmaliger Zugriff: 11.05.2014).

Fazit fällt dabei deutlich aus: Inhalte, die Geschlechterdifferenz ausmachen, sind beliebig und ändern sich im Laufe der Geschichte, Geschlecht gilt als Statuskategorie und funktioniert als Platzanweiser oder „Allokationsmechanismus", Gleichheit wird oftmals als Tabu betrachtet und im Bereich des Arbeitsmarktes gibt es keine „androgynen Berufe", sondern im Zweifelsfall „rosa und hellblau gefärbte Teilbereiche". Hierarchie und Differenz wird also immer wieder neu hergestellt (Gildemeister und Wetterer, 1992, S. 226 ff.). Auch 20 Jahre nach dieser Analyse sind der Arbeitsmarkt und die Bewertung von Leistungen noch stark in geschlechtsgebundene Segmente unterteilt, allerdings gibt es ebenso Berufs- und Tätigkeitsfelder, die sich von der Vergeschlechtlichung professioneller Handlungsfelder abwenden und/oder für gerechtere Ressourcenverteilung sorgen, was für den IT-Bereich, wie für den Bereich öffentlicher Kommunikation insgesamt, eine große Chance darstellt.

An den oben genannten Beispielen werden Kernerkenntnis und Kerndilemma der Geschlechterforschung gleichsam deutlich – einerseits die Erkenntnis, dass Geschlecht nicht handlungsdeterminierend ist, bzw. dass Zweigeschlechtlichkeit sich als soziales Konstrukt über Interaktion und Institutionalisierung etabliert hat und damit keine grundsätzlich gegebene Konstante darstellt, andererseits die Hierarchisierung innerhalb der als dualistisch konstruierten Geschlechterordnung, die für Ungerechtigkeiten und wiederkehrende Abhängigkeitsverhältnisse sorgt. Wird ein Berufsfeld „weiblich", wird es zugleich – oft bis zur materiellen Wertlosigkeit bzw. Aberkennung des „Arbeits-"Status – entwertet, wird ein Berufsfeld „männlich", findet eine materielle Aufwertung statt, mit der eine höhere gesellschaftliche Anerkennung der Tätigkeit einher geht. Vielfältigere Geschlechteridentitäten spielen innerhalb dieses Prozesses keine Rolle, werden nicht anerkannt. Diesen sich selbst wiederholenden Prozess gilt es aufzubrechen – auch und gerade durch Irritation der vergeschlechtlichten Wahrnehmung menschlicher Kommunikation in der IT.

Speziell für den Bereich der IT wird deutlich, wie auf der Konstruktions- und Design-Ebene im Entstehungsprozess normativ gebundene Entscheidungen getroffen werden, die Wertungen vorgeben und Handlungsspielräume systematisch einschränken können (Jelden, 1999). Dieser Perspektive wird, neben anderen Teilaspekten der Konstruktion und Dekonstruktion von Geschlecht, auch im Band von Zorn (2007) nachgegangen. Während also das Ziel, mehr Frauen in IT-Berufe zu bringen und damit für einen Ausgleich innerhalb der Branche und für gendersensibles Design von Kommunikationsprodukten zu sorgen, aus gerechtigkeitspolitischer Perspektive heraus sinnvoll und gut erscheint, muss man sich – gerade in den gestalterischen Berufen im Feld der Informations- und Kommunikationstechnologie – darüber bewusst werden und kritisch reflektieren, inwieweit man selbst zu den hier dargestellten Praktiken des Doing Gender und den damit verbundenen Hierarchisierungspraktiken (un-)intendiert beiträgt. Um mit Gildemeister und Wetterer zu sprechen: Die ständige Wiederholung und damit Festigung eines dualistischen Menschenbildes und seine Einschreibung in Technologien der digitalen Kommunikation erweisen sich als problematisch – vor allem im Bewusstsein um die Konstruiertheit der binären Geschlechterordnung und im Verständnis von Geschlechtsidentität als fortlaufendem Herstellungsprozess.

Der hier diskutierte handlungstheoretische Rahmen liefert eher das notwendige emanzipatorische Potential als die klassischen Differenz- und Determinismustheorien. Er soll der gestalterischen Praxis an dieser Stelle eines mitgeben: den Mut zu Irritation und zu Brüchen mit den bestehenden Gender-Dualismen und rosa-blau „Farbschemata" und ihren inhärenten sozialen Implikationen und Hierarchisierungen – und das ohne sich selbst vom Gleichheitstabu einengen zu lassen.

Literatur

Becher, V. Bönninghausen, I., von Remus, U., Schwarz, K. Wilhelm, U. & Zimmermann, R. (1981). *Die Situation der Mitarbeiterinnen im WDR*, Köln.

Butler, J. (2002). Performative Akte und Geschlechterkonstitution – Phänomenologie und feministische Theorie. In U. Wirth (Hrsg.), *Performanz – Zwischen Sprachphilosophie und Kulturwissenschaften* (S. 301–322.). Frankfurt a. M.: Suhrkamp.

Dogruel, L. (2013). *Eine kommunikationswissenschaftliche Konzeption von Medieninnovationen. Begriffsverständnis und theoretische Zugänge*. Wiesbaden: Verlag für Sozialwissenschaften.

Flanagan, M., Howe, D & Nissenbaum, H. (2008). Embodying Values in Technology – Theory and Practice. In: J. van den Hoven & J. Weckert (Hrsg.), *Information Technology and Moral Philosophy* (S. 322–353). Cambridge: Cambridge University Press.

Gildemeister, R. (2008). Soziale Konstruktion von Geschlecht: „Doing Gender". In S. Wilz (Hrsg.), *Geschlechterdifferenzen – Geschlechterdifferenzierungen: Ein Überblick über gesellschaftliche Entwicklungen und theoretische Positionen* (S. 167–198). Wiesbaden: Verlag für Sozialwissenschaften.

Gildemeister, R. & Wetterer, A. (1992). Wie Geschlechter gemacht werden. Die Soziale Konstruktion der Zweigeschlechtlichkeit und ihre Reifizierung in der Frauenforschung. In G.-A. Knapp & A. Wetterer (Hrsg.), TraditionenBrüche. Eintwicklungen feministischer Theorie (S. 201–254). Freiburg i.Br.: Kore Verlag.

Haraway, D. (1985). A Cyborg Manifesto: Science, Technology and Socialist-Feminism in the late 20th century. In D. Bell & B. Kennedy (Hrsg.), *The cybercultures reader* (S. 34–65). London/New York: Routledge.

Jelden, E. (1999). Frauen am Computer: Männlich programmiert? In M. Ritter (Hrsg.), *Bits und Bytes vom Apfel der Erkenntnis. Frauen – Technik – Männer* (S. 156–170). Münster: Westfälisches Dampfboot

Klaus, E. (2005*). Kommunikationswissenschaftliche Geschlechterforschung. Zur Bedeutung der Frauen in den Massenmedien und im Journalismus*. Berlin/Münster: LIT Verlag

Klaus, E. (2001). Ein Zimmer mit Ausblick? Perpektiven kommunikationswissenschaftlicher Geschlechterforschung. In J. Röser & U. Wischermann (Hrsg.), *Kommunikationswissenschaft und Gender Studies* (S. 20–40). Wiesbaden: Verlag für Sozialwissenschaften

Light, J. (1999*).* When Computers Were Women. *Technology and Culture, 40*(3), 455–483.

Lünenborg, M. & Maier, T. (2013). *Gender Media Studies*, Konstanz: UTB

Lünenborg, M., Röser, J., Maier, T., Müller, K. & Grittmann, E. (1999). Merkels Dekolleté als Mediendiskurs. Eine Bild-, Text- und Rezeptionsanalyse zur Vergeschlechtlichung einer Kanzlerin. In M. Lünenborg (Hrsg.), *Politik auf dem Boulevard? Die Neuordnung der Geschlechter in der Politik der Mediengesellschaft* (S. 73–102). Bielefeld: transcript

Neverla, I.(1983). Arbeitsmarktsegmentation im journalistischen Beruf. *Publizistik*, 3, 343–362.

Neverla, I. & Kanzleiter, G. (1984). *Journalistinnen. Frauen in einem Männerberuf,* Frankfurt a. M.: Campus

Röser, J. & Müller, K. (2012). Merkel als „einsame Spitze" – Eine quantitative Inhaltsanalyse zum Geschlechterverhältnis von Spitzenkräften in den Medien. In M. Lünenborg & J. Röser (Hrsg.), *Ungleich mächtig. Das Gendering von Führungspersonen aus Politik, Wirtschaft und Wissenschaft in der Medienkommunikation* (S. 37–64). Bielefeld: transcript

Scheich, E. (1999). Technologische Objektivität und technische Vergesellschaftung – Identitätslogik im naturwissenschaftlichen Diskurs. Zur Veränderung erkenntnistheoretischer Perspektiven durch die Konstruktion und Politisierung der Natur. In M. Ritter (Hrsg.), *Bits und Bytes vom Apfel der Erkenntnis. Frauen – Technik – Männer* (S. 76–104) Münster: Dampfboot Verlag

Tuchman, G. (1978). The Symbolic Annihilation of Women by the Mass Media. In G. Tuchman (Hrsg.), *Hearth and Home. Images of Women in the Mass Media* (S. 3–38) New York: The University of Chicago Press

Wajcman, J. (2004). *TechnoFeminism*, Cambridge: Polity Press

Winner, L. (1986). *The Whale and the Reactor. A Search for Limits in an Age of High Technology.* Chicago/London: University of Chicago Press

Zorn, E., Maass, S., Rommes, E., Schirmer, C. & Schelhowe, H (Hrsg.) (2007). *Gender Designs IT – Construction and Deconstruction of Information Society Technology.* Wiesbaden: Verlag für Sozialwissenschaften

II Erweiterung bestehender Vorgehensweisen

Gender-/Diversity-Aspekte in der Informatikforschung: Das GERD-Modell

Susanne Maaß, Claude Draude, Kamila Wajda
AG Soziotechnische Systemgestaltung und Gender, Fachbereich Mathematik/Informatik, Universität Bremen

1 Einleitung

Im Zuge der Usability-Forschung entstand in den 1990er Jahren die Forschungsrichtung „Design for All", die sich explizit mit der Diversität von Nutzenden und Nutzungskontexten von Informationstechnologie auseinandersetzt (Stephanidis, 1995). Neben der Formulierung von Richtlinien für die diversitätsgerechte Gestaltung von Nutzungsschnittstellen rückte zunehmend die Frage nach angemessenen Vorgehensweisen bei der Systementwicklung in den Mittelpunkt, und zwar aus Sicht der Wissenschaft wie der Praxis. Die angestrebte Berücksichtigung der Vielfalt menschlicher Lebenslagen und Wissensbereiche in IT-Forschung und -Entwicklung legt den Einbezug eines weiteren Wissensbereichs nahe: der Gender- und Diversity-Studies.

Gender ist eine wichtige soziale Strukturierungskategorie. Ein generalisiertes Sprechen von „den Männern" bzw. „den Frauen" verkürzt allerdings die Flexibilität der Kategorie (Butler, 2004) und macht andere Kategorien wie körperliche Befähigung, sozialen Status, Ethnizität, sexuelle Orientierung o. ä. unsichtbar. Die Diversitätsforschung adressiert Differenzen grundsätzlich wertschätzend. Intersektionalität als jüngstes akademisches Konzept beschreibt die Wechselwirkung sozialer Kategorien (Rothenberg, 2009). Es werden Schnittstellen sozialer Marker herausgearbeitet und Machtverhältnisse reflektiert. Gender/Diversity Studies werden als im Kern wissenschaftskritische Disziplin verstanden. Es geht nicht nur um einzelne Menschen oder Gruppen, sondern darum, wie sich individuelle, strukturelle und symbolische Ebenen in Wissensgebieten miteinander verschalten (Harding, 1986). All diese inter- und transdisziplinären Perspektiven eröffnen neue Forschungsthemen und -bereiche.

Forschungsförderinstitutionen verlangen heute die Berücksichtigung von Gender und Diversity in Forschungsfragen als „wesentliches Element qualitativ hochwertiger Forschung" (DFG, 2008; European Commission, 2003). Ohne Expertise auf diesem Gebiet sind solche Regelungen allerdings schwierig umzusetzen. Mit dem „Gender Extended Research and Development" (GERD)-Modell stellen wir einen ersten Ansatz vor, der Gender- und Diversity-Forschung für die Informatik nutzbar machen will. Akteure in Forschung und Entwicklung sollen damit angeregt werden, Gender und Diversity in ihre Projektplanung und -bearbeitung einzubeziehen.

Den Forschungsstand zur Berücksichtigung von Gender und Diversity in Forschung und Entwicklung schildern wir im Folgenden anhand von zwei einschlägigen aktuellen Projekten. Anschließend wird das Vorhaben „InformATTRAKTIV" beschrieben, das den Rahmen für die hier vorgestellte Forschung bot. Der GERD-Ansatz wird im vierten Abschnitt erläutert. Danach wird dargestellt, wie seine Nutzung zu neuen und erweiterten Fragestellungen in Informatikforschung und -entwicklung führen kann. Der Artikel endet mit Überlegungen zur Weiterführung der Forschungen.

2   Forschungsstand

Zur Berücksichtigung von Gender und Diversity in der Technologieentwicklung sind in den letzten Jahren erste Richtlinien und Handreichungen entstanden. Das Projekt „Discover Gender", primär eine Kooperation zwischen der Europäischen Akademie für Frauen in Wirtschaft und Politik EAF mit dem Fraunhofer-Institut für System- und Innovationsforschung, erarbeitete einen Leitfaden zur Ermittlung von Genderaspekten in Forschungs- und Entwicklungsvorhaben (Bührer und Schraudner, 2006). Das zugrundeliegende Genderkonzept (beschrieben in Schraudner und Lukoschat, 2006) ist sehr differenziert und spiegelt die neuere Gender-/Diversity-Forschung wider. Auf dieser Basis wurde dann der Leitfaden entwickelt, der – insbesondere durch die zusätzliche Beschreibung einer Reihe von Fallbeispielen für seine Anwendung – für Naturwissenschaftler_innen und Techniker_innen verständlich sein soll. Dazu wurde die Komplexität des Genderkonzeptes allerdings wieder weitgehend auf dichotom unterschiedene körperliche Merkmale, Ansprüche und Nutzungsweisen von Männern und Frauen reduziert. Corinna Bath (2007) kritisiert aus Sicht der Gender Studies, dass der Leitfaden damit Gefahr läuft, Geschlechterstereotype zu verstärken und die Vielfalt der sozialen Welt ungenügend zu adressieren.

Das von der Wissenschaftshistorikerin Londa Schiebinger geleitete Projekt „Gendered Innovations" (European Commission, 2013) entwickelte in den vergangenen Jahren in Kooperation mit US-amerikanischen und europäischen Expert_innen Ansätze zur Integration von Genderaspekten in Naturwissenschaften, Gesundheitswissenschaften und Medizin, Ingenieur- und Umweltwissenschaften. Unter „Gendered Innovations" wird verstanden, dass wissenschaftlich-technische Innovation durch den Einbezug von Genderaspekten voran getrieben und bereichert werden kann: „Gendered Innovations employ sex and gender analysis as a resource to create new knowledge and technology." Damit wird auch die Hauptzielrichtung des Projekts beschrieben, die unter der Überschrift „Fixing the Knowledge" steht. Zwei weitere Projektziele sind, mehr Frauen in die Wissenschaft zu bringen („Fixing the Numbers") sowie Arbeitsbedingungen in Institutionen der Wissenschaft auf Chancengleichheit auszurichten („Fixing the Institutions"). Die zu allen Bereichen erarbeiteten Materialien stehen in Form einer umfangreichen Website zur freien Nutzung zur Verfügung (http://genderedinnovations.stanford.edu – große Teile davon wurden inzwischen auf Deutsch übersetzt und sind unter www.geschlecht-und-innovation.at zu finden).

Auf der Website werden grundlegende Begriffe und Konzepte wie Sex, Gender oder Masculinities erläutert und ein Methodenpool zur Analyse von Genderaspekten im Forschungsprozess vorgestellt. Zusätzlich wird eine Vielzahl von Fallbeispielen zu den verschiedenen Wissenschaftsbereichen beschrieben. Sie sollen einerseits helfen, die theoretischen Konzepte durch ihre exemplarische Anwendung verständlich zu machen, und sollen andererseits die Machbarkeit und Wirksamkeit eines Einbezugs von Genderaspekten in die Forschung veranschaulichen. Dieser Fallstudien-Pool wird seit der Einrichtung der Website kontinuierlich erweitert. Auch neue nationale und internationale Forschungs(förder)-Policies in Europa und den USA sind auf der Site zu finden.

Auch diese Materialsammlung wird zurzeit in der Genderforschung kritisch diskutiert, da sie mit den Konzepten „sex" und „gender" arbeitet, also „biologisches" und „soziales" Geschlecht unterscheidet, eine Unterscheidung, die in den neueren Gender Studies problematisiert wird (Both, 2014).

Während die Checklisten von „Discover Gender" noch im Rahmen desselben Projektes mit Forscher_innen der Fraunhofergesellschaft erprobt wurden, steht eine Überprüfung der „Gendered Innovations"-Site auf Verständlichkeit und Anwendbarkeit für Technologieentwickler_innen ohne Gender/Diversity-Basiswissen bislang noch aus.

Die beiden genannten Projekte adressieren Forschung und Entwicklung in den Bereichen Naturwissenschaften, Gesundheitswissenschaften und Medizin, Ingenieur- und Umweltwissenschaften. Das im vorliegenden Beitrag präsentierte „Gender Extended Research and Development" (GERD)-Modell wurde aus der Informatik heraus entwickelt und speziell auf die Informatikforschung und -entwicklung ausgerichtet. Es entstand im Rahmen des Vorhabens „InformATTRAKTIV – Informatik-Professorinnen für Innovation und Profilbildung. Eine Informatik, die für Frauen und Mädchen attraktiv ist" an der Universität Bremen. Das Vorhaben wurde 2011–2013 aus Mitteln des Bundesministeriums für Bildung und Forschung und des Europäischen Sozialfonds der Europäischen Union unter den Förderkennzeichen 01FP1040 und 01FP1041 gefördert.

3 InformATTRAKTIV: Soziale Bezüge der Informatik

Die Informatik wird von meisten jungen Menschen nicht als attraktives Studienfach eingeschätzt. Dies gilt für Frauen noch stärker als für Männer. Es ist zu vermuten, dass diese Ablehnung u. a. auf das technikzentrierte Bild der Informatik zurück zu führen ist. Im Rahmen des Vorhabens „InformATTRAKTIV" wurde die Informatikforschung und ihre Außendarstellung am Beispiel der Bremer Informatik genauer untersucht. Dabei wurde sehr deutlich, dass in allen drei Bremer Forschungsschwerpunkten keineswegs nur technische Forschung betrieben wird, sondern jeweils auf besondere Art eine intensive Auseinandersetzung mit dem Menschen und der sozialen Einbettung informatischer Konzepte und Systeme stattfindet. Die Beschäftigung mit diesen Themen ist wesentlicher Bestandteil der Informatikforschung. Dem Menschen wird dabei jeweils eine unterschiedliche Rolle zugewiesen.

Im Forschungsbereich „Künstliche Intelligenz, Kognition und Robotik" dient der Mensch als Vorbild und Inspiration, als Modell für die Entwicklung von Fähigkeiten technischer Systeme, z. B. zur Wahrnehmung, zu intelligentem Verhalten oder zur eigenständigen Interaktion mit der Umwelt. Im Forschungsbereich „Sicherheit und Qualität" wird in zweifacher, fast widersprüchlicher Weise auf den Menschen Bezug genommen: Im Sinne der Funktionssicherheit gilt es, Leib und Leben der Menschen durch technische Maßnahmen zu schützen

(z. B. in komplexen IT-gestützten Transportsystemen), umgekehrt sind im Sinne der Informationssicherheit Systeme gegen den Menschen als unberechenbaren Unsicherheitsfaktor und potentiellen „Angreifer" abzusichern (z. B. bei der Internetkommunikation). Im Bereich „Digitale Medien und Interaktion" wird der Mensch als verantwortlicher Akteur in den Vordergrund gestellt, der in allen Lebenskontexten durch Informationstechnologie angemessen zu unterstützen ist. Hier steht die gute Gestaltung der Mensch-Computer-Interaktion im Vordergrund. In diesem Bereich ist also die Usabilityforschung angesiedelt.

Informatikforschung in allen drei Bereichen erfordert ein tiefgehendes Studium der menschlichen Fähigkeiten, Interessen, Beschäftigungen, Gewohnheiten, Lebens- und Handlungskontexte und ihrer entsprechenden Bedarfe. Dies kann häufig nur in enger Kooperation mit Expert_innen anderer Disziplinen geschehen. Allerdings wird diese enge Verbindung technischer und nichttechnischer Fragestellungen in der Informatik wenig nach außen kommuniziert. Auch wird das jeweils verwendete Menschenbild in der Forschung kaum kritisch reflektiert.

Im Vorhaben „InformATTRAKTIV" wurde die Informatikforschung insbesondere aus der Sicht von Gender- und Diversity-Studies betrachtet und es wurde nach systematischen Ansatzpunkten gesucht, um ihre sozialen Bezüge zu verdeutlichen oder auszudifferenzieren. Das „Gender Extended Research and Development" (GERD)-Modell fasst die Ergebnisse zusammen. Es soll Forscherinnen und Forscher dabei unterstützen, die potentielle Vielfalt von Menschen, gesellschaftlichen Kontexten und Wissensressourcen zu jedem Zeitpunkt im Forschungs- oder Entwicklungsprozess mitzudenken, zu erfassen und einzubinden.

An der Schnittstelle zweier akademischer Felder zu arbeiten, bringt interdisziplinäre Herausforderungen mit sich. Dies gilt insbesondere, wenn wie mit Gender- und Diversity-Studies und der Informatik zwei Disziplinen aufeinandertreffen, die sich in Verfahren, Herangehensweisen und Begrifflichkeiten maßgeblich voneinander unterscheiden (Schelhowe, 2005). Vereinfacht, und somit sicher auch verkürzt, gesagt, findet sich die Informatik vor der Aufgabe, Teile der Welt nachzubilden. Frieder Nake hat diesen Prozess als einen Dreischritt der Semiotisierung, Formalisierung und Algorithmisierung beschrieben, den ein Gegenstand durchlaufen muss, um zum informatischen Objekt zu werden (Nake, 2001). Für den Computer als zeichenverarbeitende Maschine müssen Ausschnitte der Welt zunächst formal beschrieben werden, um in der Folge darin Berechnungen zu ermöglichen. In diesem Beschreibungs- und Übersetzungsprozess wird notwendigerweise ausgewählt, was wichtig erscheint, bestimmte Aspekte werden vor anderen bevorzugt, andere außer Acht gelassen. So finden bewusst oder unbewusst Setzungen, Begrenzungen und Ausschlüsse statt. Die Entscheidungen, die in diesem Konstruktionsprozess getroffen wurden, sind im Endprodukt zumeist nicht mehr sichtbar (Rommes, 2002).

Das Feld der Gender Studies dagegen lässt sich als kritische Wissenschaftspraxis verstehen. Dies umfasst die Reflexion einzelner Fachdisziplinen, aber auch das Untersuchen fächerübergreifender Phänomene oder Wissensobjekte. Es geht darum, die Wahrnehmung zu schärfen und mit dem Blick von außen besonders auch solche Aspekte der Forschung sichtbar zu machen, die für die disziplinär Forschenden z. B. aufgrund ihrer eigenen Positioniertheit vielleicht schwierig zu erfassen sind. Durch die Herstellung von Querverbindungen zwischen den Disziplinen entstehen andere Blickwinkel auf ein Fach und es können neue Erkenntnisse über Forschungsobjekte gewonnen werden.

Im GERD-Modell werden Gender-Studies-Ansätze und Informatik-Denkweisen verbunden. Es bildet ein Bezugssystem, um zu demonstrieren, wann welche Gender- und Diversity-Aspekte für die Informatik relevant sind, und regt dazu an, die gesellschaftliche Einbettung der eigenen Forschung verstärkt zu bedenken und zu thematisieren. Im Vorhaben „InformATTRAKTIV" lieferten die Überlegungen zu GERD Anstöße für die gendersensible thematische und didaktische Ausrichtung von Workshops für Kinder und Jugendliche zwischen 8 und 18 Jahren, in denen diese an Themen der Informatik herangeführt und für ihre Inhalte begeistert wurden. Diese Workshops bildeten einen weiteren Schwerpunkt des Vorhabens „InformATTRAKTIV", der an dieser Stelle nicht weiter ausgeführt werden soll (ausführlich zu den Workshopkonzepten und -ergebnissen siehe Dittert, Wajda und Schelhowe, 2014, zum Gesamtprojekt siehe Zeising, Draude, Schelhowe und Maaß, 2014.)

4   Das GERD-Modell

Mit dem „Gender Extended Research and Development" (GERD)-Modell wird der Versuch gemacht, Anknüpfungspunkte für Gender- und Diversity-Aspekte speziell in der Informatikforschung aufzuzeigen, ohne wiederum auf ein unterkomplexes Verständnis von Gender und Diversity zu verfallen. Das Modell zeigt Kernprozesse von Informatikforschung und -entwicklung auf und benennt Reflexionsaspekte aus Sicht von Gender/Diversity. Bewusst wird hier kein neues Vorgehensmodell, sondern eine Erweiterung bisheriger Vorgehensweisen vorgeschlagen, die keine grundlegende Umstrukturierung der Arbeitsprozesse verlangt.

Das GERD-Modell soll allgemeine Forschungsverläufe und Entwicklungsmodelle gemeinsam abbilden. Dadurch sollen sowohl Forschende als auch Entwickelnde erreicht und Herausforderungen, Teilbereiche und Unterschiede beider Projektarten bewusst mitgedacht werden. Forschungsprojekte in der Informatik sind in den meisten Fällen mit Softwareentwicklungsprozessen verbunden. Bei der Sichtung einer Vielzahl von Vorgehensmodellen zur Softwareentwicklung – u. a. ISO 9241-210, Spiralmodell (Boehm, 1988), Agile Entwicklung (Schwaber, 2004) – sowie typischer Forschungsverläufe (z. B. Peffers et al., 2006) wurde deutlich, dass sich Vorgehensweisen bei theoretischer Forschung und praktische Entwicklungsprozesse zwar voneinander unterscheiden, aber doch so große Überschneidungen aufweisen, dass eine Differenzierung im Modell nicht nötig erschien.

Aus den vorgefundenen, zum Teil unterschiedlich benannten und unterschiedlich voneinander abgegrenzten Phasen und Aktivitäten wurden sieben Kernprozesse herausgefiltert und durch Teilaktivitäten und Aspekte charakterisiert. Die Bezeichnungen wurden so gewählt, dass sie für Forschung und Entwicklung gleichermaßen passend erscheinen: Vorhabensdefinition, Analyse, Modell-/Konzeptbildung, Realisierung, Evaluation und Verbreitung. Als weitere Phase wurden die Anstöße für die Initiierung eines Projekts hinzugefügt, eine Phase, die in den vorgefundenen Modellen nicht berücksichtigt wird, jedoch eine tragende Rolle in Hinblick auf die Einbeziehung von Gender und Diversity spielt. Die im Modell zu jedem Kernprozess exemplarisch aufgeführten Teilaufgaben oder Aspekte dienen jeweils zu seiner Charakterisierung und sind nicht als abschließend oder vollständig zu verstehen. Der Pfeil in Abb. 1 soll die generelle Durchlaufrichtung im Uhrzeigersinn andeuten, wobei zwischen den verschiedenen Kernprozessen (oder Phasen) jederzeit hier nicht näher spezifizierte Iterationsschleifen aufgrund von Zwischenevaluationen vorstellbar sind.

Zusätzlich zu diesen Kernprozessen benennt das GERD-Modell sog. Reflexionsaspekte, die sich an grundlegenden Konzepten der Gender- und Diversity-Studies orientieren (Klinger, Knapp und Sauer, 2007): Relevanz, Nutzen, Wissen, Werte, Machtverhältnisse, Menschenbild, Sprache und Arbeitskultur. Diese Aspekte regen allgemein zu einer erweiterten Betrachtung von Forschungsfragen an. Jeder von ihnen kann auf jeden Kernprozess in Forschung und Entwicklung bezogen werden. Jeder Reflexionsaspekt wird durch eine Reihe von exemplarischen Fragen konkretisiert, die im Modell selbst nicht aufgeführt sind. Die einzelnen Aspekte, genau wie die Fragen, die helfen sollen, die jeweilige Perspektive einzunehmen, sind nicht immer scharf voneinander zu trennen, sondern verschränken sich im Reflexionsprozess miteinander.

Um zu symbolisieren, dass die Reflexionsaspekte den Kontext der Informatikforschung und -entwicklung bilden, wurden diese Begriffe im Modell wie ein Rahmen um die informatischen Kernprozesse herumgelegt (siehe Abbildung).

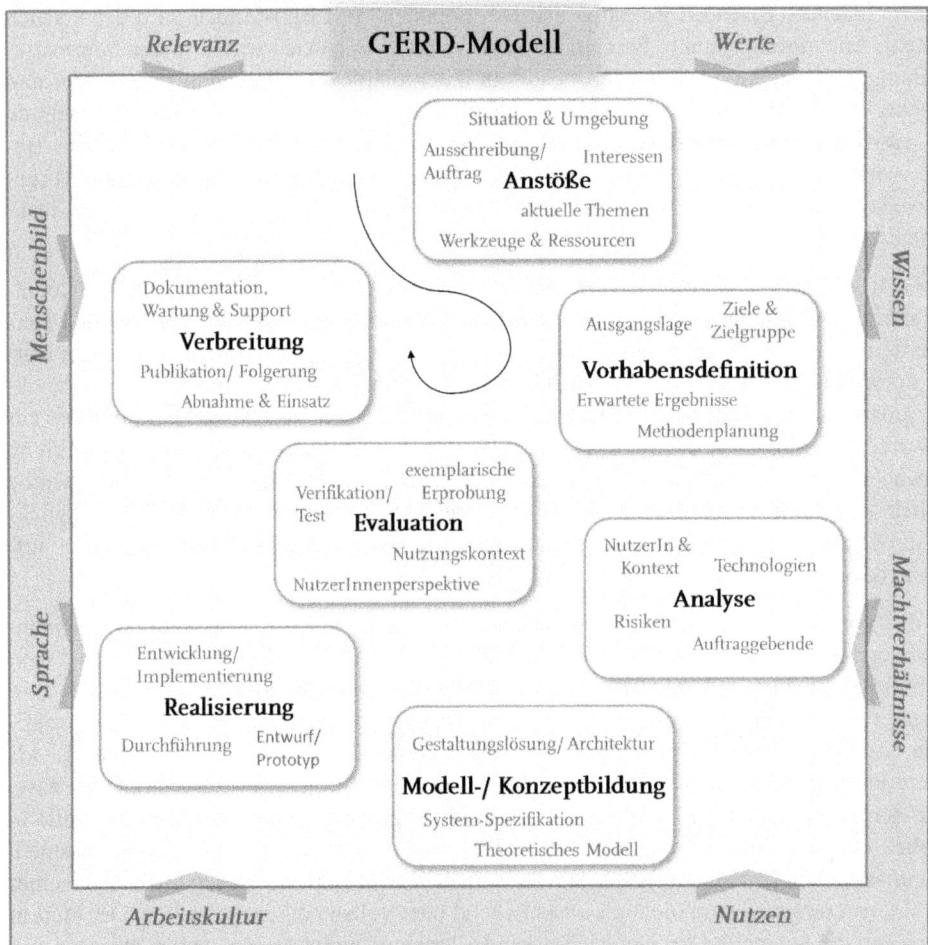

Abb. 1:   Das GERD-Modell: Kernprozesse von Informatikforschung und -entwicklung und Gender/Diversity-Reflexionsaspekte

5 Perspektivenerweiterung durch GERD

Wie hilft nun der GERD-Ansatz bei der Erweiterung von Projektfragestellungen und Vorgehensweisen? Im Folgenden werden die einzelnen Kernprozesse kurz erläutert und beispielhafte Fragen angeführt, die die Aktivitäten in der jeweiligen Phase unter der Gender/Diversity-Perspektive bereichern könnten.

Vor dem Beginn jedes Forschungsprojektes liegt die Phase der Aushandlung und Formulierung seiner Zielsetzung. Ideen dazu entstehen im Zusammenhang laufender wissenschaftlicher Arbeiten, im Umfeld gesellschaftlicher Diskussionen, wirtschaftlicher Erwägungen oder technischer Trends, manches Mal angeregt durch Ausschreibungen im Rahmen von Forschungsförderprogrammen oder auch aufgrund von persönlichen Motivationen und Interessen von Wissenschaftler_innen. In gängigen informatischen Vorgehensmodellen bleibt diese Phase, die wir *Anstöße* genannt haben, zumeist unsichtbar. Sie wird in der Regel nicht explizit beschrieben und kann sich somit auch nicht für die Reflexion öffnen. Eine Sensibilisierung für Gender- und Diversity-Aspekte kann helfen, z. B. gesellschaftliche Randthemen ins Zentrum zu rücken oder bei bestehenden Themen neue Fragestellungen zu entdecken.

Beispielsweise könnten folgende Fragen diskutiert werden:

> Was wird hier als relevante Forschungsfragestellung erachtet? Welche gesellschaftlichen Bereiche werden adressiert und welche ausgeklammert; welche geschlechtlichen Zuschreibungen gibt es dort? Welche und wessen Interessen stehen bei der Projektidee im Vordergrund? Wie bilden sich bestehende Machtverhältnisse darin ab? Wem soll das Projekt konkreten Nutzen erbringen, in welche Richtung ließe sich die Zielgruppe im Sinne von Gender/Diversity erweitern? Wird in Problemszenarien mit Stereotypen gearbeitet? Wird versucht Vielfalt zu adressieren und herkömmliche (Geschlechter-)Erzählungen zu durchbrechen?

In der Phase der *Vorhabensdefinition* müssen sich die Forschungsinteressen konkretisieren und in ein handhabbares Vorhaben übersetzt werden. Bezüglich der Gender- und Diversity-Aspekte wird hier interessant, welche der Anstöße sich im Vorhaben letztendlich konkretisieren. Erwartete Ergebnisse und die Ausgangslage für das Vorhaben sind zu beschreiben, die zu verwendenden Methoden zu planen und die Ziele und Zielgruppe(n) zu definieren.

Beispielsweise könnten folgende Fragen zu einer Erweiterung der Vorhabensdefinition führen:

> Gibt es zu dem Forschungsfeld relevante Arbeiten aus den Gender/Diversity- oder Disability-Studies? Welche Bereiche, die traditionell als weiblich verstanden werden, könnten gezielt einbezogen werden? Welche Arten von Wissen und wessen Wissen soll für Forschung und Entwicklung genutzt werden, z. B. Alltagswissen, Wissen der Zielgruppe oder wissenschaftlich abgesichertes Wissen? Wie lassen sich Zielgruppen am Projekt beteiligen? Welcher Zugang zu Technologien, welche mentalen, finanziellen, zeitlichen Ressourcen werden bei ihnen vorausgesetzt?

In der *Analyse*-Phase werden relevante Gegebenheiten und Anforderungen untersucht, z. B. die Zielgruppen und Zielkontexte, bestehende oder denkbare Technologien, auch die Risiken, die mit verschiedenen Lösungen verbunden sind.

Die Gender/Diversity-Perspektive könnte z. B. mithilfe der folgenden Fragen angesprochen werden:

> Sind bestehende Arbeitsmittel oder Technologien für alle Bevölkerungsgruppen nutzbar? Sind mit dem Projekt für bestimmte Gruppen besondere Risiken verbunden? Gibt es Bereiche sogenannter „unsichtbarer Arbeit", die mit besonderer Sorgfalt zu erforschen wären? Welche zusätzlichen oder alternativen Methoden wären dafür geeignet?

In der Phase der *Modell-/Konzeptbildung* werden die Analyseergebnisse konstruktiv in abstrakte oder technische Lösungskonzepte umgesetzt. Konzeptuell oder technisch Mögliches wird gegebenenfalls mit sozial Erforderlichem konfrontiert. Hier werden Vereinfachungen vorgenommen, Spezialfälle ausgegrenzt; verschiedene Modelle oder Gestaltungen werden gegeneinander abgewogen und Entscheidungen im Hinblick auf die anstehende Realisierung getroffen.

Gender/Diversity-Aspekte könnten z. B. mithilfe der folgenden Fragen eingebracht werden:

> Welche Argumente stehen bei konzeptionellen Entscheidungen im Vordergrund? Wie transparent werden die Folgen bestimmter Entscheidungen gemacht? Führen Entscheidungen zur Ausgrenzung bestimmter Zielgruppen oder zur Aufgabe ursprünglicher Ziele? Wie lässt sich soziale Vielfalt in die Konzept- und Modellbildung hinein tragen? Inwieweit werden Zielgruppen in der Phase der Konzeption beteiligt? Mit welchen sprachlichen Metaphern wird gearbeitet?

In der *Realisierungsphase* werden die zuvor spezifizierten Modelle bzw. Konzepte zur Lösung einer Projektfragestellung häufig in Form von Hard- und Softwarelösungen verwirklicht. Die einzelnen Elemente werden beispielsweise in einen Prototypen oder eine Implementierung überführt. Es werden Ergebnisse produziert, die in einem späteren Schritt auf die Erfüllung der in früheren Projektphasen definierten Bedingungen und Ziele geprüft werden müssen.

Eine Reflexion von Gender- und Diversity-Aspekten könnte dabei helfen, die Vielfalt der anfangs formulierten Fragestellungen auch angesichts von Schwierigkeiten bei der technischen Umsetzung im Auge zu behalten:

> Wird die ursprünglich vielfältig angelegte Zielrichtung des Projektes in den Lösungen noch bewahrt? Hat die Art der Realisierung Auswirkungen auf den Funktionsumfang oder die Nutzbarkeit der Systeme; welche Gestaltungsalternativen gäbe es? Welche Aspekte drohen auf dem Weg zur Realisierung auf der Strecke zu bleiben? Ist die Art der Realisierung womöglich auf die Zusammensetzung der Arbeitsgruppe und ihre besonderen unhinterfragten Vorgehensweisen zurückzuführen?

Phasen der *Evaluation* können nach Bedarf (auch mehrfach) zu verschiedenen Zeitpunkten in Projektprozesse eingefügt werden. Hier werden Modelle an Fällen überprüft, Verfahren exemplarisch erprobt, technische Prototypen funktional getestet, aus der Nutzungsperspektive überprüft. Abhängig von den Ergebnissen kann ein wiederholter Eintritt in frühere Phasen nötig werden.

Gender/Diversity-Aspekte können mit folgenden Fragen in die Evaluation eingebracht werden:

Wie wird bei der Auswahl von Testpersonen eine Vielfalt und Repräsentanz der Zielgruppen sichergestellt? Werden realistische und inklusive Testszenarien und Nutzungskontexte verwendet? Lassen sich die Ergebnisse auch nach Nutzer_innen und Kontexten differenziert interpretieren? Mit welchen Qualitätskriterien wird bei der Evaluation gearbeitet? Werden qualitative und quantitative Verfahren verwendet? Wie wirksam werden die Evaluationsergebnisse; wieviel Überarbeitungsaufwand wird eingeplant? Welche Spielräume für Umnutzung, Andersnutzung, Nutzung der Produkte in anderen Kontexten werden erkundet?

Zur *Verbreitung* von Projektergebnissen werden Publikationen verfasst, technische Produkte werden dokumentiert, vermarktet, eingeführt und gewartet, Nutzer_innen werden geschult.

Wem werden die Ergebnisse zugänglich gemacht? Wie lassen sich Ergebnisse auch einem fachfremden Publikum verständlich machen? Welche Zielgruppen oder Nutzerbilder bestimmen die Art und Ausführlichkeit der Produktdokumentation? Mit welchen Szenarien und Bildern wird beim Marketing gearbeitet? Werden unterschiedliche Zielgruppen auch spezifisch angesprochen? Wie lassen sich Schulungen auf verschiedene Nutzergruppen zuschneiden?

Wir hoffen, hier einen Eindruck davon gegeben zu haben, wie sich Gender/Diversity-Aspekte in alle Phasen von Forschung und Entwicklung einbringen lassen. Die Gesamtheit der im Vorhaben „InformATTRAKTIV" entwickelten Fragen ist in Draude, Wajda und Maaß (2014) nachzulesen. Dort wird auch ihre Zuordnung zu den Reflexionsaspekten des GERD-Modells deutlich, die wir hier aus Platzgründen ausgelassen haben.

6   Fazit

Das GERD-Modell ist ein erster Vorschlag, die Vorgehensweisen, Methoden und Ansätze der Informatik und der Gender- und Diversity-Studies miteinander zu verschalten, wobei sich beide Disziplinen natürlich nicht differenziert in einem solchen Modell abbilden lassen. Das GERD-Modell soll Anknüpfungspunkte zeigen, zur Reflexion anregen und die Bedingungen und Annahmen, die Forschungs- und Entwicklungsentscheidungen zugrunde liegen, bewusst und diskutierbar machen. Darüber hinaus ist es notwendig, Forschungs- und Entwicklungsteams interdisziplinär und auch bezüglich anderer Aspekte divers zusammenzusetzen, weil dies eine Perspektivenvielfalt und die Bereitschaft, sich auf andere Sichtweisen einzulassen, begünstigt. Im Modell wird dies mit dem Reflexionsaspekt „Arbeitskultur" angesprochen.

Die Integration von mehr Frauen in Informatikteams reicht keinesfalls aus, um Gen-der/Diversity-Perspektiven in die Ziele und Aktivitäten solcher Gruppen einzubringen. Statt-dessen muss erkannt und wertgeschätzt werden, dass mit den Gender und Diversity Studies Wissenschaftsgebiete entstanden sind und Expert_innen ausgebildet werden, die zu einer innovativen und sozialverträglichen Ausrichtung von Informatik und Informatiksystemen beitragen können. Dieses Know-how sollte selbstverständlicher Teil interdisziplinärer Pro-jekte werden.

Ein nächster Schritt wäre es nun, die Durchführbarkeit von GERD zu überprüfen, indem das Vorgehen im Rahmen von informatischen Forschungs- und Entwicklungsprojekten in allen Phasen angewendet wird, und dabei das Modell zu verfeinern. Dabei wäre auch zu untersu-chen, wie gut sich das Modell im Zuge der verschiedenen Vorgehensmodelle anwenden lässt, die in verallgemeinerter Form im GERD-Modell abgebildet wurden. Empfehlenswert wäre es, bereits in den Planungsphasen (Anstöße, Vorhabensdefinition) eines solchen Vorhabens Gender- und Diversity-Expertise zu integrieren.

Ein weiteres Ziel einer solchen praktischen Erprobung sollte es sein, die Verständlichkeit von GERD für Informatiker_innen zu überprüfen und seine Darstellung entsprechend anzupas-sen. Wir gehen nicht davon aus, dass Informatiker_innen allein unter Zuhilfenahme von GERD und den dazugehörigen Fragenkatalogen die Integration von Gender/Diversity-Aspekten sicherstellen können. Dies scheint uns ähnlich schwierig wie die angemessene Gestaltung von Benutzungsschnittstellen durch Softwareentwickler_innen allein anhand von Checklisten und ohne eine grundlegende Qualifikation im Bereich HCI. In beiden Fällen ist eine enge Kooperation mit Expert_innen notwendig.

Doch die interdisziplinäre Begegnung in Forschungsprojekten ist bekanntermaßen problema-tisch, da meist eine Moderation und gezielte Sensibilisierung für die verschiedenen Sichtwei-sen fehlt. Gerade die Informatik, die soziotechnische Lösungen für alle gesellschaftlichen Bereiche entwickelt, ist es gewohnt, sich nützliche Konzepte anderer Disziplinen anzueignen und in ihren Produkten anzuwenden. Checklisten wie die der beiden Vorgängerprojekte (Ab-schnitt 2) oder Modelle und Fragensammlungen wie die im Rahmen von GERD sind dazu gedacht, eine Brücke zwischen Disziplinen zu schlagen. Gleichzeitig laufen sie Gefahr, auf-grund der extremen Reduktion und Vereinfachung die zugrunde liegenden differenzierten Denkweisen und Konzepte nicht mehr wiederzugeben und somit missverstanden zu werden. Dies führt gerade aus der Sicht der Gender- und Diversity-Studies stets zu harscher Kritik. Aber sollte man es deshalb lieber gar nicht erst versuchen?

Literatur

Bath, Corinna (2007). Discover Gender in Forschung und Technologieentwicklung. *Soziale Technik 4* (2007), 3–5.

Boehm, Barry W. (1988). A Spiral Model of Software Development and Enhancement. *IEEE Compu-ter Society Press 21*(5), 61–72.

Both, Göde (2014). *Fallstudien für die ingenieurwissenschaftliche Lehre? „Gendered Innovations" heteronormativitätskritisch betrachtet.* Positionspapier zur Arbeitstagung „Ingenieurwissenschaften unter Druck – Genderforschung als Innovation", 23./24.1.2014, Technische Universität Braunschweig.

Bührer, Susanne & Martina Schraudner (2006). *Wie können Gender-Aspekte in Forschungsvorhaben erkannt und bewertet werden?* Stuttgart: Fraunhofer IRB Verlag.

Butler, Judith (2004). *Undoing Gender*. New York/London: Routledge.

DFG (2008). Forschungsorientierte Gleichstellungsstandards der DFG. Abgerufen am 20. Februar 2014 von
http://www.dfg.de/download/pdf/foerderung/grundlagen_dfg_foerderung/chancengleichheit/forschungs orientierte_gleichstellungsstandards.pdf

Dittert, Nadine, Kamila Wajda & Heidi Schelhowe (Hrsg.) (2014). *Kreative Zugänge zur Informatik – Praxis und Evaluation von Technologieworkshops für junge Menschen.* Universität Bremen, Online-Veröffentlichung in Vorbereitung.

Draude, Claude, Kamila Wajda & Susanne Maaß (2014). GERD – Ein Vorgehensmodell zur Integration von Gender & Diversity in die Informatik. In Zeising, Anja, Claude Draude, Heidi Schelhowe & Susanne Maaß (Hrsg.), *Vielfalt der Informatik. Ein Beitrag zu Selbstverständnis und Außenwirkung. Universität Bremen.* Online-Veröffentlichung in Vorbereitung.

European Commission (2003). Gender Mainstreaming in the 6th Framework Programme – Reference Guide for Scientific Officers/Project Officers. Abgerufen am 20. Februar 2014 von
ftp://ftp.cordis.europa.eu/pub/science-society/docs/gendervademecum.pdf

European Commission (2013). Gendered Innovations. How Gender Analysis Contributes to Research. Report of the Expert Group „Innovation Through Gender", Chairperson: Londa Schiebinger, Rapporteur: Ineke Klinge. Abgerufen am 20. Februar 2014 von
http://genderedinnovations.stanford.edu/Gendered%20Innovations.pdf

Harding, Sandra (1986). *Science Question in Feminism*. Cornell: Open University Press.

Klinger, Cornelia, Gudrun Axeli Knapp & Birgit Sauer (Hrsg.) (2007). *Achsen der Ungleichheit. Zum Verhältnis von Klasse, Geschlecht und Ethnizität.* Frankfurt am Main: Campus.

Nake, Frieder (2001). Das algorithmische Zeichen. In Kurt Bauknecht, Wilfried Brauer & Thomas A. Mück (Hrsg.), *Informatik 2001.* Tagungsband der GI/OCG Jahrestagung. 736–742.

Peffers, Ken, Tuure Tuunanen, Charles E. Gengler, Matti Rossi, Wendy Hui, Ville Virtanen & Johanna Bragge (2006). The Design Science Research Process: A Model for Producing and Presenting Information Systems Research. In *Proc. DESRIST 2006* (S. 83–106). Claremont, CA

Rommes, Els (2002). *Gender Scripts and the Internet – The Design and Use of Amsterdam's Digital City.* Twente: University Press.

Rothenberg, Paula S. (Hrsg.) (2009). *Race, Class, and Gender in the United States.* New York: Worth Publishers.

Schelhowe, Heidi (2005). Interaktionen – Gender Studies und die Informatik. In Heike Kahlert, Barbara Thiessen & Ines Weller (Hrsg.), *Quer denken – Strukturen verändern. Gender Studies.* (S. 203–220). Wiesbaden: Verlag für Sozialwissenschaften

Schraudner, Martina & Helga Lukoschat (Hrsg.) (2006). *Gender als Innovationspotential in Forschung und Entwicklung.* Stuttgart: Fraunhofer IRB Verlag.

Schwaber, Ken (2004). *Agile Project Management with Scrum.* Redmond, Washington: Microsoft Press.

Stephanidis, Constantin (1995). Towards User Interfaces for All: Some Critical Issues. In *Proc. HCI International*, (S. 137–142). Tokyo: Elsevier

Zeising, Anja, Claude Draude, Heidi Schelhowe & Susanne Maaß (Hrsg.) (2014). *Vielfalt der Informatik. Ein Beitrag zu Selbstverständnis und Außenwirkung.* Universität Bremen. Online-Veröffentlichung in Vorbereitung.

Geschlechter- und intersektionalitätskritische Perspektiven auf Konzepte der Softwaregestaltung

Tanja Paulitz, Bianca Prietl
Institut für Soziologie, Rheinisch-Westfälische Technische Hochschule Aachen

1 Die Vergeschlechtlichung informatischer Artefakte und Geschlechtertheorien

Frauen- und Geschlechterforschung zur Informatik ist seit jeher ein zentraler Strang der feministischen Technikforschung und hat eine mittlerweile beachtliche Menge an Forschungen hervorgebracht (zum Überblick siehe u. a. Bath, Schelhowe und Wiesner, 2010; Schelhowe, 2006); u. a. beschäftigen sich Untersuchungen mit der Vergeschlechtlichung von informatischen Artefakten wie Software und anderen Informationstechnologien. Diese Studien zeigen, wie alltägliche Vorstellungen von Geschlecht ebenso wie strukturelle Ungleichheiten im Geschlechterverhältnis in die Produkte der Informatik eingeschrieben und durch diese (re–)produziert werden (Bowker und Star, 2000; Crutzen, 2003; Hofmann, 1999; John, 2006; Lübke, 2005; Rommes, 2002, 2014; Rommes, van Oost und Oudshoorn, 1999). Eine zentrale Rolle kommt dabei der sogenannten „I-Methodology" zu (Bath, 2009, S. 99–100). Die „I-Methodology" gilt als eine der meist eingesetzten Gestaltungstechniken im Bereich der Informations- und Kommunikationstechnologien. Sie bezeichnet ein Vorgehen, bei dem die Entwickler_innen sich selbst als typische Nutzer_innen imaginieren und so Designentscheidungen auf Basis ihrer eigenen Präferenzen treffen; es ist dieser subjektive Charakter, auf den die Bezeichnung „I-Methodology" hinweist. Als problematisch wird sie von feministischer Seite v. a. deshalb angesehen, weil die strukturellen Arbeitsverhältnisse in der Softwareentwicklung stark von Männern dominiert sind, sodass etwa heterogene Gruppen von Nutzer_innen nicht mitgedacht sind. Darüber hinaus haben Softwareentwickler_innen ein besonderes Verhältnis zu Technik und Kompetenzen im Umgang mit Technik, die nicht als repräsentativ für die Gesamtgesellschaft angesehen werden können (Rommes, 2014, S. 46–48).

In den letzten Jahren gab es verstärkt Initiativen, Geschlechterperspektiven gezielt in die natur- und technikwissenschaftliche Forschung sowie Technikentwicklung einzubringen (siehe für eine aktuelle kritische Diskussion Ernst und Horwath, 2014a). Ein durchaus prominenter Strang zielt darauf ab, gerade die Verschiedenheiten von möglichen Nutzer_innen in der Softwareentwicklung zu berücksichtigen und so Gestaltungsvorgaben im Hinblick auf Bedürfnisse von Frauen und Männern zu diversifizieren. Zu nennen ist in diesem Zusammenhang das von der Fraunhofer Gesellschaft geführte Projekt mit dem Titel „Discover Gender" sowie das jüngst unter der Leitung der amerikanischen Wissenschaftsforscherin

Londa Schiebinger durchgeführte und von Europäischer Union und der U.S. National Science Foundation unterstützte Projekt „Gendered Innovations" (Schiebinger, Klinge, Sánchez de Madariaga, Schraudner und Stefanick, 2011–2013). Zu derartigen Versuchen, die „I-Methodology" zu verlassen und Technikentwicklung zu diversifizieren, wurde kritisch angemerkt, dass dabei der sozialen Konstruiertheit von Geschlecht nur unzureichend Rechnung getragen werde (Paulitz, 2008, S. 783); konkret heißt das, dass die Analyse und Integration von Geschlechteraspekten weniger auf Geschlechtsunterschiede fokussieren sollte, um gerade nicht Gefahr zu laufen, alltägliche Vorstellungen über Frauen und Männer zu reproduzieren. Vielmehr sei es erforderlich, gerade den vielfältigeren Bedürfnissen und Lebenslagen von Menschen aus verschiedensten sozialen Gruppen sowie Interdependenzen zwischen der Kategorie Geschlecht und anderen sozialen Ungleichheitskategorien wie Alter oder Herkunft mehr Beachtung zu schenken (Bath, 2007, S. 4). In eine ähnliche Richtung zielen die Ergebnisse des europaweiten Forschungsprojektes SIGIS (Strategies of Inclusion; Gender in the Information Society), das empirisch die Praktiken der Technikentwicklung von Unternehmen untersucht hat, die das Ziel verfolgten, geschlechterinklusive Informations- und Kommunikationstechnologien zu entwickeln. In der Praxis hieß das zumeist, dass geschlechterstereotype Vorstellungen der Entwicklungsarbeit zugrundegelegt wurden und somit eine stark verkürzte Sicht auf Geschlecht realisiert wurde (Rommes, 2013).

Vor diesem Hintergrund zielt dieser Beitrag auf Bedarf und Möglichkeiten der Weiterentwicklung vorhandener Methodik der Softwareentwicklung aus geschlechter- und intersektionalitätskritischer Perspektive und rückt dabei eine methodologisch-epistemologische Betrachtung ins Zentrum. Damit versteht er sich als Beitrag zu einer grundlagenorientierten Diskussion aus Sicht der Geschlechterforschung und beansprucht nicht, die tatsächliche Praxis der Softwareentwicklung zu rekonstruieren oder evaluieren. Hierfür knüpfen wir maßgeblich an *theoretische* Einsichten der Geschlechterforschung an, die *Geschlecht* grundsätzlich als *soziale Konstruktion* betrachten (Helduser, Marx, Paulitz und Pühl, 2004). Das heißt, wir gehen nicht davon aus, dass es sich bei Männern und Frauen einfach um zwei klar zu unterscheidende soziale Gruppen mit eindeutig benennbaren, unterschiedlichen Vorlieben, Bedürfnissen und Fähigkeiten handelt. Hingegen stehen die gesellschaftlichen (Konstruktions-)Prozesse im Mittelpunkt, die erst solche sozialen Gruppen, Vorlieben, Bedürfnisse und Fähigkeiten erzeugen bzw. letztere Frauen und Männern *zuschreiben*. Hiervon ausgehend, beziehen wir im Folgenden *Geschlecht* in drei verschiedenen Hinsichten in unsere Betrachtung mit ein:

a)   *Geschlecht als gesellschaftliche Strukturkategorie* (Becker-Schmidt, 1987; Beer, 1990; Knapp, 1990) zu betrachten, lenkt den Blick darauf, wie Frauen und Männern in der Gesellschaft unterschiedliche Tätigkeitsfelder zugewiesen werden, die in der Regel hierarchisch angeordnet sind; beispielhaft zu nennen sind hier die Trennung und Ungleichbewertung von Erwerbs- und Familienarbeit oder die strukturelle Ungleichverteilung von Frauen und Männern auf unterschiedliche (und unterschiedlich gesellschaftlich anerkannte) Berufe wie Ingenieur- und Pflegeberufe.

b)   In Form von *Wissen* über die Unterschiede zwischen Frauen und Männern ist Geschlecht tief in alltäglichen, üblicherweise unhinterfragten Alltagsvorstellungen verankert und wird im alltäglichen Handeln immer wieder reproduziert (Gildemeister, 2008; Wetterer, 2008). Bedeutsam an diesen Alltagsvorstellungen ist auch, dass sie die Geschlechterdifferenz als „natürlich" betrachten und unterschiedliche Lebenslagen *innerhalb* der Gruppe der Frauen bzw. *innerhalb* der Gruppe der Männer tendenziell ausblenden. Solche in die tieferen

Schichten unseres Wissens sedimentierten kulturellen Geschlechtersymboliken und ihre Bedeutung für naturwissenschaftliche Erkenntnisgewinnung wie technikwissenschaftliche Artefaktgestaltung wurden in den vergangenen Jahren insbesondere von einer epistemologisch-wissenschaftskritisch argumentierenden Geschlechterforschung zum Gegenstand der Analyse gemacht (siehe zum Überblick u. a. Lucht und Paulitz, 2008; Singer, 2005).

c)   Aus *intersektionaler Perspektive* sind stereotype Vorstellungen von zwei Geschlechtern auch deshalb aufzubrechen, weil neben Geschlecht weitere soziale Ungleichheiten bedeutsam sind, die in den auf klare Differenz fokussierten Alltagsvorstellungen zunächst nicht mit berücksichtigt sind. So existieren nicht nur weitgehend unhinterfragte Alltagsklischées in Bezug auf Frauen und Männer, sondern auch in Bezug auf kulturelle Zugehörigkeiten, sexuelle Orientierung, Religion, soziale Schichten, Behinderung usw., die in eine kritische Analyse des Alltagswissens mit einbezogen werden sollten. Was wird also beispielsweise an Alltagswissen in der Softwareentwicklung eingesetzt, wenn man als potentielle_n Nutzer_in einen Arbeitslosen mit deutscher Staatsangehörigkeit, eine muslimische Dozentin im Alphabetisierungskurs, eine 30jährige Finanzbrokerin, einen Versicherungsmakler kurz vor der Rente oder eine Leiterin eines Selbsthilfezentrums mit fortgeschrittener Multipler Sklerose im Blick hat? Solche Perspektiven wurden in der jüngeren Vergangenheit in der Geschlechterforschung unter dem Stichwort „Intersektionalität" diskutiert (siehe u. a. Kerner, 2009; Smykalla und Vinz, 2013; Winker und Degele, 2009). Dabei wurde hervorgehoben, dass sich soziale Lagen von Frauen hochgradig unterscheiden können, aber auch, dass alltägliche Vorstellungen von Menschen komplexe, interdependente und oftmals unhinterfragte Konstruktionen darstellen. So mag sich die alltägliche Vorstellung von Weiblichkeit in Abhängigkeit davon stark unterscheiden, ob sie sich auf eine Muslima, eine Frau mit Behinderung oder eine Mehrheitsdeutsche bezieht.

Mit Blick auf Informations- und Kommunikationstechnologien lässt sich *Technikentwicklung* grundsätzlich *als Teil sozialer Konstruktionsprozesse von Geschlecht* (und ihrer Interdependenz mit anderen sozialen Ungleichheitskategorien) begreifen, in deren Zuge, wie eingangs ausgeführt, Zuschreibungen und stereotype Annahmen unmittelbar in der Gestaltung der Artefakte materialisiert werden. Dies ist zum einen Effekt ungleicher struktureller (Arbeits-)Verhältnisse, zum anderen Effekt von unhinterfragtem Alltagswissen über die zukünftigen Nutzer_innen, typische Human-Computer Interaction (HCI) und die vermeintlich eindeutigen Techniknutzungsbedürfnisse und -voraussetzungen von Nutzer_innen. Ausgehend davon erscheint es erforderlich, solche strukturellen Hierarchien ebenso wie die alltäglichen Vorstellungen von Menschen zu hinterfragen und methodische Ansätze der Softwareentwicklung mit entsprechend reflexiven Komponenten auszustatten. Wie Ernst und Horwath (2014b) indessen zu Recht festhalten, mag es keinen „'one best way' for a feminist design of new technologies" (S. 10) geben. Dennoch folgt die vorliegende geschlechter- und intersektionalitätskritische Arbeit in Anlehnung an diese Autorinnen dem grundsätzlichen Vorschlag, „to take gender into account in a theoretically reflected and methodologically systematic way in order to counteract problematic gendering" (S. 10). Der vorliegende Beitrag dient der exemplarischen Sondierung eines solchen Vorhabens und wendet sich hierfür den für diese Unternehmung besonders anschlussfähigen *partizipativen* Methoden der Softwareentwicklung zu, Methoden also, die Software unter Beteiligung von Nutzer_innen entwerfen und erproben. Wie Buchmüller (2013) gezeigt hat, sind partizipative Designmethoden nicht als zwingend geschlechtergerechter oder sozial fairer anzusehen. Ohne systematische feministisch orientierte Reflexion würden sie vielmehr bestehende Ungleichheitsverhältnisse reproduzieren. Eingedenk dieser kritischen Haltung, fokussiert dieser Beitrag auf Methoden der Gestaltung von Human-Computer Interaction.

Dazu wird anhand einer konkreten Methodik – nämlich szenarienbasierter Ansätze – exemplarisch beleuchtet, wo und wie die o. g., vorwiegend in der sozial- und kulturwissenschaftlichen Geschlechterforschung diskutierten Perspektiven, mit bestehenden Methodiken der Gestaltung von HCI verbunden werden können. Szenarienbasierte Ansätze verstehen sich, folgt man Bath (2009), als eine von vielen Methoden, die im Rahmen einer geschlechterkritischen Entwicklung informatischer Artefakte zum Einsatz kommen können (S. 233 ff.). Grundsätzliches Ziel szenarienbasierter Ansätze ist die nutzer_innen-zentrierte Gestaltung von HCI auf Basis von Techniknutzungs*szenarien*, die die Form von *Geschichten* über den konkreten Nutzungszusammenhang haben. Diese Geschichten werden in wiederholter Auseinandersetzung mit den (potentiellen) Nutzer_innen und Kund_innen im Laufe des Softwareentwicklungsprozesses entworfen und mehrfach reformuliert. Die damit angestrebte intensive Auseinandersetzung mit dem Nutzungskontext und seinen Akteur_innen folgt eben dem Anliegen, von stereotypen Annahmen über Nutzer_innen, ihre Vorlieben und Kompetenzen Abstand zu nehmen. Insofern können szenarienbasierte Ansätze als besonders reflexive und ambitionierte Methode im Bereich von HCI und Usability angesehen werden, um durch systematischen Einbezug der Nutzungsseite von der viel kritisierten „I-Methodology" weg zu kommen. Auch deshalb eignen sie sich für eine geschlechter- und intersektionalitätskritische Weiterentwicklung.

Die hier zur Diskussion gestellte Weiterentwicklung szenarienbasierter Ansätze der Softwareentwicklung setzt primär an zwei Stellen an: einmal an methodischen Überlegungen zur Erhebung und Erstellung der Geschichten und Szenarien, und einmal an der methodologisch-epistemologischen Reflexion der Inhalte dieser Geschichten und Szenarien, in der strukturelle Hierarchien und alltägliche Vorstellungen von Geschlecht im Zentrum stehen. Um Perspektiven im Sinne der hier eingebrachten Geschlechter- und Intersektionalitätsforschung zu eröffnen, wird eine interdisziplinäre Zusammenarbeit im Rahmen der partizipativ szenarienbasierten Softwareentwicklungsprozesse vorgeschlagen. Damit schließt unser Vorschlag an das Argument von Corinna Bath an, wonach eine komplexe und den Einsichten der Frauen- und Geschlechter- sowie Technikforschung Rechnung tragende Integration von Geschlechteraspekten in die Technikentwicklung „einer intensiven interdisziplinären Übersetzungs- und Zusammenarbeit" (2007, S. 5) bedürfe.

Dazu werden nun im Folgenden szenarienbasierte Ansätze der Softwaregestaltung näher beschrieben, auf ihren Weiterentwicklungsbedarf im Sinne der hier eingenommenen Perspektive ausgeleuchtet und exemplarisch in Hinblick auf ihr Potential diskutiert. Im abschließenden Fazit wird eine Perspektive auf eine gesellschaftsverändernde Softwaregestaltung eröffnet.

2   Weiterentwicklungspotentiale von szenarienbasierter Softwaregestaltung

Szenarienbasierte Ansätze gewannen in der Softwareentwicklung, vor allem im Bereich „Human-Computer Interaction", als nutzer_innen-zentrierte Methode im Lauf der 1990er Jahre an Bedeutung (Rosson und Carroll, 2002): „SEP [Scenario-based Engineering Process; TP & BP] is a user-centered methodology for systems or business process engineering that employs the use of scenarios to scope, bound, and focus analysis, design, development, and evaluation activities" (McGraw und Harbison, 1997, S. 8–9).

Das Kernelement dieses Softwareentwicklungsansatzes, ein „Szenario", ist in seiner Grundform eine Geschichte, die erzählt, wie eine oder mehrere Person(en) eine oder mehrere (Arbeits-)Tätigkeit(en) ausführen. Die Geschichte soll auf diese Weise die konkrete Situation in Szene setzen, in der die Tätigkeit stattfindet, die Erfahrungen, Verhaltensweisen und Interessen der betreffenden Person(en) sowie deren Überlegungen in Hinblick auf mögliche Durchführungsweisen und die damit verbundenen Tätigkeitsziele. „SEP focuses on what potential system users or key performers actually *do* in the workplace" (McGraw und Harbison, 1997, S. 11; Hervorhebungen im Original). Die zentrale Idee dabei ist, dass ein Szenario die Aufmerksamkeit auf die Personen und ihre Tätigkeiten richtet: „Scenarios focus designers on the needs and concerns of people in the real world" (Rosson und Carroll, 2002, S. 22). Szenarien können in vielfältiger Weise dargestellt werden: „through video clips, drawings, timelines, text outlines, simulations, animations, event traces, and process diagrams" (McGraw und Harbison, 1997, S. 38). Derartige Geschichten über konkrete Techniknutzungen könnten – so die Idee – zu jedem Zeitpunkt der Softwareentwicklung entworfen und diskutiert werden. So lassen sie sich beispielsweise als „Problemszenario" dazu einsetzen, die Ergebnisse einer Anforderungsanalyse darzustellen oder als „Interaktionsszenario", um einen Designvorschlag auszuformulieren und zu veranschaulichen. Kostengünstig und aufwendungsgering sind sie in einem iterativ-zyklischen Softwareentwicklungsprozess jederzeit leicht anzufertigen und ebenso leicht abzuändern. Als weiterer Vorteil von Szenarien wird genannt, dass sie in einer Sprache verfasst sind, die ein jeder und eine jede versteht, sodass sie die Kommunikation zwischen Entwickler_innen, Nutzer_innen und weiteren Interessensgruppen erleichtern und die Entwicklungsprozesse auf diese Weise inklusiver gestalten, denn „[a]ll project members can 'speak' the language of scenarios" (Rosson und Carroll, 2002, S. 23). Aus diesem Grund seien szenarienbasierte Ansätze auch besonders geeignet für partizipative Technikgestaltung. Zentral ist dabei stets die Erhebung der Situation, in der die Techniknutzung stattfindet oder stattfinden soll. Als mögliche Erhebungsmethoden werden u. a. Interviews, Beobachtungen, Arbeitsprozess- oder Aufgabenanalysen, Gruppenarbeiten wie Fokusgruppen oder Brainstorming sowie Dokumentenanalysen genannt (McGraw und Harbison, 1997, S. 33).

Obgleich politische Ziele nicht dezidiert mit der Szenarien-Technik verbunden sind, ist darauf hinzuweisen, dass Rosson und Carroll (2002) am Ende ihres Lehrbuches unter „Ethics of Usability" Fragen sozialer Ungleichheit im Zusammenhang mit Zugang zu und Nutzung von informatischen Artefakte zumindest kursorisch ansprechen. Insbesondere wird auf die speziellen Bedürfnisse von Personen mit Behinderung sowie von älteren Personen hingewiesen, auf die in der Technikgestaltung Rücksicht genommen werden müsse (vgl. S. 356–358). Dieser selektive Verweis kann als Indiz dafür gewertet werden, dass mögliche Ungleichheiten in der Human-Computer Interaction zwar angedacht, aber bislang noch nicht systematisch in die Softwareentwicklung einbezogen werden. Dazu wurde bereits kritisch angemerkt, dass auf diese Weise das Potential szenarienbasierter Ansätze, die in der „I-Methodology" liegende Problematik der Reproduktion von Stereotypen zu überwinden, nicht ausgeschöpft wird (Bath, 2009, S. 233 ff.).

Insofern zeigt sich, dass szenarienbasierte Ansätze einen Weiterentwicklungsbedarf in Richtung der Integration von Perspektiven sozialer Ungleichheit aufweisen, um ihrem eigenen Anspruch, für bestimmte Nutzungskontexte bedarfsorientierte und nutzbare Software zu entwickeln, besser gerecht zu werden. Im Folgenden wird es daher darum gehen, dem damit diagnostizierten prinzipiellen Weiterentwicklungsbedarf detaillierter auf die Spur zu kommen und so Softwaregestaltungsprozesse „um grundsätzliche, wissenschaftskritische, politische und feministische Perspektiven" (Bath, 2009, S. 237) zu ergänzen.

Hierfür werden wir zwei Aspekte herausgreifen, die aus der eingangs erläuterten theoretischen geschlechter- und intersektionalitätskritischen Sicht vielversprechende Richtungen der Weiterentwicklung wären: der Einsatz von offenen Instrumenten der Erhebung von Szenarien einerseits und die kritische Reflexion auf die Inhalte der den Szenarien zugrundeliegenden Geschichten andererseits.

2.1   Offene Erhebungsmethodik

Es wurde bereits erwähnt, dass in den einschlägigen Lehrbüchern szenarienbasierter Ansätze eine Bandbreite an sozialwissenschaftlichen Erhebungsmethoden vorgeschlagen wird, um die für die jeweilige Aufgabe relevanten Szenarien zu ermitteln. Neben Interviews kommen auch Beobachtungen, Dokumentenanalysen und vieles mehr zum Einsatz. Allerdings werden gerade diese nicht-standardisierten methodischen Zugänge als nachteilig betrachtet, da sie Informationen zumeist nicht in strukturierter Form und häufig quer zur Denklogik der Entwickler_innen zugänglich machen: „Disadvantages of the interview relate primarily to its open, communicative nature." (McGraw und Harbison, 1997, S. 207) Bemängelt wird die offene Kommunikationssituation, in der Kontrollverlust ebenso droht wie das Abweichen von der „Zielgeraden", auf die das Projekt zusteuern sollte. McGraw und Harbison empfehlen den Entwickler_innen daher steuernd einzugreifen, um Kontrolle und Führung zurück zu gewinnen und so die Projektziele nicht zu gefährden: „If the interview takes an unwanted detour, we can point to the agenda to help us regain control […]. The analyst will use leadership and interview management techniques to keep the interview body on track, progressing toward the goals." (1997, S. 182). Betrachtet man diese Vorgehensweise kritisch, so stellt sich indessen die Frage, um welchen Preis diese methodische Kontrolle ausgeübt wird. Wird hier von einer klaren Zielvorgabe ausgegangen, gibt es einen eindeutigen „track", zu dessen Wahrung die Eigenlogik der befragten Nutzer_innen begrenzt werden muss? Es ist auf Basis der hier zitierten, allgemeinen methodischen Empfehlung nicht zu klären, wie eng oder weit jeweils die Zielvorgabe eines Projektes ist, von der nicht abgewichen werden soll. Doch liegt genau hier ein Eingriffspunkt, an dem über den Grad der Offenheit nachgedacht werden muss, will man nicht doch – und zwar vermittels einer im Erhebungsverfahren angelegten Begrenzung – frühzeitig wertvolle Nutzer_innenperspektiven ausschließen. So besteht aus der Perspektive sozialer Ungleichheiten ja gerade die Möglichkeit, dass Softwareentwickler_innen genau dort im Interview die Führung übernehmen, wo von der „I-Methodology" abgewichen wird, wo Nutzer_innen sperrige Geschichten entwickeln, in denen etwa strukturelle Widersprüche im gesellschaftlichen Geschlechterverhältnis zur Sprache kommen oder dem gängigen Alltagswissen zuwiderlaufende Geschichten entworfen werden.

Um diesen Engführungen zu entgehen und tragfähige Szenarien zu entwickeln, könnte eine partizipative, szenarienbasierte Methodik zukünftig hingegen die Interaktion im Erhebungsprozess systematisch reflektieren und sich methodisch-geleitet auf die Spur der Befragten einlassen. Produktive Anregungen bieten u. E. *qualitative* Erhebungsverfahren, die eben dem *Prinzip der Offenheit* folgen und hieraus gerade die Stärken ihrer Informationsgewinnung beziehen. Das Prinzip der Offenheit besagt, so die Pionierformulierung von Hoffmann-Riem,

„dass die theoretische Strukturierung des Forschungsgegenstandes zurückgestellt wird, bis sich die Strukturierung des Forschungsgegenstandes durch die Forschungssubjekte [die Befragten] herausgebildet hat" (1980, S. 343). Ziel ist die Rekonstruktion von bislang gerade nicht bekannten Ordnungsstrukturen, über die die Befragten etwas erzählen können. So entsteht die Chance, eng am Kontext die „Lebenswelten ‚von innen heraus' aus der Sicht der handelnden Menschen zu beschreiben" (Flick, Kardorff und Steinke, 2007, S. 14). Für die geschlechter- und intersektionalitätskritische Weiterentwicklung partizipativer Softwareentwicklung beinhaltet eine methodische Orientierung am Prinzip der Offenheit daher das Potential, gerade den strukturellen Widersprüchen und gegebenenfalls quer liegenden Konstruktionen von Geschlecht auf die Spur zu kommen und sie in die Szenarien-Arbeit einzubeziehen. Hier entstehen auf diese Weise Öffnungen für diejenigen, die in der Regel eben nicht mitgedacht sind oder deren Lebenslagen aufgrund struktureller Ausgrenzungen tendenziell in Nutzungsszenarien ausgeschlossen bleiben.

2.2   Reflexive Arbeit an den Inhalten der Szenarien

Das Kernelement szenarienbasierter Softwareentwicklungsmethoden sind die sogenannten Szenarien und die ihnen zugrunde liegenden Geschichten – sie setzen die konkrete Situation der Techniknutzung mit all ihren auf die Nutzer_innen bezogenen Details in Szene und bilden damit die Basis für Designentscheidungen, die eben von den Nutzer_innen ausgehen und nicht von der „I-Methodology" geprägt sein sollen. In den einschlägigen Lehrbüchern wird dieser Prozess der Datenerhebung, Geschichten- und Szenarienentwicklung sowie darauf gründender Technikgestaltung bislang indessen weder methodologisch noch epistemologisch problematisiert. So erscheinen Datenerhebungs- und Technikentwicklungsprozess als Vorgänge, in denen die „tatsächliche" Techniknutzung unmittelbar und im Sinne einer direkt abfragbaren Information zu erheben, anschließend sachlich „objektiv" darzustellen und umzusetzen ist. Theoretisch zugespitzt könnte man sagen, dass die erhobenen Geschichten mehr oder weniger als Abbild wirklicher Tätigkeitsabläufe gewertet und im Kontext der Szenarienarbeit nicht genauer hinterfragt werden. Betrachtet man diese Geschichten als *Wissen* und geht davon aus, dass dieses Wissen stets notwendigerweise eine soziale Konstruktion darstellt, so stellt sich die Frage, was Softwareentwickler_innen genau erfahren können, wenn sie diese Geschichten als Widerspiegelung der Realität behandeln. Wie gehen sie im Rahmen szenarienbasierter Softwareentwicklung mit Geschichten um, die inkohärent sind, Varianten enthalten, Widersprüche aufmachen oder in Sackgassen führen? Gerade dann sind diese Geschichten u. E. aufschlussreich für das Verständnis sozialer Welt, wenn sie nicht vorschnell vereinfacht und geglättet sind. Doch wer entscheidet dann auf welcher Grundlage, welcher Teil oder welche Variante der Geschichte der/die „richtige" ist und so der Softwaregestaltung zugrunde gelegt werden soll?

Damit Softwareentwicklung eine angemessene Basis für ihre Lösungsfindung erhalten kann, ist daher ein kritisch-analytischer Umgang mit Wissenskonstruktionen erforderlich. Denn Geschichten können inhaltlich ebenso bestehende Ungleichheitsverhältnisse, z. B. typische Frauenarbeit, reproduzieren wie sie implizit Vorstellungen über Geschlecht, Religion oder Gesundheit, z. B. über einen normalen leistungsfähigen Mann, verfestigen können. Kurz: Nur weil die Geschichten mit unserem Alltagswissen deckungsgleich sind, heißt das deshalb noch nicht, dass sie „die Realität" der Nutzer_innen darstellen. Diese Geschichten bedürfen daher einer reflexiven Analyse, um die in ihnen beschriebenen Szenarien mit fachlichem, im

Hinblick auf Geschlecht und Intersektionalität geschulten Blick zu deuten. In einer solchen Deutung wird dann danach gefragt, welche Konstruktionen von Geschlecht die Geschichte enthält und macht diese so als etwas kenntlich, das auch anders sein könnte.

Eine solche Umgangsweise mit den Inhalten der Szenarien birgt die Möglichkeit, Gestaltungsentscheidungen auf einer komplexeren Grundlage zu treffen. Sie bedenkt einerseits die Möglichkeiten und Grenzen von Erkenntnis mit, andererseits die Möglichkeit anderer Konstruktionen. So würde sie beispielsweise genauer darauf achten, welche Geschichten Nutzer_innen in welchem Zusammenhang denn überhaupt legitimerweise erzählen können und welche sie gegebenenfalls nicht erzählen. Sie würde auch der Option Aufmerksamkeit schenken, dass Nutzer_innen uneinheitliche Geschichten erzählen, die vielleicht auch miteinander in Konflikt stehen und so auf die Notwendigkeit hindeuten, dass unterschiedliche Deutungen der Realität existieren, die heterogenen Nutzer_innensichten entsprechen, und der eine Gestaltungslösung der HCI u. U. Rechnung tragen könnte. Schließt man an die eingangs beschriebene theoretische Perspektive an, so eröffnet sich die Möglichkeit, die Inhalte der Geschichten analytisch so zu bearbeiten, dass verkürzte Sichten auf Geschlecht und soziale Ungleichheitsverhältnisse offen gelegt und Geschichten in Zusammenarbeit mit den Nutzer_innen entworfen werden, die vielleicht gerade quer zum gängigen Alltagswissen liegen. Derartige alternative Geschichten könnten Gestaltungsspielräume öffnen, die nicht nur jenseits der „I-Methodology", sondern auch jenseits verinnerlichter Geschlechtervorstellungen der Nutzer_innen selbst liegen. Vom „track" abweichende Geschichten, wie sie weiter oben diskutiert wurden, könnten vor dem Hintergrund der hier vorgeschlagenen methodologisch-epistemologischen Reflexion als produktives Moment der Gestaltung von HCI und damit als Chance für kreative Neugestaltungen angesehen werden.

3 Ausblick: Offen partizipative, kooperative und nicht-hierarchische Szenarien-Arbeit

In diesem Beitrag wurde exemplarisch der Bedarf und die Möglichkeit der Weiterentwicklung von vorhandener Methodik der Gestaltung von Human-Computer Interaction aus geschlechter- und intersektionalitätskritischer Perspektive diskutiert. Vorgeschlagen wurde eine methodische Weiterentwicklung durch am Prinzip der Offenheit orientierte, qualitative Erhebungsmethoden sowie die methodologisch-epistemologische Reflexion von Wissenskonstruktionen in und durch Szenarien. Beide Momente der Weiterentwicklung eröffnen die Chance, von der „I-Methodology" abweichende und den alltäglichen Vorstellungen über Nutzer_innen widersprechende Perspektiven auf die Techniknutzung offen zu legen und für die Softwareentwicklung zugänglich zu machen. Um als derart produktive Elemente die Softwaregestaltungsmethoden zu bereichern bedarf es aber einer fundierten methodischen wie theoretischen Expertise. An dieser Stelle kann u. E. eine interdisziplinäre Zusammenarbeit von Softwareentwickler_innen und Geschlechterforscher_innen einsetzen.

Ganz im Sinne einer konsequenten Umsetzung szenarienbasierter Ansätze wäre die Arbeit an und mit Szenarien als integraler Bestandteil der Gestaltung von HCI zu verstehen, sodass Geschlechterforscher_innen ihre Expertise in der Erhebung der den Szenarien zugrundeliegenden Geschichten, dem Entwurf der Szenarien und der Umwandlung dieser in Softwarelösungen während des gesamten Softwareentwicklungsprozesses einbringen könnten. Ihre Aufgabe wäre, im Anschluss an die oben ausgeführten Weiterentwicklungspotentiale sowohl einen Beitrag zu einer offenen Erhebungsweise von Geschichten zu leisten als auch auf Grundlage ihrer Kenntnis der Geschlechter- und Intersektionalitätsforschung die analytische Arbeit mit den Inhalten der Szenarien zu unterstützen. Eine solche Form der interdisziplinären Zusammenarbeit als offen partizipative, kooperative, interdisziplinäre und nicht-hierarchische Szenarien-Arbeit hätte so das Potential, die mit der „I-Methodology" verbundenen Engführungen zu vermeiden. Darüber hinaus birgt sie die Aussicht, Geschichten zu generieren, die zunächst nah an den Perspektiven der Befragten bleiben, diese im Folgeschritt auf Basis geschlechter- und intersektionalitätskritischen Fachwissens zu analysieren, den ihnen inhärenten sozialen Konstruktionen auf den Grund zu gehen und schließlich in den kooperativen Prozess des Konstruierens angemessener Szenarien oder Szenarienbündel einzutreten.

Versteht man Softwareentwicklung als Teil sozialer Konstruktionsprozesse von Geschlecht (und ihrer Interdependenz mit anderen sozialen Ungleichheitskategorien), so könnte die um die hier vorgeschlagenen Perspektiven erweiterte Gestaltung von HCI zu einem Moment gesellschaftlicher Veränderung werden und dazu beitragen, Ungleichheitsverhältnisse abzubauen. Vor allem aus intersektionaler Perspektive würde sichtbar werden können, dass es nicht immer nur *die eine* Geschichte gibt, sondern unterschiedliche und u. U. nicht immer kompatible Geschichten. So könnte auch die Vielfältigkeit der Nutzer_innen systematisch und produktiv in den Blick genommen werden und heterogene Interessensvertreter_innen gezielt in den Prozess der Gestaltung von HCI einbezogen werden. Das Ergebnis könnten vielleicht neue, multiperspektivische Gestaltungslösungen sein, die verschiedene Sichtweisen innerhalb einer Software anbieten und damit auf verschiedene Szenarien eingehen.

Literatur

Bath, C. (2009). *De-Gendering informatischer Artefakte. Grundlagen einer kritisch-feministischen Technikgestaltung* (Dissertation). Bremen: Staats- und Universitätsbibliothek Bremen. URN: http://nbn-resolving.de/urn:nbn:de:gbv:46-00102741-12

Bath, C. (2007). „Discover Gender" in Forschung und Technologieentwicklung? *Soziale Technik* 4, 3–5.

Bath, C., Schelhowe, H. & Wiesner, H. (2010). Informatik: Geschlechteraspekte einer technischen Disziplin. In R. Becker & B. Kortendiek (Hrsg.), *Handbuch Frauen- und Geschlechterforschung* (S. 829–841). Wiesbaden: Springer.

Becker-Schmidt, R. (1987). Die doppelte Vergesellschaftung – die doppelte Unterdrückung: Besonderheiten der Frauenforschung in den Sozialwissenschaften. In L. Unterkirchner & I. Wagner (Hrsg.), *Die andere Hälfte der Gesellschaft* (S. 10–25). Wien: Verlag des Österreichischen Gewerkschaftsbundes.

Beer, U. (1990). *Geschlecht, Struktur, Geschichte. Soziale Konstituierung des Geschlechterverhältnisses*. Frankfurt/M., New York: Campus.

Bowker, G. & Leigh Star, S. (2000). *Sorting Things Out. Classifications and its Consequences*. Cambridge: MIT Press.

Buchmüller, S. (2013). Partizipation = Gleichberechtigung? Eine Betrachtung partizipativen Gestaltens im Kontext feministischer Designforschung und -praxis. In C. Mareis, M. Held & G. Joost (Hrsg.), *Wer gestaltet die Gestaltung? Praxis, Theorie und Geschichte des partizipatorischen Designs* (119–139). Bielefeld: transcript.

Crutzen, C. (2003). ICT-Representations as Transformative Critical Rooms. In G. Kreutzner & H. Schelhowe (Hrsg.), *Agents of Change* (S. 87–106). Opladen: Leske + Budrich.

Ernst, W. & Horwath, I. (Hrsg.) (2014a). *Gender in Science and Technology. Interdisciplinary Approaches.* Bielefeld: transcript.

Ernst, W. & Horwath, I. (2014b). Introduction. In W. Ernst & I. Horwath (Hrsg.), *Gender in Science and Technology. Interdisciplinary Approaches* (S. 7–15). Bielefeld: transcript.

Flick, U., Kardorff, E. von & Steinke, I. (2007). Was ist qualitative Forschung? Einleitung und Überblick. In U. Flick, E.t von Kardorff & I. Steinke (Hrsg.), *Qualitative Forschung. Ein Handbuch* (13–29). Reinbeck bei Hamburg: Rowohlt.

Gildemeister, R. (2008). Doing Gender: Soziale Praktiken der Geschlechterunterscheidung. In R. Becker & B. Kortendiek (Hrsg.), *Handbuch Frauen- und Geschlechterforschung* (S. 137–145). Wiesbaden: Springer.

Helduser, U., Marx, D., Paulitz, T. & Pühl, K. (2004). *Under construction? Konstruktivistische Perspektiven in feministischer Theorie und Forschungspraxis.* Frankfurt/Main, New York: Campus.

Hoffmann-Riem, C. (1980). Die Sozialforschung einer interpretativen Soziologie. Der Datengewinn. *Kölner Zeitschrift für Soziologie und Sozialpsychologie, 32,* 339–372.

Hofmann, J. (1999). Writers, texts and writing acts: gendered user images in word processing software. In D. MacKenzie & J. Wajcman (Hrsg.), *The social shaping of technology* (S. 222–243). London, New York: Open University Press.

John, S. (2006). Un/realistically embodied: The gendered conceptions of realistic game design. *Online Proceedings of 2006 AVI Workshop „Gender and Interaction. Real and Virtual women in a male world", Venice, Italy.*

Kerner, I. (2009). *Differenzen und Macht. Zur Anatomie von Rassismus und Sexismus.* Frankfurt/M., New York: Campus.

Knapp, G.-A. (1990). Zur widersprüchlichen Vergesellschaftung von Frauen. In E.-H. Hoff (Hrsg.), *Die doppelte Sozialisation Erwachsener* (S. 17–52). München: DJI Verlag.

Lucht, P. & Paulitz, T. (2008). *Recodierungen des Wissens. Stand und Perspektiven der Geschlechterforschung in Naturwissenschaften und Technik.* Frankfurt/Main, New York: Campus.

Lübke, V. (2005). *CyberGender. Geschlecht und Körper im Internet.* Königstein, Taunus: Ulrike Helmer Verlag.

McGraw, K. & Harbison, K. (1997). *User-Centered Requirements. The Scenario-Based Engineering Process.* Mahwah, New Jersey: Lawrence Erlbaum.

Paulitz, T. (2008). Technikwissenschaften: Geschlecht in Strukturen, Praxen und Wissensformationen der Ingenieurdisziplinen und technischen Fachkulturen. In R. Becker & B. Kortendiek (Hrsg.), *Handbuch Frauen- und Geschlechterforschung* (S. 779–790). Wiesbaden: Springer.

Rommes, E. (2014). Feminist Interventions in the Design Process. In W. Ernst & I. Horwath (Hrsg.), *Gender in Science and Technology. Interdisciplinary Approaches* (S. 41–55). Bielefeld: transcript.

Rommes, E. (2002). *Gender Scripts and the Internet: The Design and Use of Amsterdam's Digital City.* University of Twente, Enschede.

Rommes, E., Van Oost, E. & Oudshoorn, N. (1999). Gender in the Design of the Digital city of Amsterdam. *Information, Communication & Society, 2*(4), 476–495.

Rosson, M. B. & Carroll, J. M. (2002). *Usability Engineering. Scenario-Based Development of Human-Computer Interaction.* San Francisco: Morgan Kaufmann.

Schelhowe, H. (2006). Informatik. In C. von Braun & I. Stephan (Hrsg.), *Gender-Studien. Eine Einführung* (S. 201–210). Stuttgart, Weimar: Metzler Verlag.

Schiebinger, L., Klinge, I., Sánchez de Madariaga, I., Schraudner, M. & Stefanick, M. (2011–2013). *Gendered Innovations in Science, Health & Medicine, Engineering, and Environment.* URN: http://genderedinnovations.stanford.edu/index.html.

Singer, M. (2005). *Geteilte Wahrheit. Feministische Epistemologie, Wissenssoziologie und Cultural Studies.* Wien: Löcker Verlag.

Smykalla, S. & Vinz, D. (2013). *Intersektionalität zwischen Gender und Diversity. Theorien, Methoden und Politiken der Chancengleichheit.* Münster: Westfälisches Dampfboot.

Wetterer, A. (2008). Konstruktion von Geschlecht: Reproduktionsweisen der Zweigeschlechtlichkeit. In R. Becker & B. Kortendiek (Hrsg.), *Handbuch Frauen- und Geschlechterforschung* (S. 122–131). Wiesbaden: Springer.

Winker, G. & Degele, N. (2009). *Intersektionalität. Zur Analyse sozialer Ungleichheiten.* Bielefeld: transcript.

Personas und stereotype Geschlechterrollen

Nicola Marsden[1], Jasmin Link[2], Elisabeth Büllesfeld[2]

Hochschule Heilbronn[1]
Fraunhofer-Institut für Arbeitswirtschaft und Organisation (IAO)[2]

1   Einleitung

In der Softwareentwicklung und in nutzendenzentrierten Gestaltungsprozessen werden Personas eingesetzt, um bei den Mitgliedern des Entwicklungs- oder Designteams das Verständnis für die Nutzenden zu erhöhen. Dabei werden fiktive Personen geschaffen, die typische Nutzendengruppen oder -rollen repräsentieren. Dieser Beitrag geht der Frage nach, inwieweit dabei Stereotypen zum Einsatz kommen, welche Auswirkungen dies – insbesondere unter Genderaspekten – hat und wie Ansätze für den Umgang mit Geschlechterstereotypen bei der Nutzung von Personas aussehen könnten.

Das Ziel des Einsatzes von Personas ist, den Mitgliedern des Entwicklungs- und des Designteams Figuren zur Verfügung zu stellen, in deren Rolle sie schlüpfen können und mit denen sie sich identifizieren können. Dadurch wird die Auseinandersetzung mit den möglichen Interaktionen der Figuren sehr viel konkreter als wenn innerhalb des Teams nur über unspezifische „User" gesprochen wird. Häufig werden Personas mit Szenarien kombiniert. Personas und Szenarien können auch als Katalysatoren in der Kommunikation mit weiteren Projektbeteiligten (z. B. Kundinnen und Kunden) fungieren, und in der (internen oder öffentlichen) Berichterstattung über ein Produkt oder Projekt.

Der Begriff Stereotyp stammt aus dem Griechischen und setzt sich aus Worten für „fest, haltbar" und „Form, Art" zusammen. Er beschreibt Personen oder Personengruppen, häufig aufgrund äußerlicher Merkmale, in vereinfachter, einprägsamer Form. Er beschreibt damit in Kurzform einen tatsächlichen oder wahrgenommenen Komplex von Eigenschaften von Personen, aus dem weitere Eigenschaften oder anzunehmende Verhaltensweisen geschlossen werden (Grudin, 2006). Die Definitionen des Begriffs variieren (Turner und Turner, S. 36), er wird häufig im Kontext psychologischer Betrachtungen gebraucht, sowohl wertneutral als auch mit positiver oder negativer Konnotation: Stereotypen ermöglichen eine rasche Informationsverarbeitung mit niedrigem kognitiven Aufwand, können aber auch eine zu oberflächliche Beschäftigung mit einem Gegenüber begünstigen. Im Zusammenhang mit Genderaspekten werden Stereotype häufig kritisch als Menschen auf eine feste Geschlechterrolle festlegend erwähnt.

Turner und Turner (2011) haben in ihrem Beitrag „Is stereotyping inevitable when designing with personas?" das Thema Stereotype im Kontext von Personas umfassend behandelt und die Spannungsfelder aufgezeigt, in denen man sich beim Gestalten von und mit Personas bewegt. Sie weisen darauf hin, dass Stereotype nicht notwendigerweise negativ sind, dass allerdings darauf geachtet werden muss, wen Stereotype ausschließen und dass sie nicht unkritisch eingesetzt werden dürfen. Im vorliegenden Beitrag liegt der Fokus speziell auf dem Faktor Geschlecht – es werden psychologische Erkenntnisse der Personenwahrnehmung dargestellt, die bei der Entwicklung und dem Einsatz von Personas im Hinblick auf die Kategorie „Geschlecht" relevant sein können. Hierzu werden zunächst Prozessmodelle der Informationsverarbeitung skizziert, die verdeutlichen, dass verschiedene Modi der Informationsverarbeitung Einfluss auf den Einsatz von Stereotypen haben. Dann wird die Theorie der sozialen Identität dargestellt, die aufzeigt, welche Effekte die Wahrnehmung einer Person als der gleichen Gruppe zugehörig hat. Anschließend werden Erkenntnisse zur geschlechtsbezogenen Personenwahrnehmung vorgestellt und es wird verdeutlicht, dass Eigenschaften und Verhalten u. U. unterschiedlich beurteilt wird, je nachdem ob es einem Mann oder einer Frau zugesprochen wird. Auf dieser Basis werden Empfehlungen vorgestellt, die ermöglichen, dass Personas dazu beitragen, Geschlechterstereotypen nicht zu verfestigen, sondern zur Flexibilisierung der Kategorie „Geschlecht" beitragen können.

2   Wahrnehmung von Personen

Menschen haben die Fähigkeit, sich in andere hineinzuversetzen und sie versuchen, aufgrund eines mehr oder weniger detaillierten und nur in Teilen bewussten Modells deren Verhalten vorherzusagen. Grudin (2006) argumentiert, dass es dabei nur begrenzt wichtig ist, ob es sich dabei um reale oder fiktive Personen handelt und dass viele Sachverhalte, die für die Wahrnehmung realer Personen gelten, auf die Wahrnehmung von Personas übertragbar sind.

Stereotype sparen in der Wahrnehmung von Personen Zeit und Energie und ermöglichen es Menschen, in der Komplexität der sozialen Umgebung zurechtzukommen und zeitnah zu reagieren (Macrae, Milne und Bodenhausen, 1994). Dabei wirken Stereotype auch, wenn wir uns nicht darüber bewusst sind – sie werden oft automatisch aktiviert in dem Moment, in dem ich ein Mitglied einer stereotypisierten Gruppe vor mir habe (Devine, 1989; Dovidio, Evans und Tyler, 1986). Es hat sich gezeigt, dass Menschen sich meist nicht darüber bewusst sind, welche Auswirkungen Geschlechterstereotype auf die Beurteilung von Mitgliedern einer Kategorie haben (Banaji, Hardin und Rothman, 1993). Darüber hinaus beeinflussen solche impliziten Stereotype nicht nur das Urteil, sondern führen häufig auch zu (dann ebenfalls nicht bewusstem) diskriminierenden Verhalten (Banaji und Greenwald, 2013).

2.1   Duale Prozessmodelle der Informationsverarbeitung

Stereotypen sind Wissensstrukturen, die sich auf eine bestimmte Kategorie, z. B. eine Gruppe von Menschen, beziehen. Diese können explizit oder implizit sein – es hat sich jedoch gezeigt, dass sowohl implizite negative Assoziationen mit einer Fremdgruppe (Gawronski, Ehrenberg, Banse, Zukova und Klauer, 2003) als auch explizite negative Assoziationen mit einer Fremdgruppe (Sherman, Stroessner, Conrey und Azam, 2005) dazu führen, dass einzelne Personen dieser Gruppe eher konsistent mit dem Gruppenlabel wahrgenommen werden. Eine wichtige Rolle beim Einsatz von Stereotypen spielt allerdings das Ausmaß an kontrollierter versus automatisierter Verarbeitung von Informationen. Duale Informationsverarbeitungsmodelle zeigen auf, dass wenn wir unsere Wahrnehmung nicht bewusst kontrollieren, wir Informationen automatisiert verarbeiten und als Default auf Stereotypen zurückgreifen (Devine, 1989).

Die aufmerksame, zentrale Verarbeitung von Informationen macht den Einsatz von Stereotypen unwahrscheinlicher. Einfluss darauf haben zum einen die Möglichkeit bzw. Fähigkeit, zum anderen die Motivation. Zahlreiche Studien zeigen, wie die Möglichkeit/Fähigkeit (z. B. bei schneller Präsentation oder Ablenkung) oder Motivation (z. B. bei persönlicher Relevanz des Themas oder beim Wunsch, vorurteilsfrei wahrzunehmen) die zentrale Informationsverarbeitung stärken (Plant und Devine, 1998; Wagner und Petty, 2011).

Der Modus der Informationsverarbeitung stellt also eine wichtige Voraussetzung dafür dar, dass Personas vorurteilsfrei wahrgenommen werden: Nur bei elaborierter, kontrollierter Verarbeitung ist eine wirkliche Auseinandersetzung mit der Persona gegeben. Ist dies nicht gegeben, wird jede noch so sorgfältig erarbeitete Persona auf Basis von Stereotypen wahrgenommen. Andererseits kann die Beschreibung einer Persona in unterschiedlichem Maße dazu anregen, elaboriert verarbeitet zu werden bzw. Stereotype zu bedienen und damit eine automatische Informationsverarbeitung zu begünstigen.

2.2   Soziale Identität und Personenwahrnehmung

Die Theorie der sozialen Identität hat weitreichende Konsequenzen für die Entwicklung und den Einsatz von Personas. Sie beschäftigt sich damit, wie Personen ihre Mitgliedschaft in sozialen Gruppen in ihr Selbstkonzept integrieren und ein Identitätsgefühl darauf basierend entwickeln. Die Theorie der Sozialen Identität (Social Identity Theory: SIT) ist eine der einflussreichsten sozialpsychologischen Theorien (Tajfel und Turner, 1986). Sie erklärt zwei wichtige Gruppenphänomene: Bevorzugung der Eigengruppe und Diskriminierung der Fremdgruppe.

Bei der Bevorzugung der Eigengruppe, dem „ingroup favoritism", werden Mitglieder der Eigengruppe positiver wahrgenommen als Mitglieder der Fremdgruppe. Dies läuft im Normalfall parallel zu einer Abwertung der Mitglieder anderer Gruppen, d. h. „out-group discrimination", welche zu distanzierendem oder aggressiven Verhalten gegenüber Fremdgruppenmitgliedern führen kann. Diese Prozesse basieren darauf, dass die soziale Identität, d. h. der Teil der Identität, der auf der Zugehörigkeit zu einer Gruppe basiert, ein integraler Bestandteil des Selbstkonzepts einer Person ist. Dabei kommt dem Geschlecht als soziale Identität eine herausragende Rolle zu: Sie wird früh im Leben etabliert und hat weitreichende Konsequenzen für beide Geschlechter (z. B. Elmore und Oyserman, 2012; im Sinne eines intersektionalen Ansatzes wird sie zunehmend auch in Beziehung zu anderen Ungleichheitskategorien betrachtet, vgl. Warner und Shields, 2013).

Betrachtet man den Entwicklungsprozess von Personas, so ist zu erwarten, dass es in der Beschreibung von Personas eine Tendenz gibt, sie in Kategorien zu beschreiben, in der die Eigengruppe besonders gut dasteht und solche Kategorien außen vor zu lassen, in denen die Fremdgruppe positiver und die Eigengruppe negativer dastehen würde bzw. in denen sich beide Gruppen ähnlich sind. Gegebenenfalls greift hier das Konzept der sozialen Kreativität: Es wird aktiv nach Vergleichsdimensionen gesucht, die die eigene Gruppe gut dastehen lassen. Solche kognitiven Umbewertungsprozesse können zu einer Verzerrung der Beschreibungsdimensionen führen, die für das Erstellen von Personas relevant ist: Habe ich also beispielsweise eine hohe Kompetenz in einem Bereich, tendiere ich dazu, die Fremdgruppe durch das Fehlen dieser Kompetenz zu beschreiben. Bei Personas ist, besonders auch unter Berücksichtigung der Tatsache dass sie meist durch sehr technikaffine Menschen definiert werden, z. B. Technikaffinität eine Eigenschaft, die in diesen Bereich fallen könnte.

Andere Personen – und somit auch Personas – werden also grundsätzlich anders beurteilt, je nachdem, ob sie zur Eigen- oder zur Fremdgruppe gehören. Personas stehen somit in einer intergruppalen Interaktion mit den Personen, die sie betrachten, und denen, die sie erstellt haben. Sie stehen allerdings auch in Interaktion miteinander: Personas eines Sets können nicht isoliert betrachtet werden – die anderen im gleichen Kontext vorhandenen Personas dienen als Referenzrahmen für intergruppale Vergleiche (Dragojevic und Giles, 2014).

2.3   Geschlechtsbezogene Personenwahrnehmung

Die Forschung zur Personenwahrnehmung und zur Eindrucksbildung zeigt, dass das Geschlecht, mit dem eine Person „ausgestattet" wird, die Beurteilung dieser Person in vielfältiger Hinsicht beeinflusst. Werden bei absolut identischen Beschreibungen nur die Namen ausgetauscht, so wird die gleiche Person dann, wenn sie als Frau präsentiert wird, weniger kompetent eingestuft (Correll, Benard und Paik, 2007; Foschi, 1996). Die Heuristik der männlichen Überlegenheit, nach der Männer generell als kompetenter eingeschätzt werden, konnte in verschiedenen Kontexten immer wieder empirisch nachgewiesen werden (z. B. Alexander und Andersen, 1993; Christofides, Islam und Desmarais, 2009).

Frauen und Männer werden tendenziell eher ihren Stereotypen entsprechend wahrgenommen (Heilman und Parks-Stamm, 2007). Wird allerdings eine Abweichung von den erwarteten „typischen" Eigenschaften wahrgenommen, können Verhalten und Attribute, die beispielsweise bei der Beschreibung einer Person als Mann positiv wahrgenommen werden, bei einer Frau zu einer negativen Eindrucksbildung führen – dieser Kontrasteffekt konnte z. B. für Personen mit unterschiedlichem Internetnutzungsverhalten gezeigt werden (Marsden, 2001). Eigenschaften, die als typisch maskulin und bei Männern positiv bewertet werden, wie zum Beispiel proaktiv und zielorientiert („agentic") zu sein, führen dann, wenn sie bei Frauen aufgeführt sind, zu einer Abwertung der ganzen Person (Rudman und Glick, 2001). Ein 2013 durch Sheryl Sandberg breit bekannt gewordenes Beispiel dieses „Backlasheffekts" ist die Fallstudie einer Personenbeschreibung, die in einem Fall den Namen Heidi Roizen, im anderen Fall den Namen Howard Roizen trägt: Heidi und Howard werden zwar als gleichermaßen kompetent beurteilt, Howard bei identischer Beschreibung aber als liebenswert, authentisch und freundlich, Heidi hingegen als aggressiv, selbstvermarktend und machthungrig wahrgenommen (Fallstudie von Flynn, Anderson und Brion, zitiert nach Ely, Ibarra und Kolb, 2011). Die negative Bewertung eines Abweichens von den für das Geschlecht als typisch wahrgenommenen Verhaltensweisen ist auch in männlichen Personenbeschreibungen zu beobachten: Hypothetische Personen, die in Teilzeit arbeiten wollten, wurden als Mann deutlich negativer beurteilt (Vandello, Hettinger, Bosson und Siddiqi, 2013). Ebenso werden Männer, die Elternzeit nehmen möchten, in gemeinhin stärker mit als feminin geltenden Eigenschaften (z. B. schwach, unsicher) in Verbindung gebracht, und weniger mit als maskulin geltenden Eigenschaften (z. B. ehrgeizig, konkurrenzbetont) – sie erhalten ein „femininity stigma" (Rudman und Mescher, 2013).

2.4   Ambivalenz von Geschlechterstereotypen

Im Kontext von Geschlechterstereotypen wurde ausführlich erforscht, dass Vorurteile und Stereotypen nicht gleichzusetzen sind mit Antipathie. Glick und Fiske sprechen von „benevolentem" Seximus: Hier wird solchen Mitgliedern des anderem Geschlechts, die rollenkonform wahrgenommen werden, besondere Zuneigung entgegengebracht. Um dies zu erfassen, entwickelten sie das Konzept des ambivalenten Sexismus, welcher mit dem Ambivalent Sexism Inventory messbar ist. Grund für diese Ambivalenz ist die wechselseitige Abhängigkeit der Geschlechter voneinander, gekoppelt mit einer strukturellen männlichen Dominanz – darauf basiert beispielsweise auch der Stereotyp der „Frau, die beschützt werden muss" (Glick und Fiske, 1996, 2001; Glick und Fiske, 2011). Heterosexuelle Männer und Frauen sind sowohl mögliche Partner für ein Liebesverhältnis als auch Fremdgruppenmitglieder, die Zugang zu den gleichen sozialen Ressourcen beanspruchen (Status, Arbeitsverhältnis etc.). Insofern beziehen sie sich aufeinander immer sowohl auf der Zwischengruppen- als auch der zwischenmenschlichen Ebene.

Ambivalenterweise zeigen Männer, die zum Sexismus neigen, somit Hostilität gegenüber Frauen, die als Wettbewerberinnen wahrgenommen werden (z. B. für eine Beförderung), aber Benevolenz gegenüber Frauen, die als Geschlechtspartner relevant sind (z. B. als Ehefrau) – der Bruch der Geschlechterrollenkonformität erweckt Ablehnung, Konformität erweckt Wohlwollen (Glick und Fiske, 2001). Entsprechend werden (manche) Frauen als manipulative Gegnerinnen angesehen, denen man nicht vertrauen kann, andere als liebenswert und warmherzig wahrgenommen. Typischerweise werden Frauen in einem paternalistischen Weltbild als warmherzig, aber nicht kompetent stereotypisiert, während Männer neidvoll stereotypisiert werden, nämlich als kompetent, aber nicht warm (Eckes, 2002). Auch Frauen zeigen Männern gegenüber ambivalenten Sexismus, moderiert z. B. durch eigene Bindungsangst (Hart, Hung, Glick und Dinero, 2012). Insgesamt spielt der Sexismus von Frauen gegenüber Männern auch eine entscheidende Rolle dabei, Geschlechterstereotypen zu verstärken und männliche Dominanz aufrechtzuerhalten (Glick et al., 2004).

Sexistische Wahrnehmung zeigen also sowohl Männer als auch Frauen und zwar wiederum sowohl gegenüber dem eigenen als auch dem anderen Geschlecht. Für den Umgang mit Personas ergeben sich hieraus weitreichende Konsequenzen, bedeuten die Erkenntnisse zu Geschlechterstereotypen doch unter anderem, dass Eigenschaften, die eine männliche Persona sympathisch machen, eine weibliche unsympathisch machen können – und umgekehrt. Auch die Erkenntnisse über die Ambivalenz von Geschlechterstereotypen stellen eine Herausforderung dar, denn wenn das Ziel ist, dass sich mit einer Persona identifiziert wird und diese sympathisch ist (Nielsen, 2013), diese Identifikation und Sympathie (und damit die mögliche Empathie) aber gleichzeitig vom Sexismus des Betrachters oder der Betrachterin bestimmt wird, dann stellt die Erstellung einer Persona immer einen Balanceakt dar.

3   Forschung über Personas und Stereotypen

Im diesem Kapitel werden Erkenntnisse und Annahmen über Folgen stereotyper Beschreibungen sowie bestehende Ansätze durch Reduzierung oder Vermeidung stereotyper Zuschreibungen von Eigenschaften bei Personas dargestellt.

Personas dienen im Idealfall dazu, dass man sich auf die avisierten Nutzerinnen und Nutzer einlässt, dass man durch den Aufforderungscharakter von Geschichten und von echten Menschen Einblicke in deren Wünsche, Anforderungen und Erwartungen erhält. Durch ein Verständnis für die Menschen und ihre Geschichten können lebhafte und realistische Personas geschaffen werden, in die man sich hineinversetzen und die Welt aus deren Perspektive betrachten kann. Diese „sich einlassende, engagierte Perspektive" (Nielsen, 2013) soll die Personen, die entwickeln und gestalten, davon abhalten, die Nutzenden stereotyp zu betrachten. Startpunkt dieser Perspektive sind Interaktionen mit anderen Menschen: Wir treffen Personen in bestimmten Kontexten, spiegeln uns in ihnen, erleben sie als gleichzeitig ähnlich und unterschiedlich. Dabei verarbeiten wir zwei verschiedene Arten von Informationen: Einerseits ordnen wir Wissen über Personen in Kategorien, d. h. Stereotypen, andererseits nehmen wir für die Person spezifische Eigenschaften wahr (Fiske, 2011; Neuberg und Fiske, 1987).

3.1   Vermeidbarkeit von Stereotypen

Turner und Turner beschäftigen sich mit der Frage, ob der Einsatz von Stereotypen vermeidbar sei, und zeichnen ein Spannungsfeld zwischen dem Nutzen von und den Einschränkungen durch Stereotype auf. Sie weisen darauf hin, dass, obwohl der Wunsch nach einem guten Modell für „human factors" schon früh in der Mensch-Computer-Interaktion auftauchte, diese Modelle vor dem Dilemma stehen, das passende Maß zwischen individuellen Besonderheiten und der nötigen Reduzierung von Komplexität zu finden (Turner und Turner, 2011). Aquino und Filgueiras (2005) und Avgerinou und Andersson (2007) legen die bewusste Betrachtung von Personas als Archetypen nahe, wobei die Abgrenzung von Stereotypen und Archetypen nicht klar erfolgt. Ljungbland und Holmquist (2007) schlagen Szenarien-Übertragungen („transfer scenarios") vor. Bei dieser Verfremdungstechnik werden Personen in ähnlichen Situationen wie dem späteren Nutzungskontext betrachtet, um verschiedene Sichtweisen einfließen zu lassen. Sharrock und Anderson (1994) stellten fest, dass im Entwicklungsteam neben der schriftlichen Repräsentation der Personas in Diskussionen sehr häufig Stereotype verbalisiert werden.

3.2   Personas engagiert und engagierend gestalten

In ihrem Buch „Personas – User Focused Design" stellt Lene Nielsen (2013) die „sich-einlassende, engagierte" (engaging) Methode der Personagestaltung dar – eines ihrer Ziele ist dabei, die automatische Informationsverarbeitung zu reduzieren. Sie zeigt auf, dass Design- und Entwicklungsteams für sich immer – implizit oder explizit – Repräsentationen der Nutzenden entwickeln. Wenn sie nur wenig über eine Person wissen, haben sie keine andere Möglichkeit, als auf Basis von Aussehen, Ähnlichkeiten und vorhandenen Kategorisierungen Rückschlüsse über dieses Individuum zu ziehen. Solche stereotypen Repräsentationen geben jedoch gerade keinen Einblick in die Besonderheiten der Situationen der Nutzenden und schmälern damit die Möglichkeit, auf dieser Basis weiter zu explorieren und künftige Lösungen zu finden. Eine sich-einlassende Beschreibung umfasst breites Wissen über die Nutzenden, die Daten sollten Informationen über den sozio-demographischen Hintergrund, psychologische Charakteristika und den emotionalen Bezug zum geplanten Einsatzgebiet der Software, des Produkts etc. enthalten. Nielsen schlägt eine vorsichtige Balance von empirischem

Wissen und fiktiven Elementen vor: Ziel ist dabei, ein Maximum an Empathie mit der Persona zu ermöglichen.

Sie schildert das Negativ-Beispiel eines Firmenverbands, der acht Mitarbeitertypen entwickelt hat – mit Namen wie Karla Klatschbase, Gerd Gegenteil und Anton Arbeitabweiser (Nielsen, 2013, S. 64). Sie verdeutlicht, dass eine solche Herangehensweise in vielfacher Hinsicht problematisch ist: Jede Persona hat einen Namen, der eine negative Kategorisierung impliziert, das heißt, es macht es Personen schwer, sich damit zu identifizieren. Die Typen sind eher unsympathisch und verstärken Geschlechterstereotype, zum Beispiel weil das Klatschen mit einem weiblichen Typ assoziiert wird.

Personas sollten entsprechend nicht als allgemeine Beschreibungen festgehalten werden und einen Rückgriff auf Stereotype vermeiden. Vielmehr sollen glaubhafte, komplex gezeichnete Figuren entwickelt werden – denn die Arbeit mit Personas ist nur dann sinnvoll, wenn der Umgang mit der Persona eine Identifikation ermöglicht und zur Beschäftigung mit ihr einlädt. Hierzu ist es wichtig, mehr als nur eine Eigenschaft der Person zu nennen und darauf zu achten, dass nicht ein Stereotyp beschrieben wird, in dem die gleiche Information in verschiedener Art und Weise wiederholt wird. Nielsen (2013) geht davon aus, dass es oft nur einige Anpassungen braucht, um stereotype Beschreibungen aufzubrechen. Dabei sollten Persona-Beschreibungen auf den Bereich fokussiert werden, für den sie auch eingesetzt werden sollen – und es sollte zu jedem Zeitpunkt klar sein, dass das Ziel der Persona ist, denjenigen, die mit den Personas arbeiten, die Möglichkeit zur Identifikation zu bieten und so ein besseres „Gefühl" dafür zu vermitteln, wie eine gute Lösung aussehen könnte.

3.3   Zusammenhang von Detailgrad und Stereotypisierung

Die grundlegenden psychologischen Funktionsweisen, die beim Einsatz von Personas genutzt werden, beschreibt Grudin (2006) als Nutzung der Tatsache, dass wir Menschen die Fähigkeit haben, uns ohne größere kognitive Anstrengungen in die uns umgebenden Personen hineinzuversetzen. Er führt aus, dass diese Fähigkeit neben der direkten Interaktion mit Personen auch beim Umgang mit fiktiven Personen beim Lesen von Büchern, Filmeschauen und Träumen, im professionellen Umfang beim Schriftstellen und Schauspielen eingesetzt wird. Er führt aus, dass je nachdem, wie viel Informationen wir über eine Person erhalten, wir durchaus in der Lage sind, mit sehr differenzierten Modellen von Personen umzugehen – diese sind uns nur zum Teil bewusst.

Er unterscheidet in folgende Informationen, die wir bei Verhaltensvorhersagen zugrunde legen:

- Gruppen-Stereotypen
- ein fester Satz von Eigenschaften, der die Person beschreibt
- Eigenschaften, die sich mit der Zeit ändern
- Ziele, Pläne und Erwartungen bestimmen das Verhalten
- Skripte, die das Verhalten in bestimmten Situationen (z. B. im Restaurant) definieren
- Informationen über Spezialwissen, das eine Person hat, Erfahrung, formelle Bedingungen, u. ä.
- ein differenziertes, ganzheitliches Bild einer Person

Floyd, Cameron Jones und Twidale stellen fest, dass Personas, die nicht auf der Basis von Daten erstellt wurden, eher Stereotypen aufweisen, als wenn z. B. Marktforschungsdaten zugrunde liegen (2008).

Zu den Vor- und Nachteilen argumentiert Bødker (2000), dass der Umgang und die Identifikation mit Stereotypen einfach sind. Cooper (1999) stellt fest, dass Personas, die ein verbreitetes Stereotyp aufbrechen, auf die Mitglieder des Entwicklungsteams einen unglaubwürdigen Eindruck machen könnten. Insgesamt sieht Grudin das Nutzen von Stereotypen kritisch und empfiehlt, wenn es der Projektumfang zulässt, Aufwand in die Entwicklung detaillierter Personas zu investieren.

4   Genderbewusste Entwicklung und Nutzung von Personas

Die Repräsentation von Personas im Allgemeinen und die Auseinandersetzung mit Geschlechterstereotypen im Entwicklungsprozess interaktiver Systeme und Zukunftsszenarien tragen wie das Vorkommen dieser Phänomene in der Alltagskultur entweder zum Beibehalten, Wiederholen und Festigen von Rollenbildern und Stereotypen bei, oder, beim Aufmerksamen Umgang mit Stereotypen, zur Flexibilisierung von Rollen und Identitäten bei. Im Sinne des in der Europäischen Union verankerten Gender Mainstreaming ist die Beachtung geschlechter- und geschlechterrollen-spezifischer Faktoren z. B. in öffentlichen Institutionen und Forschungsprojekten verpflichtend, und ein bewusster Umgang mit diesen Faktoren gerade im Bereich von Innovationen ein wichtiger Aspekt, dessen soziale, politische sowie ökonomische Auswirkungen berücksichtigt werden sollten, um eine Entwicklung von Produkten und Systemen zu gewährleisten, die genderspezifischen Unterschieden gerecht wird.

Aus folgenden Gründen ist es wichtig, die handelnden Personen nicht einseitig darzustellen: Zum einen werden Rollenzuschreibungen durch ihre Wiederholung gefestigt, dabei werden Vorurteile und Klischees oft unreflektiert übernommen. Durch das Vorhandensein und das Betonen geschlechterstereotyper Zuschreibungen werden die Handlungsspielräume von sowohl Männern als auch Frauen eingeschränkt, z. B. hinsichtlich ihres Selbstverständnisses, ihrer Anwendung von Technik, ihrer Berufswahl. Zum anderen wird durch die Verknüpfung eines Themas beispielsweise mit nur einem der Geschlechter der Transfer von Innovationen in mit diesem Geschlecht nicht assoziierte Bereiche weniger suggeriert, was möglicherweise eine verlangsamte Entwicklung „innovationsferner" Bereiche zur Folge hat.

Aus den oben dargestellten Ansätzen und Erkenntnissen lässt sich ableiten, dass es von einer Vielzahl von Faktoren abhängt, ob eine Persona bzw. ein Persona-Set Geschlechterstereotype verstärkt oder vermeidet – es hängt unter anderem ab von

- der Beschreibung der Persona selbst,
- dem Informationsverarbeitungsmodus der Person, die die Personas erstellt,
- dem Informationsverarbeitungsmodus der Person, die die Personas einsetzt, d. h. davon, ob Informationen elaboriert oder automatisch verarbeitet werden,
- der Gruppenzugehörigkeit der Person, die die Persona einsetzt und erstellt, d. h. der Frage, ob es sich um ein Eigen- oder ein Fremdgruppenmitglied handelt, Kontakte oder Freundschaften zu Mitgliedern der Gruppe, der die Persona angehört,

- dem sozialen Umfeld – sowohl des Design- oder Entwicklungsteams, das die Persona verwendet, als auch vom Umfeld der Persona, also des Persona-Sets,
- dem Detaillierungsgrad und Realismus in dem die Beschreibung vorliegt,
- dem Ausmaß der Identifikation der Personen, die mit ihr arbeiten, mit der beschriebenen Persona.

Beim Entwurf von Personas wird deren Geschlecht oft eine untergeordnete Rolle zugeordnet und es wird ein binäres Geschlechtersystem angenommen. Die Zuschreibung von „für Männer" und „für Frauen" als typisch wahrgenommene Eigenschaften und Verhaltensweisen ist entsprechend wahrscheinlich. Deshalb sollten bei Szenarien und Persona-Sets folgende Punkte kritisch beleuchtet werden:

- soziale Identität und Status der Personas: Alter, Geschlecht, Beschäftigungsstatus, persönliche und soziale Beziehungen zu anderen Personas, Hintergrund
- Detaillierungsgrad und Basis, auf der die Beschreibungen entstanden sind
- Vorkommen stereotyper Beschreibungen

Um in Persona-Sets und Szenarien Geschlechterstereotype zu vermeiden oder bewusst damit umzugehen und insgesamt vielfältigere Aspekte zu berücksichtigen, werden neben den bisher dargestellten Einflussfaktoren und dem Schaffen eines Bewusstseins dafür folgende Vorgehen diskutiert: Repräsentation von Personas in direkter Ansprache, Präsentation eines gleichgeschlechtlichen Persona-Sets, die zufällige Verteilung des Geschlechts auf Personas, Entwicklung eines „normalverteilten" Persona-Sets.

4.1   Repräsentation in direkter Ansprache

Eine Repräsentation in direkter Ansprache bedeutet, dass Szenarien, Rollen oder Personas in Ansprache der Lesenden formuliert werden: „Stellen Sie sich vor, Sie haben gerade Ihre Ausbildung als Fachkraft im Vertrieb abgeschlossen und sind auf Stellensuche." Bei dieser Abwandlung der Persona-Methode werden bestimmte (Haupt-)Attribute der Persona, beispielsweise das Geschlecht und das Alter, weggelassen und durch die Person, die mit der beschriebenen Situation konfrontiert wird, bewusst oder unbewusst ergänzt. Dieses Vorgehen kann genutzt werden, wenn einzelne Personen, Beispielsweise in Tests mit einem Szenario konfrontiert werden, und die weggelassenen Attribute in der Gruppe von Testpersonen entsprechend verteilt sind. Ein weiterer Einsatz wäre die Kommunikation von Zukunftsszenarien, zum Beispiel in der Öffentlichkeitsarbeit von Forschungsinstituten. Durch die direkte Ansprache wird für die Empfängerinnen und Empfänger die Distanz zu den Szenarien verringert.

Möglicherweise führt jedoch gerade das Hineinversetzen der eigenen Person in die Situation dazu, dass bei in der eigenen Lebenssituation schwer vorstellbaren Szenarien ein abschreckender Effekt entsteht, und die Vorstellung „zu nahe geht". Gerade beim Entwickeln von Szenarien kann dieser Effekt wiederum gezielt herbeigeführt werden, um mögliche Hindernisse und Beschränkungen aufzudecken, die, wenn es „nur" um eine Persona ginge, vielleicht hingenommen würden. Das Engagement mit der Beschreibung wäre also sehr hoch, für manche Zwecke aber vielleicht zu hoch.

Für die Diskussion von Requirements in einem Entwicklungsteam ist dieser Ansatz vermutlich weniger geeignet, da der Vorteil, eine Persona beim Namen nennen zu können anstatt zu beschreiben, wegfällt, und die Gruppe vermutlich auch trotz geschlechtsneutraler Bezeichnung wie z. B. „Azubi" oder der Verwendung eines geschlechtsneutralen Namens wie „Chris" der fiktiven Person ein Geschlecht zuordnen würde, da das Umdenken einen gewissen Aufwand darstellt, da persönliche Erfahrungen mit Personen, die der Persona ähnlich sind, mit hineinspielen, und es bisher kaum möglich ist, sich (umgangs-)sprachlich geschlechtsneutral auszudrücken.

4.2   Gleichgeschlechtliches Persona-Set

Beim Einsatz von Personas in Testsituationen könnte den Testpersonen ein Set an Personas präsentiert werden, das dem eigenen Geschlecht entspricht. Da in unserer Gesellschaft weitgehend ein binäres Geschlechtersystem angenommen wird, würde in der praktischen Umsetzung Männern eine Anzahl verschiedener Männer präsentiert werden, den Frauen dieselben Personas in ihrer weiblichen Form.

Dabei kann es passieren, dass sowohl beim Erstellen, als auch im Umgang mit der Persona festgestellt wird, dass eine Persona mit einem anderen Geschlecht „nicht funktioniert". An diesen Stellen lohnt es sich, besonders genau hinzuschauen, welches die Ursachen dafür sind – ob durch eigene (Vor-)Urteile und Stereotypen die Kombination ungewohnt aussieht, ob die Gründe in den sozialen, mehr oder weniger wandelbaren Geschlechterrollen liegen oder ob wirklich die Geschlechtszuordnung eine Kombination ausschließt.

Es ist zu beachten, dass stark von gewohnten Rollen abweichende Personas einerseits vom Entwicklungsteam als wenig glaubhaft wahrgenommen werden können, andrerseits die Aufmerksamkeit erhöhen.

Es wäre zu untersuchen, ob sich die Testpersonen bei gleichgeschlechtlichen Personas besser in die Situationen einfühlen können, weil im Sinne der sozialen Identität hier eine Eigengruppe vorliegt. Was die Direktheit der Ansprache betrifft, wäre diese Variante ein Kompromiss zwischen der Formulierung in direkter Ansprache und einem Persona-Set, in dem verschiedene Geschlechter vertreten sind.

4.3   Zufällige Verteilung des Geschlechts

Beim Erstellen der Personas wird das Geschlecht, ähnlich wie beim Erstellen eines Charakters in einem Rollenspiel durch Würfeln, zufällig bestimmt. Hierbei ist vorher festzulegen, welche Ausprägungen vorkommen sollen, und ob diese quotiert sind. Beim Festlegen dieser Rahmenbedingungen muss auch diskutiert werden, welcher Einfluss des Faktors Geschlecht auf die Persona im vorliegenden Kontext angenommen wird, und welcher Stellenwert diesem beigemessen wird: Geht es beispielsweise in diesem Kontext um Körperlichkeit oder eher um einem Geschlecht zugeschriebene Rollen wie z. B. Familienernährerin, Familienernährer, Hausfrau, Hausmann?

Auch bei der zufälligen Verteilung kann der Effekt auftreten, dass Teammitglieder der Meinung sind, dass das Geschlecht zu den vorher definierten Eigenschaften nicht „passe". Aus der Diskussion, woran das liegt, können auch hier wichtige Schlüsse darüber gezogen werden, welchen vermeintlichen Einfluss der Faktor Geschlecht im Umgang mit einer Anwendung oder einem System hat.

4.4 Normalverteilte, repräsentative Personas

Um in Projekten, bei denen nicht auf Marktforschungsdaten zurückgegriffen werden kann, trotzdem eine relativ objektive Basis an demographischen Daten bei der Definition von Personas zugrunde zu legen, wäre eine Möglichkeit die Definition eines Persona-Sets, das z. B. die in Deutschland lebende Bevölkerung in ihrer Gesamtheit repräsentiert, vergleichbar mit den Sinus-Milieus (Walcak, 2008). Um den Entwickelnden einen Eindruck von der Spannbreite an Lebenssituationen zu geben, müsste ein solches Set sehr umfangreich sein. Um Prozentzahlen gut abbilden zu können, würden sich z. B. 100 Personas anbieten. Typischerweise werden in der Praxis Persona-Sets von ca. 4–10 Personas genutzt. Käme dieses Set für ein konkretes Projekt zum Einsatz, würden je nach Detaillierungsgrad der Attribute vom Ursprungsset nur sehr wenige Personas in die Ziel- oder Nutzungsgruppe fallen. Dies könnte durch das Anpassen von Situationen und Attributen auf den Nutzungskontext ausgeglichen werden, und trotzdem würde noch ein guter Teil der Vielfalt und des Realismus des Ursprungssets erhalten bleiben.

5 Fazit

Bei der Gestaltung und dem Einsatz von Personas greifen wir auf Stereotypen und Automatismen der Wahrnehmung zurück, die auch durch das Geschlecht einer Persona beeinflusst werden. Da es sich hierbei oft um unbewusste Prozesse handelt, sind diese häufig schwer zu fassen und es fällt schwer, im Entwicklungsteam darüber zu sprechen. Die Mechanismen, die hier greifen, sind vor allem automatisierte Informationsverarbeitung, internalisierte Geschlechterstereotypen und die Interpretation von Verhalten und Eigenschaften auf Basis der eigenen Gruppenzugehörigkeit. Es lohnt also das genaue Hinschauen, um vor allem beim Entwickeln von Personas nicht den eigenen Wahrnehmungsfehlern zum Opfer zu fallen und mit Stereotypen oder Sexismen gespickte Personas zu entwerfen.

Um vorhandene Geschlechterstereotypen nicht in Personas festzuschreiben, können verschiedene Methoden genutzt werden, die geschlechtsbezogene Wahrnehmung aufdecken und damit diskutierbar machen können oder den Einsatz von Stereotypen unwahrscheinlicher machen, so zum Beispiel die Repräsentation der Persona in direkter Ansprache, die Darstellung der Personas im zur Testperson gleichgeschlechtlichen Persona-Set, eine zufällige Verteilung des Geschlechts über die Personas oder das Entwickeln von normalverteilten, repräsentativen Personas. Ziel ist, durch wirklich engagierten Umgang mit den Personas sicherzustellen, dass die Verarbeitung von Informationen in der Entwicklung und beim Einsatz der Personas ausreichend detailliert geschieht. Und dass durch eine Auseinandersetzung mit dem Faktor Geschlecht im aktuellen Projekt zumindest bewusstes Doing Gender betrieben wird.

Literatur

Alexander, Deborah & Andersen, Kristi (1993). Gender as a Factor in the Attribution of Leadership Traits. *Political Research Quarterly*, *46*(3), 527–545.

Aquino Jr., Plinio Thomaz & Filgueiras, Lucia Vilela Leite (2005). User modeling with personas. *Paper presented at the 2005 Latin American conference on Human-computer interaction*, Cuernavaca, Mexico.

Avgerinou, Maria D & Andersson, Carina (2007). E-Moderating Personas. *Quarterly Review of Distance Education*, *8*(4), 353–364.

Banaji, Mahzarin R, Hardin, Curtis & Rothman, Alexander J. (1993). Implicit stereotyping in person judgment. *Journal of personality and Social Psychology*, *65*(2), 272–281.

Banaji, Mahzarin R. & Greenwald, Anthony G. (2013). *Blindspot: Hidden biases of good people*. Random House LLC.

Bødker, Susanne (2000). Scenarios in user-centred design – setting the stage for reflection and action. *Interacting with computers*, *13*(1), 61–75.

Christofides, Emily, Islam, Towhidul & Desmarais, Serge (2009). Gender stereotyping over instant messenger: The effects of gender and context. *Computers in Human Behavior*, *25*(4), 897–901.

Cooper, Alan (1999). *The inmates are running the asylum: Why high-tech products drive us crazy and how to restore the sanity*. Indianapolis: Sams.

Correll, Shelley J, Benard, Stephen & Paik, In (2007). Getting a Job: Is There a Motherhood Penalty? 1. *American Journal of Sociology*, *112*(5), 1297–1339.

Devine, Patricia G. (1989). Stereotypes and Prejudice: Their Automatic and Controlled Components. *Journal of Personality and Social Psychology*, *56*(1), 5–18.

Dovidio, John F., Evans, Nancy & Tyler, Richard B. (1986). Racial Stereotypes: The Contents of their Cognitive Representations. *Journal of Experimental Social Psychology*, *22*(1), 22–37.

Dragojevic, Marko & Giles, Howard (2014). The Reference Frame Effect: An Intergroup Perspective on Language Attitudes. *Human Communication Research*, *40*(1), 91–111.

Eckes, Thomas (2002). Paternalistic and Envious Gender Stereotypes: Testing Predictions from the Stereotype Content Model. *Sex Roles*, *47*(3–4), 99–114.

Elmore, Kristen C. & Oyserman, Daphna (2012). If „we" can succeed, „I" can too: Identity-based motivation and gender in the classroom. *Contemporary Educational Psychology*, *37*(3), 176–185.

Ely, Robin J., Ibarra, Herminia & Kolb, Deborah M. (2011). Taking Gender Into Account: Theory and Design for Women's Leadership Development Programs. *Academy of Management Learning & Education*, *10*(3), 474–493.

Fiske, Susan T. (2011). The Continuum Model and the Stereotype Content. In Paul A. M. Van Lange, Arie W. Kruglanski, E. Tory Higgins (Hrsg.), *Handbook of Theories of Social Psychology* (S. 267–288). Thousand Oaks, London, New Dehli: Sage.

Floyd, Ingbert R., Cameron Jones, M. & Twidale, Michael B. (2008). Resolving incommensurable debates: a preliminary identification of persona kinds, attributes, and characteristics. *Artifact*, *2*(1), 12–26.

Foschi, Martha (1996). Double Standards in the Evaluation of Men and Women. *Social Psychology Quarterly*, *59*(3), 237–254.

Gawronski, Bertram, Ehrenberg, Katja, Banse, Rainer, Zukova, Johanna & Klauer, Karl Christoph (2003). It's in the mind of the beholder: The impact of stereotypic associations on category-based and individuating impression formation. *Journal of Experimental Social Psychology*, *39*(1), 16–30.

Glick, Peter & Fiske, Susan T. (1996). The Ambivalent Sexism Inventory: Differentiating hostile and benevolent sexism. *Journal of personality and social psychology*, *70*(3), 491–512.

Glick, Peter & Fiske, Susan T. (2001). An Ambivalent Alliance: Hostile and Benevolent Sexism as Complementary Justifications for Gender Inequality. *American Psychologist*, *56*(2), 109–118.

Glick, Peter & Fiske, Susan T. (2011). Ambivalent Sexism Revisited. *Psychology of Women Quarterly*, *35*(3), 530–535.

Glick, Peter, Lameiras, Maria, Fiske, Susan T, Eckes, Thomas, Masser, Barbara, Volpato, Chiara, . . . Sakalli-Ugurlu, Nuray (2004). Bad but bold: Ambivalent attitudes toward men predict gender inequality in 16 nations. *Journal of personality and social psychology*, *86*(5), 713–728.

Grudin, Jonathan (2006). Why personas work: The psychological evidence. In John Pruitt & Tamara Adlin (Hrsg.), *The Persona Lifecycle, Keeping People in Mind Throughout Product Design* (S. 642–663). Amsterdam: Elsevier.

Hart, Joshua, Hung, Jacqueline A., Glick, Peter & Dinero, Rachel E. (2012). He Loves Her, He Loves Her Not. Attachment Style As a Personality Antecedent to Men's Ambivalent Sexism. *Personality and Social Psychology Bulletin*, *38*(11), 1495–1505.

Heilman, Madeline E. & Parks-Stamm, Elizabeth J. (2007). *Gender stereotypes in the workplace: Obstacles to women's career progress. Advances in Group Processes*, *24*, 47–77.

Ljungblad, Sara & Holmquist, Lars Erik (2007). Transfer scenarios: grounding innovation with marginal practices. *CHI '07 Proceedings of the SIGCHI Conference on Human Factors in Computing Systems*, 737–746

Macrae, C. Neil, Milne, Alan B. & Bodenhausen, Galen V. (1994). Stereotypes as energy-saving devices: a peek inside the cognitive toolbox. *Journal of Personality and Social Psychology*, *66*(1), 37–47.

Marsden, Nicola (2001). *Soziale Stereotype über Internet-Nutzer*. Norderstedt: BoD.

Neuberg, Steven L. & Fiske, Susan T. (1987). Motivational Influences on Impression Formation: Outcome Dependency, Accuracy-Driven Attention, and Individuating Processes. *Journal of Personality and Social Psychology*, *53*(3), 431–444.

Nielsen, Lene (2013). *Personas – User Focused Design*. New York/Frankfurt: Springer.

Plant, E. Ashby & Devine, Patricia G. (1998). Internal and external motivation to respond without prejudice. *Journal of Personality and Social Psychology*, *75*(3), 811.

Rudman, Laurie A. & Glick, Peter (2001). Prescriptive Gender Stereotypes and Backlash Toward Agentic Women. *Journal of Social Issues*, *57*(4), 743–762.

Rudman, Laurie A. & Mescher, Kris (2013). Penalizing Men Who Request a Family Leave: Is Flexibility Stigma a Femininity Stigma? *Journal of Social Issues*, *69*(2), 322–340. doi: 10.1111/josi.12017

Sharrock, Wes & Anderson, Bob (1994). The user as a scenic feature of the design space. *Design Studies*, *15*(1), 5–18.

Sherman, Jeffrey W, Stroessner, Steven J, Conrey, Frederica R & Azam, Omar A. (2005). Prejudice and stereotype maintenance processes: attention, attribution, and individuation. *Journal of Personality and Social Psychology*, *89*(4), 607–622.

Tajfel, Henri & Turner, John C. (1986). The Social Identity Theory of Intergroup Behavior. In William G. Austin & Stephen Worchel (Hrsg.), *Psychology of Intergroup Relations* (S. 7–24). Chicago: Nelson-Hall Publishers.

Turner, Phil & Turner, Susan (2011). Is Stereotyping Inevitable When Designing With Personas? *Design Studies*, *32*(1), 30–44.

Vandello, Joseph A., Hettinger, Vanessa E., Bosson, Jennifer K. & Siddiqi, Jasmine (2013). When Equal Isn't Really Equal: The Masculine Dilemma of Seeking Work Flexibility. *Journal of Social Issues*, *69*(2), 303–321.

Wagner, Benjamin C. & Petty, Richard E. (2011). The Elaboration Likelihood Model of Persuasion: Thoughtful and Non-Thoughtful Social Influence. In Derek Chadee (Hrsg.), *Theories in social psychology* (S. 96–116). Hoboken, New Jersey: Wiley-Blackwell.

Walcak, Dagna (2008). *Sinus-Milieus: Darstellung, Anwendung und Nutzen für die Marketing-Praxis.* München: GRIN-Verlag.

Warner, Leah R. & Shields, Stephanie. A. (2013). The Intersections of Sexuality, Gender, and Race: Identity Research at the Crossroads. *Sex Roles, 68*(11–12), 803–810.

III Geschlecht als Einschreibung in Software

Multidimensional Gendering Processes at the Human-Computer-Interface: The Case of Siri

Göde Both
Gender, Technology & Mobility, School of Mechanical Engineering, Technische Universität Braunschweig

1   In Love with a Virtual Companion

In an episode of the popular TV show *The Big Bang Theory* the socially awkward astrophysicist Raj falls in love with his new Apple iPhone. More accurately, he believes he is romantically involved with its virtual personal assistant (hereafter: VPA) Siri. In a dream Raj eventually gets to meet the call center agent who is behind Siri's actions. This fictional narrative establishes the idea that Siri has a human essence portrayed by a heterosexual, female character in her early 30s. The relationship between Siri and her male user is configured as a heterosexual romance.

I call this gender dimension of a technological artifact *gendering by anthropomorphization*. In the course of this article I will explore two additional gender dimensions: *inscription of the gendered division of labor* and *configuring the user*. By summing up a previous study (Both, 2011) on VPAs, I will illustrate these dimensions using Siri as an example. This will be followed by a brief discussion of critical perspectives that arise from this particular approach.

2   Theoretical Assumptions

The multidimensional approach presented here builds on Bath's categorization of gendering mechanisms (2014). I modified it for the analysis of VPAs and similar technological artifacts. Virtual Assistants have been discussed widely in feminist technology studies (e. g. Draude, 2006; Gustavsson, 2005; Weber and Bath, 2007). These studies and mine share at least two major theoretical assumptions: *co-production of gender and technology* and *anti-essentialism*.

2.1   Co-Production of Gender and Technology

In her framework for Feminist Technology Studies (hereafter: FTS) Faulkner (2001) writes, that "gender relations are both embodied in and constructed or reinforced by artifacts to yield a very material form of the mutual shaping of gender and technology" (p. 83). Following this conceptualization of the co-production of gender and technology, gender needs to be approached as emerging in between the elements assembling into human subjects and technological objects. Thus, gender is understood as a doing rather than a being. This performative framing of gender aligns with the assumption of anti-essentialism.

2.2   Anti-essentialism

Essentialism with respect to gender means "the assertion of fixed, unified and opposed female and male natures" (Wajcman, 1991, p. 9). Contrary to this, in FTS it is widely assumed that gender is an intersectional category. Depending on the historical and cultural contexts, gender is constructed in relation to other categories of difference, such as race, class, dis_ability and the like. These categories of difference may serve as identity markers and thus function as social placeholders for people and things.

In contrast to Raj's dream, it seems unlikely that VPAs could be understood in essentialist terms. A VPA troubles not only the distinction between organisms and machines but also the plausibility of any fixed natures as an "underlying" cause for gender. After all, a VPA is just a user interface! Hence, if a VPA is gendered, it needs to perform gender in an intelligible way. To understand the gendering of a VPA, one has to pay close attention to the processes which produce gender, either explicitly by ascription or implicitly by association. Hence, the object of study in this theoretical framework are gendering processes.

3   The Case of Siri

In 2009 Siri was first introduced by the US-American startup Siri Incorporated. By 2010 this company was acquired by Apple for an undisclosed sum of money. The company was a spin-off from the $150 Million research project "Cognitive Assistant that Learns and Organizes" (CALO), which was funded by the US-American Defence Advanced Project Agency (DARPA) from 2003 until 2008. The research I am reporting on here was conducted during spring 2010. Its object of study was Siri (version of April 2010).

According to Cheyer and Gruber (2010), two computer scientists of Siri Incorporated, the paradigm of VPA comprises of three components: task completion, intent understanding via conversation in context, and personal information (e. g. address book, calender, etc.). Siri's interface presents itself in a form of a dialogue with the user as shown in the following screenshot.

Image 1:   Screenshot of User Interaction

In this version of Siri, task completion means assisting the user in carrying out a range of predefined tasks, such as restaurant search and booking, movie search, search for local businesses, calling a cab, retrieving flight statuses and answering reference questions (Where is?, What is?, Who is?). As opposed to a regular search engine, Siri is figured as a "do" engine. Instead of using the corresponding websites to complete these tasks, Siri functions as a mediator between the user and the companies offering these services.

For the purpose of the investigation, I transcribed the various conversations between Siri and I. Secondly, I analyzed the transcript with respect to explicit and implicit articulations of gender. For more detailed reports see Both (2011, 2012). I will now summarize my findings with respect to the following three dimensions of gendering processes: *gendering by anthropomorphization, inscription of the gendered division of labor* and *configuring the user*.

3.1   Gendering by Anthropomorphization

One gendering process leaves its trace in Siri's given name. Siri is short for Sigrid. In an US-American context, it represents a female Scandinavian-American name. Siri is thus marked both by gender and cultural background. The ascription of femininity is also reinforced by "her" speech practices. My investigation of the conversations found that Siri overtly draws on specific genderlect – or a gendered way of speaking – which is stereotypically deemed feminine. Siri presents herself as a pre-dominantly attentive, supportive, sometimes outright submissive assistant. Siri will only re-ply when being addressed. She modestly puts her own assertions into perspective through the use of phrases like "I think" and "I'm not sure". In short, Siri's conversational style draws on a stereotypical female image of altruistic and cooperative behavior. Gustavsson argues, with regard to studies on stereotypes of female service providers, that this kind of conduct has become "a standard component in a service script" (Gustavsson, 2005, p. 402). As a result, I will now contextualize the anthropomorphization of Siri within the service economy and its gendered division of labor.

3.2   Inscription of the Gendered Division of Labor

Siri mimics customer service providers such as call center agents or front-office personnel. It is not only perpetuating a stereotype but also constituting an ideal norm to which human service providers may be measured against. In countries of the global North front-office work and customer service are mainly performed by women. Siri's performances draw on the gendered division of labor in the service economy with its hierarchical relations between front-office and back-office.

Chasin (1995) calls to our attention that the service script is not only gendered but also bound up with race and class relations. Historically, societies in the spirit of the Enlightenment(s) denied women, servants and slaves the full status of a human as opposed to white property-owning men. Following Chasin, devices such as Siri can be understood as a tendency to dissolve the boundary between human workers and machines. While Siri may substitute for human labor in a very limited way, one difference prevails. That is, the opposition of those who serve and those who are being served – be it a computer or a human.

3.3   Configuring the User

For the third gender dimension I draw on the concept of *configuring the user*. It was introduced by Woolgar (1991) and further developed for feminist scholarship by van Oost (2003) and Oudshoorn et al. (2004). In short, configuring the user designates processes by which the potential user of service is imagined by its designers. This may include discursive constructions of the user as well as the affordances of the technological artifact.

During his keynote speech at the *Semantic Technology Conference* in 2009 Gruber, chief technology officer of Siri Incorporated at that time, explained that Siri can do "things that everybody does, all the time" (2009). A similar kind of rhetoric has been challenged by Oudshoorn et al. (2004). They argue that configuring the user as everybody "constrains in the development of technologies that aim to reach users in all their diversity" (p. 30). During my research I found that this applies to Siri as well. Siri's main tasks most likely appeal to affluent users seeking assistance during business trips (calling a cab, retrieving flight status) or organizing their leisure time (movie theaters, events). One may ask whether any of the predefined tasks provide a meaningful assistance to people who provide care for dependents. By posing this question the implicit bias becomes clear. Siri configures her user with a strong bias towards masculine connotated ways of life, by concentrating on the needs of business travelers and presupposing disposable temporal and financial resources.

There is, however, some gender ambivalence. The promise that VPAs adapt to the users' personal needs has to be understood not only as enabling but also as limiting. The service script which is taken up by Siri defines the user as a passive consumer of technology – not an active designer of technology. Siri's user is reduced to being a "chooser" (see Wise, 1998). The user is offered a predefined range of tasks and s/he cannot extend Siri's abilities by adding tasks. Hence, the user is configured as *non*-technology-savvy – an image that is stereotypically deemed feminine.

4   Discussion

"Would you like your OS [Operating System, G.B.] to have a female or a male voice?"
(Jonze, 2013)

This quote from the US-American movie *Her* is indicative of the heteronormative practice of keeping femininity and masculinity apart. My analysis conveys that the desire for gender distinction is intricately linked to Siri's performances. This may be of some surprise, as there is no necessity, why a VPA needs to conform to gender stereotypes. Draude's assessment (2012) of research in Embodied Interface Agents may give a tentative explanation. Researchers in that field strive towards creating authentic virtual companions. As human identity is perceived via a complex web of social markers, she argues, their interpretation of authenticity leads to a reinforcement of heteronormative gender performances rather than their deconstruction.

For the remainder of this article, I would like to briefly discuss some critical perspectives, that arise from the multidimensional approach as presented here. To analyze *gendering by anthropomorphization*, one already has to know how to differentiate between gender performances. The unquestioned assumption is that we are able to determine whether certain interactions are indeed gender-laden or not. Hence, in this dimension we cannot observe the practices of making the distinction. We can only see its effects by comparing with what we already know: gender stereotypes and everyday knowledge of gender. In addition, by talking about feminine or masculine connotated performances, images, needs, ways of life, etc., the space for multiple femininities and masculinities is closed down.

In this paper, the *gendered division of labor* is interpreted within a narrow range. Siri is actually enrolled in several other (possibly gendered) divisions of labor, e.g. the hierarchy between those who design Siri's software and hardware and those who manufacture the hardware (Both, 2011). The invisible work of those who provide for the smooth operation of Siri's tasks, such as workers in the service economy, constitutes an additional division of labor. Fi-nally, the dimension *configuring the user* can be extended to cover all the aspects of domes-tication (e. g. Sørensen, 2006). So it will also account for the multiple, unforeseen ways in which peo-ple reinterpret technology – giving new and contradicting meanings to a technological artifact once it has been fully integrated into their lives.

Acknowledgements

My gratitude goes to Louise Franklin Wiberg, Mirjam Grewe-Salfeld, Shreeharsh Kelkar, and an anonymous reviewer for providing me with critical comments on the final manuscript and to Petra Lucht for encouraging me to write this article in the first place.

References

Bath, C. (2014). Searching for Methodology. Feminist Technology Design in Computer Science. In W. Ernst & I. Horwath (Eds.), *Gender in Science and Technology. Interdisciplinary Approaches* (pp. 57–78). Bielefeld: transcript.

Both, G. (2011). *Agency und Geschlecht in Mensch/Maschine-Konfigurationen am Beispiel von Virtual Personal Assistants*. Humboldt-Universität zu Berlin. Retrieved from http://edoc.hu-berlin.de/master/both-goede-2011-07-19/PDF/both.pdf [Last accessed: May 11, 2014]

Both, G. (2012). Better Living Through Siri? Arbeitsersparnis, Geschlecht und Virtuelle Assis-tent_innen. *Bulletin Zentrum Für Transdisziplinäre Geschlechterstudien / Humboldt-Universität Zu Berlin*, *40*, 123–138.

Chasin, A. (1995). Class and its close relations: Identities among women, servants, and machines. In Judith Halberstam & Ira Livingston (Eds.), *Posthuman Bodies* (pp. 73–96). Bloomington: Indiana University Press.

Cheyer, A. & Gruber, T. (2010, February 25). *Siri: An Ontology-driven Application for the Masses*. Presented at the Ontolog. Retrieved from http://ontolog.cim3.net/cgi-bin/wiki.pl?ConferenceCall_2010_02_25 [Last accessed: May 11, 2014]

Draude, C. (2006). Degendering the Species? Gender Studies Encounter Virtual Humans. In A. D. Angeli & N. Bianchi-Berthouze (Eds.), *Proceedings AVI 2006*. Venedig. Retrieved from http://citeseerx.ist.psu.edu/viewdoc/summary?doi=10.1.1.128.5703 [Last accessed: May 11, 2014]

Draude, C. (2012). Avatar. In Netzwerk Körper (Ed.), *What Can a Body Do? Praktiken und Figura-tionen des Körpers in den Kulturwissenschaften* (pp. 26–33). Frankfurt am Main: Campus.

Faulkner, W. (2001). The technology question in feminism: A view from feminist technology studies. *Women's Studies International Forum*, *24*(1), 79–95.

Gruber, T. (2009). The Game Changer: Siri, a Virtual Personal Assistant. Retrieved February 16, 2012, from http://vimeo.com/5424527 [Last accessed: May 11, 2014]

Gustavsson, E. (2005). Virtual Servants: Stereotyping Female Front-Office Employees on the Internet. *Gender, Work and Organization*, *12*(5), 400–419.

Jonze, S. (2013). *Her*. Science-Fiction Movie.

Oudshoorn, N., Rommes, E., & Stienstra, M. (2004). Configuring the User as Everybody: Gender and Design Cultures in Information and Communication Technologies. *Science, Technology & Human Values*, *29*(1), 30–63.

Sørensen, K. H. (2006). Domestication: the enactment of technology. In T. Berker, M. Hartmann, Y. Punie & K. Ward (Eds.), *Domestication of media and technology* (pp. 40–61). Maidenhead: Open University Press.

Van Oost, E. (2003). Materialized gender: How shavers configure the users' femininity and masculini-ty. In N. Oudshoorn & T. Pinch (Eds.), *How Users Matter. The Construction of Users and Technology* (pp. 193–208). Cambridge: MIT Press.

Wajcman, J. (1991). *Feminism Confronts Technology*. Cambridge, UK: Polity Press.

Weber, J. & Bath, C. (2007). "Social" Robots & "Emotional" Software Agents. Gendering Processes and De-Gendering Strategies for "Technologies in the Making." In I. Zorn (Ed.), *Gender designs IT: construction and deconstruction of information society technology* (pp. 53–63). Wiesbaden: VS Verlag für Sozialwissenschaften.

Wise, J. M. (1998). Intelligent Agency. *Cultural Studies*, *12*(3), 410–428.

Woolgar, S. (1991). Configuring the user: the case of usability trials. In J. Law (Ed.), *A Sociology of Monsters. Essays on Power, Technology and Domination* (pp. 57–99). London: Routledge.

Was ist Gewalt und wie heißt er? Semantische Gewalterkennung aus Sicht der Gender Studies

Melanie Irrgang
Technische Universität Berlin

1 Einleitung

Eine Aufgabe der semantischen Suche im Bereich der Informatik ist die automatische Erkennung von Konzepten und deren Beziehungen. In Zeiten, in denen immer mehr User Generated Content online verfügbar wird, könnte eine automatische Analyse dieser multimedialen Inhalte helfen, die Relevanz von Suchergebnissen zu verbessern oder illegale Inhalte im World Wide Web zu erkennen. Diese Frage betrifft z. B. auch die Entwicklung von Kindersicherungssoftware für das Internet, welche die für Kinder ungeeigneten Inhalte herausfiltert.

Doch was ist es, das wir für ungeeignet halten? Was ist „Gewalt"? Was ist „illegal"? Und wie verändert sich unsere Wahrnehmung der Realität durch digitale Interaktion und den Konsum digitaler Inhalte?

Diese Fragen sind in Zusammenhang mit der Auswertung des MediaEval Benchmarks 2012 (MediaEval, 2012) aufgetaucht. Ausgewertet wurde die Aufgabe *Violent Scenes Detection* des Wettbewerbs. Sie geht auf einen Anwendungsfall von TECHNICOLOR (TECHNICOLOR, o. J.) zurück. Der französische Hersteller von multimedialen Inhalten und Unterhaltungstechnologien möchte den Nutzenden seines Video-on-Demand-Dienstes eine Vorschau der Szenen eines Films anbieten, die am meisten Gewalt beinhalten, um den Eltern bei der Entscheidung zu helfen, ob ein Film für ihr Kind geeignet ist oder nicht. In Frankreich werden ca. 70 % der Filme ohne Alterseinschränkung freigegeben, darunter auch Filme, die von der deutschen Freiwilligen Selbstkontrolle der Filmwirtschaft (FSK, o. J.) erst ab 16 oder 18 Jahren freigegeben sind (Hönge, 2002). Darüber hinaus gibt es in Frankreich kein Äquivalent für die Einstufung „ab 6 Jahren". Diese eher legere Altersfreigabe in Frankreich könnte eine Motivation für den Wettbewerb gewesen sein, für den eine Aufgabe darin besteht, Szenen automatisch zu erkennen, die Eltern ihrem achtjährigen Kind nicht zeigen würden, weil sie physische Gewalt enthalten. Die Frage des Wettbewerbs ist also, ob sich eine objektive Altersempfehlung technisch generieren lässt.

Auch wenn sich der Wettbewerb nur auf Hollywoodfilme bezieht, zeigt er exemplarisch, wie Gewalt in der Informatik definiert wird und welcher *Bias* bei der Entwicklung ähnlicher Software vorherrschen könnte. Diese Frage könnte für die Medienerziehung eine besondere Relevanz haben, aber auch für die Entwicklung einer Gesellschaft und deren Strukturen kann das, was Menschen durch Medienkonsum als Gewalt konzipieren, normalisierende Wirkung entfalten. Mit dem Titel des Beitrags möchte ich zur Diskussion darüber anregen, was wir als Gewalt verstehen und warum wir immer wieder „männliche" Gewaltwiderfahrnisse thematisieren, während typisch „weibliche" Gewaltwiderfahrnisse unsichtbar bleiben.

Dieser Beitrag stellt eine Zusammenfassung meines Studienprojekts in der Projektwerkstatt des Studienzertifikats GENDER PRO MINT der Technischen Universität Berlin dar. In einer Gruppe von Studierenden habe ich die Aufgabenstellung des MediaEval-Wettbewerbs aus Perspektive der Gender Studies im Sommersemester 2013 reflektiert.

Im folgenden zweiten Abschnitt möchte ich die Aufgabenstellung des MediaEval-Wettbewerbs kurz erläutern und in den Kontext ähnlicher Arbeiten zum Thema Gewalterkennung setzen. Im dritten Teil werde ich die Gewaltkonzeption der Informatik interdisziplinär diskutieren. Der vierte Teil fasst die Ergebnisse zusammen und macht Vorschläge für zukünftige Schritte basierend auf den Reflektionen der unterschiedlichen Gewaltkonzepte.

2   Aufgabenstellung und Ergebnisse von MediaEval

Um die Aufgabe *Violent Scenes Detection* von MediaEval zu erfüllen, müssen die Teilnehmenden Techniken entwickeln, um Gewalt in Hollywoodfilmen automatisch zu erkennen. Dazu werden selbstlernende Klassifikatoren trainiert. Ein Klassifikator lernt basierend auf Merkmalen zwischen zwei oder mehreren Klassen zu unterscheiden, also z. B. zwischen Äpfeln und Birnen. Merkmale, die dabei helfen zwischen Äpfeln und Birnen zu unterscheiden, können Form, Farbe oder auch Struktur sein. Dabei wird entschieden, welche Grenze, also welcher Schwellwert eines Merkmals, Äpfeln und Birnen am Besten unterscheidet, d. h. mit der geringsten Fehlerquote.

Diese Klassifikatoren benötigen also für eine Vorhersage vor allem Merkmale, sogenannte *Features*, welche die Qualität der Diskriminierbarkeit maximieren, welche es also ermöglichen zwischen Gewalt- und gewaltfreien Szenen zu unterscheiden. Dazu dürfen die Teilnehmenden *Features* verwenden, die aus den Audio- oder Bildsignalen der Filme gewonnen werden. Solche *Features* beschreiben z. B. das Spektrum an Frequenzen eines Audiosignals, die Farbe eines Bildes oder Bewegungen einer Videosequenz. Die Verwendung der Untertitel zur Klassifikation ist ebenso erlaubt.

TECHNICOLORs Definition von Gewalt ist „physical violence or accident resulting in human injury or pain", also physische Gewalt, die zu menschlichen Verletzungen oder Schmerz führt. Der Datensatz umfasst 15 Trainingsfilme und 3 Testfilme. Für die Trainingsfilme werden außerdem Annotationen von TECHNICOLOR gestellt. Ein Videoausschnitt ist entweder annotiert als *violent* oder als *non-violent*, also entweder als *Gewalt-* oder *gewaltfreie Szene*.

Im Trainingsdatensatz werden jedoch nur solche Szenen als *Gewalt* annotiert, welche die Gewalt in Aktion zeigen (Demarty und Penet, 2012). Also nicht solche, die nur die Ergebnisse einer Gewalttat zeigen, z. B. eine blutüberströmte Leiche. Auch werden z. B. Explosionen als *Gewalt* annotiert, obwohl nicht klar ist, ob und wie Menschen dabei verletzt wurden. Auch die Androhung von Gewalt wird nicht als *Gewalt* annotiert.

Neben den *Gewalt*-Annotationen gibt es weitere Annotationen für sogenannte High-Level-Konzepte, deren Erkennung und Verwendung optional ist. Dazu gehören: *blood, coldarms, firearms, gore, gunshot, scream, explosion, carchase, fire* und *fight*. Der Mehrwert einer Gewalterkennungsanwendung ergibt sich vor allem auch durch die Erklärung, warum eine

Szene als Gewaltszene erkannt wurde. High-Level-Konzepte können dazu beitragen. So kann für die Nutzenden beispielsweise transparent gemacht werden, dass eine Szene als Gewalt-Szene erkannt wurde, weil sie Blut, *blood*, enthält. Darüber hinaus liefern die High-Level-Konzepte weitere Indizien dafür, was als „Gewalt" erkannt werden soll.

Die Trainingsdaten und deren Annotationen bestimmen später maßgeblich, wie das Programm „Gewalt" lernt und konzipiert. Erstellt wurden diese Annotationen, laut Demarty von TECHNICOLOR, von Personen, die bei TECHNICOLOR in der Entwicklung arbeiten und von Personen, die dafür speziell angestellt wurden und als potentiell Nutzende des Systems betrachtet werden könnten.

Folgende Filme wurden vom Organisatonsteam für die Aufgabe ausgesucht. In Klammern stehen jeweils die Altersempfehlung der FSK, sowie als zweites die französische Altersempfehlung.

Die Trainingsfilme sind: Armageddon (12, 0), Billy Elliot (6, 0), Eragon (12, 0), Harry Potter 5 (12, 0), I am Legend (16, 0), Léon (16, 12), Midnight Express (16, 16), Pirates of the Caribbean 1 (12, 0), Reservoir Dogs (18, 16), Saving Private Ryan (16, 0), The Sixth Sense (16, 12), the Wicker Man (16, -), Kill Bill 1 (18, 16), The Bourne Identity (12, 0), the Wizard of Oz (0, 0).

Testfilme sind: Dead Poets Society (12, -), Fight Club (18, 16) und Independence Day (12, 0).

Für die Auswertung soll der entwickelte Algorithmus ein Ranking der 100 Filmausschnitte ausgeben, die am sichersten als Gewaltszene klassifiziert wurden. Diese Auswertungsmetrik ist auch als *Average Precision* (AP) bekannt (Zhu, 2004). Die Sicherheit beruht auf der sogenannten „confidence" des Klassifizierers, also darauf, wie sicher sich das Programm bei der Entscheidung ist. Es handelt sich dabei nicht um den Grad der Gewalt, der in einer Szene gezeigt wird. Die Auswertungsmetrik berücksichtigt hierbei vor allem das Ranking. Falsche Treffer unter den hinteren 100 Ausschnitten fallen kaum ins Gewicht.

Die Teilnehmenden erreichen mit dieser Metrik Ergebnisse zwischen 17 % und 65 %. Dies klingt zunächst vielversprechend. Ein genauerer Blick auf die Ergebnisse lässt jedoch Zweifel aufkommen. So ist die Varianz der Ergebnisse für die Testfilme z. B. besonders hoch. Ein Team hat auch die Ergebnisse für die High-Level-Konzepte veröffentlicht (Schlüter, Ionescu und Schedl, 2012). Sie beobachteten, dass keine einzige Blutszene im Film „Kill Bill 1" erkannt wurde und dass Schreien häufig mit Singen verwechselt wurde. Die Erkennungsraten für die High-Level-Konzepte mit den Metriken *Precision* und *Recall* sind daher auch relativ ernüchternd (Schlüter et al., 2012). *Precision* misst, wie genau ein Konzept erkannt wird, also in welchem Verhältnis richtige und falsche Treffer stehen. *Recall* misst, wie viele der relevanten Szenen erkannt werden. Die Schwierigkeit besteht darin, beide Metriken zu maximieren. Ein hoher *Recall* wirkt sich oft negativ auf die *Precision* aus, da der Schwellwert so gesetzt wird, dass mehr relevante Szenen gefunden werden. Dies erhöht jedoch auch die Anzahl falscher Treffer. Die niedrigste *Precison* von 1 % erreichen Schlüter et al. für *carchase*, die höchste von 24 % für *fire*. Der *Recall* ist für *blood* und *coldarms* am höchsten (100 %) und für *gunshot* (14 %) am niedrigsten.

Leider sind durch die einfachen bipolaren Klassifikationen in *violent* und *non-violent* keine Abstufungen über den Grad der „Gewalt" einer Szene möglich. In der Regel machen Rezipierende große Unterschiede zwischen „Gewalt" und „Gewalt". Im Gegensatz zur Gewaltdefinition des Wettbewerbs würde es bei der Altersfreigabe durch die FSK auch eine wesentliche Rolle spielen, in welchem Kontext eine Verletzung zustande kommt. Stichworte können hier sein: Unfall, Sport, Folter oder auch Selbstverteidigung.

So gibt es auch keinerlei Auswertung über die Qualität des Rankings, wenn dies jene Szenen zeigen soll, die am kritischsten sind für die Entscheidung, ob ein Film für ein bestimmtes Alter geeignet ist oder nicht. Durch die vorgenommenen Annotationen sind alle Ausschnitte, die eines der Kriterien erfüllen, gleich kritisch. Mit der *Average Precision* kann auch eine Erkennungsrate von 100 % für einen Film erreicht werden, wenn der Algorithmus 100 Szenen findet, die eines der einfachsten Konzepte enthalten wie z. B. *explosion*. Wenn in diesem Film weitere grausamere, aber schwieriger zu erkennende Szenen vorkommen, die z. B. Folter zeigen und nicht erkannt werden, wird sich dies trotzdem nicht negativ auf den Ranking-Score der AP-Metrik auswirken.

Neben MediaEval haben sich auch Perperis, Tsekeridou und Theodoridis (2007) mit der semantischen Erkennung von Gewalt in multimedialen Inhalten beschäftigt. Sie schlagen einen Ansatz vor, der sich auf den Gebrauch von Ontologien stützt. Dazu verwendet Perperis in „High Level Multimodal Fusion and Semantic Extraction" (Perperis, o. J.) eine Ontologie, die visuelle Inhalte beschreibt, und eine Ontologie, die den Ton beschreibt. Während sich die Audio-Ontologie mit der Erkennung von Emotionen in Musik, Schreien oder Geräuschen beschäftigt, die durch Kämpfe oder den Gebrauch von Waffen hervorgerufen werden, sucht die Bild-Ontologie nach Blut, Waffen, Fahrzeugen oder Explosionen. Es bleibt unklar, wie Perperis z. B. pornographische Inhalte aus der übergeordneten *Harmful Content Ontology* entdeckt, wenn diese nicht in einer der Bild- oder Audio-Ontologien enthalten sind. Perperis hat den Datensatz leider nicht veröffentlicht, mit dem die Ontologie-basierte Gewalterkennung evaluiert worden ist, insofern ist intransparent, was als Gewalt erkannt wird und was nicht.

3   Hat Gewalt in der Informatik ein Geschlecht?

In diesem Abschnitt möchte ich das Gewaltkonzept des MediaEval-Wettbewerbs mit dem der World Health Organisation (WHO), dem Konzept Johan Galtungs (1969) und dem Gewaltkonzept einiger Studien, die in den Gender Studies angesiedelt sind, vergleichen.

Das Organisationsteam des Wettbewerbs hat sich die Gewaltdefinition der WHO als Grundlage genommen. Die WHO definiert Gewalt als „the intentional use of physical force or power, threatened or actual, against one-self, another person, or against a group or community, that either results or has a high likelihood of resulting in injury, death, psychological harm, maldevelopment, or deprivation" (WHO, o. J.).

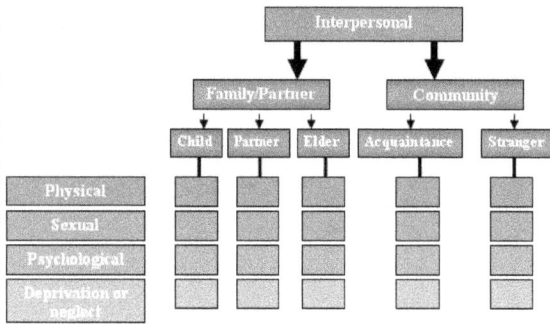

Abb. 1:   Gewalttypologie der WHO.

Die dazugehörige Typologie, zu sehen in Abbildung 1, setzt die vier genannten Formen von Gewalt in ein hierarchisches Verhältnis. Durch die Reihenfolge und Farbgebung wird suggeriert, dass physische Gewalt die stärkste Form der Gewaltanwendung sei, gefolgt von sexueller, psychischer Gewalt und Vernachlässigung oder Entbehrung. Die Definition der WHO ist eng verknüpft mit der Schuldfrage und spiegelt sich auch in unserem Rechtssystem wider. Unklar bleibt hier, warum sexuelle Formen der Gewalt keine körperliche Gewalt sein sollen und physischer Gewalt unterstellt sind. Im Allgemeinen ist eine klare Trennung zwischen physischen und psychologischen Formen von Gewalt, auch jene von Vernachlässigung, äußerst fragwürdig, da sich alle Arten von Gewalt früher oder später somatisieren (Alexander, 1985).

Galtung entwickelte eine noch umfassendere Gewaltkonzeption, in der Gewalt definiert ist als der Unterschied zwischen dem, was ist, und dem, was sein könnte. „Violence is present when human beings are being influenced so that their actual somatic and mental realizations are below their potential realization" (Galtung, 1969, S. 168). Galtung unterscheidet zwischen *personal* und *structural violence*, also zwischen Gewalt, die von Personen oder Strukturen ausgeht, siehe auch Abbildung 2. Beispiele für strukturelle Gewalt sind Heteronormativität, eingeschränkter Zugang zu Gesundheitsversorgung oder Bildung. Heteronormativität beschreibt eine soziale Norm, die heterosexuelles Begehren zur Norm erklärt. Damit einher geht eine zweigeschlechtliche Ordnung, die weite Teile des menschlichen Zusammenlebens regelt und definiert, was gesellschaftlich akzeptiertes Rollenverhalten ist. Der Begriff der Heteronormativität geht u .a. auf Michael Warner (1991) zurück.

Galtung macht sechs bipolare Unterscheidungen, um Gewalt zu beschreiben: physisch oder psychologisch, negativer oder positiver Einfluss, verletztes Objekt oder kein verletztes Objekt, handelndes Subjekt oder kein handelndes Subjekt, absichtlich oder unabsichtlich, manifest oder latent. Galtung erweitert das Verständnis von Gewalt damit um ein Vielfaches. Schwierig bleiben jedoch weiterhin die bipolaren Unterscheidungen, welche eine gleichzeitige Anwesenheit zweier Formen ausschließen.

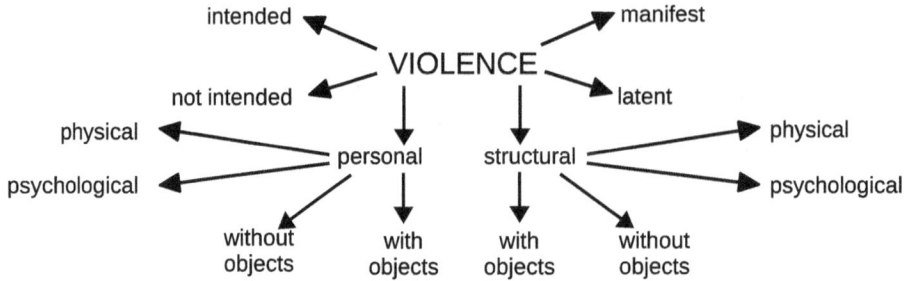

Abb. 2:   Gewaltdefinition nach Johan Galtung (1969, S. 173).

Die beiden Studien „Lebenssituation, Sicherheit und Gesundheit von Frauen in Deutschland. Eine repräsentative Untersuchung zu Gewalt gegen Frauen in Deutschland." (Müller, Schröttle, Glammeier und Oppenheimer, 2004) und „Gewalt gegen Männer. Personale Gewaltwiderfahrnisse von Männern in Deutschland. Ergebnisse der Pilotstudie." (Jugnitz, Lenz, Puchert, Puhe und Walter, 2004) streben eine eher diverse Beschreibung von Gewalt an. Vor allem die qualitativ geprägte Studie zu Gewalt gegen Männer fördert ein breites Spektrum an Gewalt zu Tage. Dabei werden auch weniger anerkannte oder subtilere Formen der Gewaltausübung benannt wie z. B. das Ausüben sozialer Kontrolle, das Schubsen oder Anschreien einer Person. Strukturelle Formen der Gewalt konnten von der Studie nicht erfasst werden.

Die Forschung von Anke Neuber (2008) über „Die Demonstration, kein Opfer zu sein. Biographische Fallstudien zu Gewalt und Männlichkeitskonflikten" ist ein weiteres Indiz dafür, dass in den Gender Studies nun auch Männer als Opfer von Gewalt in den Fokus rücken. Eine weitere wichtige Rolle im Kontext der Geschlechterforschung spielt die Frage, wie Gewalt genutzt wird, um Machtstrukturen zu erhalten (Glammeier, 2011).

Wie oben erwähnt, startete TECHNICOLOR mit der Gewaltdefinition der WHO und reduzierte sie im weiteren Verlauf für den Wettbewerb auf „phyiscal violence or accident resulting in human injury or pain". TECHNICOLOR beschränkt sich damit auf ein sehr kleines Spektrum. Auch die Androhung von Gewalt ist im Gegensatz zur WHO-Definition für das Organisationsteam keine relevante Handlung.

Da Personen aus der Entwicklung an der Annotation der Videos teilgenommen haben und damit das zugrunde liegende Gewaltkonzept mitgestalten konnten, liegt die Vermutung nahe, sie hätten sich von Gewaltausprägungen leiten lassen, die sich technisch leichter erkennen lassen und ihrem Forschungsinteresse entgegen kommen.

Ein weiterer Grund könnte auch darin bestehen, dass Männer und Frauen Gewalt unterschiedlich erfahren. Die Studie zur Gewalt an Männern beobachtete, dass männliche Opfer physische Gewalt eher als sportliche Auseinandersetzung betrachten und nicht den Begriff Gewalt benutzen würden (Jungnitz, Lenz, Puchert, Puhe und Walter, 2004). Diese Studie fasst auch zusammen, dass Männer Gewalt meistens auf der Straße durch unbekannte männliche Täter erleben. Im Gegensatz dazu erlebt die Mehrheit der Frauen Gewalt in den eigenen vier Wänden durch bekannte männliche Täter (Müller, Schröttle, Glammeier und Oppenheimer, 2004).

Strukturell wirkt hier, dass häusliche Gewalt weder in der Justiz noch in der Filmindustrie eine große Rolle spielt. Bis 1997 gab es in Deutschland in der Ehe offiziell keine Vergewaltigung. Heute stehen Frauen in der Beweispflicht, wenn sie eine Vergewaltigung zur Anzeige bringen wollen. Auch Männer, die Opfer von häuslicher Gewalt werden, erfahren eine besondere Form der Demütigung. Sie müssen erklären, warum sie Opfer und nicht Täter sind.

In der Filmindustrie bietet sich ein ähnliches Bild. Nur 5 % aller Filmemachenden sind „weiblich" (Huffington, 2013). Vielleicht ist dies auch ein Grund, warum häusliche Gewalt, von der mehrheitlich Frauen betroffen sind, selten zum Thema wird. Unter den Filmen des Wettbewerbs befindet sich keine einzige Filmemacherin. Es befindet sich auch kein Film im Trainings- oder Testsatz, der häusliche Gewalt zeigt. So kann das Programm auch nicht diese Form der Gewalt lernen und es kann nicht ausgewertet werden, ob häusliche Gewalt erkannt wird. Leider hat das Organisationsteam nicht bekannt gemacht, warum die Entscheidung auf diese Filme gefallen ist. Es lässt sich also nur spekulieren, warum keiner der (wenigen) Filme, die häusliche Gewalt zeigen, Einzug in den Datensatz gehalten hat. Durch die Definition der Gewalt und der High-Level-Konzepte lässt sich jedoch schließen, dass typisch „weibliche" Gewaltwiderfahrnisse nicht im Bewusstsein der Organisierenden vorhanden sind. Dieses Phänomen ist ein weiteres Beispiel für die sogenannte „I-Methodology", die eine Vorgehensweise beschreibt, bei der sich Designende oder Entwickelnde auf ihre eigenen Erfahrungen verlassen und diese zur Norm für alle Nutzenden erklären (Akrich, 1995). Auch Els Rommes (2000, 2004) und Corinna Bath (2009) thematisieren diese Beobachtung bei der Entwicklung neuer Technologien in Anlehnung an Madeleine Akrich.

Im Kontext der Arbeit von Perperis wirkt der Ausschluss „weiblicher" Gewaltwiderfahrnisse schon fast systematisch. Da Perperis auch für das griechische Militär arbeitet, ist es nicht verwunderlich, dass sich sein Forschungsschwerpunkt in diese Richtung entwickelt. So wird die Gewalt, die sich unter kriegsähnlichen Umständen abspielt, zur Norm für das, was wir unseren Kindern am heimischen Bildschirm vorenthalten sollen.

Die technische Umsetzung von Gewalterkennungssoftware scheint also stark geprägt zu sein von der kollektiven Gewaltkonzeption und -erfahrung der homosozialen, überwiegend „männlich" sozialisierten Gruppe.

Problematisch ist hierbei, dass sowohl der Titel des MediaEval-Wettbewerbs als auch Perperis' Ontologie suggerieren, es würden alle objektiven Formen von Gewalt erkannt werden. Und trotzdem würde niemand einem achtjährigen Kind eine Vergewaltigung oder Kindesmissbrauch im Fernsehen zumuten wollen. Diese Formen von Gewalt gehen aber weder explizit in die Gewaltdefinition mit ein, noch tauchen sie in den High-Level-Konzepten oder Trainings- oder Testfilmen auf. Am bemerkenswertesten bleibt hier zu erwähnen, dass häusliche Gewalt laut des Berichts der Gewaltkommission der Bundesregierung von 1990 die häufigste Form der Gewaltausübung darstellt (MS Niedersachsen, o. J.). Es besteht also ein stark asymmetrisches Verhältnis zwischen dem, was alltäglich an Gewalt praktiziert wird, und dem, was an Gewalt in Filmen etc. thematisiert und abgebildet wird.

Der Vergleich der unterschiedlichen Gewaltkonzepte mit den Ansätzen der Informatik, Gewalt zu erkennen, macht deutlich, dass diese nur einen sehr geringen Teil erfassen. Strukturelle Formen der Gewalt, die sich nur durch einen längeren Kontext erschließen oder schwer quantifizierbar sind, bleiben unbearbeitet. Auch verbale Gewalt wird durch den Forschungsschwerpunkt der Teilnehmenden nicht abgedeckt. Darüber hinaus müssen auch die Hierarchien die zwischen Opfern und Täterinnen und Tätern bestehen, berücksichtigt werden (vgl. Glammeier, 2011). Es ist z. B. eine völlig andere Situation, wenn ein Kind die Eltern schlägt, von denen es voll und ganz abhängig ist, als wenn dies umgekehrt erfolgt. Hierarchien zwischen Menschen lassen sich nur über einen längeren Kontext erfassen. Diese Aufgabe gehört zu den schwierigsten und aufwändigsten und ist vermutlich daher nicht beliebt unter den Entwickelnden. Hinzu kommt, dass eine solche Analyse für die Forschungsschwerpunkte in militärischen und sicherheitskritischen Bereichen nicht erforderlich ist. Die Algorithmen lassen sich also nicht einfach für den zivilen Bereich recyceln.

Die Geschichte der Informatik beginnt maßgeblich während des Zweiten Weltkriegs und wird noch heute vor allem durch die technische Aufrüstung des Militärs vorangetrieben. Die Beiträge des MediaEval-Wettbewerbs und die Arbeit Perperis' veranschaulichen, wie die enge Verbindung der Informatik zum Militär und die homosoziale Zusammensetzung der Entwickelnden ein Gewaltkonzept prägen, das vor allem „männliche" Gewalterfahrungen widerspiegelt.

4 Zusammenfassung

Die Ergebnisse des MediaEval-Wettbewerbs zeigen, dass selbst unter einer stark vereinfachten Annahme von Gewalt große Schwierigkeiten bei der Erkennung entstehen. Gewalt ist ein so komplexes Konzept, dass es fraglich ist, ob es überhaupt möglich ist oder sein wird, alle Formen von Gewalt zu erkennen und vorherzusagen.

Der Vergleich mit anderen Gewaltdefinitionen macht deutlich, dass das Gewaltkonzept der Informatik stark geprägt ist von der eher homosozialen, „männlich" sozialisierten Gruppe der Entwickelnden und deren Gewalterfahrungen, sowie deren Forschungsschwerpunkten im militärischen und sicherheitskritischen Bereich. Diese Verwendung der „I-Methodology", die u. a. auch durch Corinna Bath (2009) bei der Entwicklung informatischer Artefakte beobachtet wurde, schließt daher im Moment andere Gewaltkonzepte aus. Problematisch wird dies, wenn dieses vereinfachte Konzept von „Gewalt" zur Norm wird und die Erkenntnisse des Gewaltdiskurses in den Geisteswissenschaften ignoriert würden. Die Diskussion hat gezeigt, dass es keine objektive Lösung gibt, die alle relevanten Formen von Gewalt erfassen könnte. Gleichzeitig möchte ich davor warnen, personalisierte, subjektive Lösungen in Form von Filtern als Lösung anzupreisen. Vielmehr geht es darum, Gewalt in allen Facetten wahrzunehmen und zu benennen. Die Einführung neuer Technologien ist eine gute Gelegenheit, den Diskurs darüber neu zu beleben, welche Formen von Gewalt einem Kind in welchem Alter zugemutet werden können und vor allem, was wir alles als Gewalt verstehen.

Wenn versucht werden soll, eine technische Lösung für den *Use Case* von TECHNICOLOR zu finden, schlage ich vor, zunächst an der Erkennung einzelner High-Level-Konzepte zu arbeiten, die mit Gewalt in Verbindung gebracht werden – und nicht Gewalt an sich erkennen zu wollen. Da Eltern eine detaillierte Beschreibung der zurschaugestellten Gewalt brauchen, um entscheiden zu können, ob das Kind einen Film sehen kann oder nicht, würde eine einfache Einordnung in *violent* oder *non-violent* ohnehin keinen Mehrwert bieten. Ebenso unpraktikabel wäre eine Vorschau etlicher (ähnlicher) Szenen in der Hoffnung, die „schlimmste" befinde sich auch darunter. Wie bereits oben erwähnt, lassen sich einige Konzepte wie explosion und gunshot leichter und zuverlässiger erkennen und würden im Ranking daher eher oben erscheinen als andere Konzepte. Diese Szenen gehören jedoch nicht unbedingt zu jenen Szenen, welche für das Kind „am schlimmsten" sind. Wenn also für den *Use Case* ein Ranking erstellt werden sollte, müsste es auch Abstufungen zwischen *non-violent* und *violent* geben.

Welche dieser Konzepte, die mit Gewalt in Verbindung gebracht werden, von Bedeutung sind, sollte eine möglichst heterogene Gruppe an Nutzenden in einem Participatory-Design-

Ansatz (Bergold und Thomas, 2012) entscheiden. Partizipatives Design wird u .a. von Corinna Bath (2009) vorgeschlagen, um nicht der „I-Methodology" zu erliegen.

Es wäre auch vorteilhaft, wenn an den Wettbewerben in diesem Forschungsbereich mehr interdisziplinäre Teams gebildet werden. Also einerseits auch Menschen, die im Bereich Pädagogik oder Psychologie arbeiten und andererseits auch Entwickelnde mit anderen Forschungsschwerpunkten, da z. B. im Wettbewerb keinerlei Sprachverarbeitung stattfand und die Untertitel daher nicht ausgewertet werden konnten. Diese könnten jedoch einen wesentlichen Beitrag leisten, auch komplexere Konzepte zu erkennen. Es wäre hierbei auch interessant auszuwerten, ob sich der Bechdel-Test technisch umsetzen ließe. Der Bechdel-Test (Bechdel, 1986) ist eine Art Sexismus-Test. Filme oder mediale Inhalte, die ihn bestehen wollen, müssen mindestens zwei [benannte] Frauen zeigen, die sich über etwas anderes als einen Mann unterhalten. Erste Ansätze dies in der Sprachverarbeitung umzusetzen, gibt es bereits von Lawrence (2011).

Es wäre außerdem zu überprüfen, ob sich die Erkenntnisse aus den sehr homogenen Hollywoodfilmen auch auf das heterogene Material von User Generated Content übertragen lassen. Eine automatisierte Gewalterkennung an dieser Stelle würde großen Mehrwert entfalten, da hier Inhalte typischerweise ohne weiteres Screening oder redaktionelle Überarbeitung verfügbar gemacht werden.

Nicht zuletzt verweist die vorgestellte Untersuchung auf grundsätzliche Fragestellungen dahingehend, wie Medienerziehung im 21. Jahrhundert organisiert werden sollte: Gibt es Umstände, in denen eine Zensur notwendig sein könnte? Wieviel wollen oder sollten wir unseren Kindern auch zumuten? Wer übernimmt die Erziehungsarbeit, d. h. wer diskutiert mit den Kindern über das Erlebte? Wie finden wir den schmalen Grad zwischen Bevormundung und Überforderung?

Danksagung

Besonders danken möchte ich Prof. Dr. Petra Lucht, die mir immer wieder neue Perspektiven angeboten hat, um die Arbeit in meinem Fachgebiet kritisch zu reflektieren. Außerdem möchte ich auch Esra Acar und Dr. Andreas Lommatzsch danken, die meine Auswertung konstruktiv unterstützt haben.

Literatur

Akrich, M. (1995). User Representations: Practices, Methods and Sociology. In A. Rip, T. Misa & J. Schot (Hrsg.), *Managing Technology in Society*. (S. 167–184). London/New York: Pinter.

Alexander, F. (1985). *Psychosomatische Medizin: Grundlagen und Anwendungsgebiete* (4. Auflage, Neuauflage von 1951). Berlin: De Gruyter.

Bath, C. (2009). *De-Gendering informatischer Artefakte. Grundlagen einer kritisch-feministischen Technikgestaltung* (Dissertation). Bremen: Staats- und Universitätsbibliothek Bremen. URN: http://nbn-resolving.de/urn:nbn:de:gbv:46-00102741-12

Bechdel, A. (1986). *Dykes to Watch Out For*. Ann Arbor: Firebrand Books.

Bergold, J. & Thomas, S. (2012). Participatory Research Methods: A Methodological Approach Motion. Forum: Qualitative Social Research, 13(1), 191–222.

Demarty, C., Penet, C., Gravier, G., & Soleymani, M. (2012). A benchmarking campaign for the multimodal detection of violent scenes in movies. *Computer Vision–ECCV 2012 – Proceedings of the 12th international conference on Computer Vision-Volume Part III*, 416–425.

FSK. Freiwillige Selbstkontrolle der Filmwirtschaft. Abgerufen am 6. Mai 2014 von www.fsk.de

Galtung, Johan. (1969). Violence, Peace, and Peace Research, *Journal of Peace Research 6*(3), 167–191.

Glammeier, S. (2011). Widerstand angesichts verleiblichter Herrschaft? Subjektpositionen gewaltbetroffener Frauen im Kampf um Anerkennung und ihre Bedeutung für die Prävention von Gewalt. In Beate Kortendiek und Monika Schröttle (Hrsg.), *GENDER Zeitschrift für Geschlecht, Kultur und Gesellschaft. Neue Perspektiven auf Gewalt, 2*, 9–24.

Hönge, F. (2002). *Jugendmedienschutz – eine europäische Diskussion.* Abgerufen am 6. Mai 2014 von http://www.fsk.de/media_content/1155.pdf

Huffington, C. (2013). Women Directors Infographic: Why Are There So Few Female Directors In Hollywood? *The Huffington Post.* Abgerufen am 6. Mai 2014 von http://www.huffingtonpost.com/2013/04/19/women-directors_n_3118488.html

Jungnitz, L., Lenz, H., Puchert, R., Puhe, H. & Walter, W. (2004). *Gewalt gegen Männer. Personale Gewaltwiderfahrnisse von Männern in Deutschland. Ergebnisse der Pilotstudie.* Bundesministerium für Familie, Senioren, Frauen und Jugend.

Lawrence, K. (2011). *SPARQLing Conversation: Automating The Bechdel-Wallace Test.* Narrative and Hypertext Workshop.

MediaEval. (2012). *The 2012 Affect Task: Violent Scenes Detection.* Abgerufen am 6. Mai 2014 von http://www.multimediaeval.org/mediaeval2012/violence2012/

Müller, U., Schröttle, M., Glammeier, S. & Oppenheimer, C. (2008). *Lebenssituation, Sicherheit und Gesundheit von Frauen in Deutschland. Eine repräsentative Untersuchung zu Gewalt gegen Frauen in Deutschland.* Bundesministerium für Familie, Senioren, Frauen und Jugend.

Neuber, A. (2008). *Die Demonstration, kein Opfer zu sein. Biographische Fallstudien zu Gewalt und Männlichkeitskonflikten.* Baden-Baden: Nomos.

MS Niedersachsen. Niedersächsisches Ministerium für Soziales, Gesundheit und Gleichstellung. *Die wichtigsten Fakten zum Thema häusliche Gewalt auf einen Blick.* Abgerufen am 6. Mai 2014 von http://www.ms.niedersachsen.de/portal/live.php?navigation_id=5023&article_id=14102&_psmand=17

Oudshoorn, N., Rommes, E., Stienstra, M. (2004). Configuring the User as Everybody: Gender and Design Cultures in Information and Communication Technologies. *Science, Technology & Human Values, 29*(1), 30–63.

Perperis, T., Tsekeridou, S. & Theodoridis, S. (2007). An Ontological Approach to Semantic Video Analysis for Violence Identification. *Paper presented at I-MEDIA'07 and I-SEMANTICS'07,* Graz.

Perperis, T. (2011). *High Level Multimodal Fusion and Semantics Extraction.* Abgerufen am 09. Januar 2014 von http://cgi.di.uoa.gr/~phdsbook/files/Perperis.pdf

Rommes, E. (2000). Gendered User Representations. Design of a Digital City. In Ellen Balka and Richard Smith (Hrsg.), *Women, Work, and Computerization* (S. 137–145). London: Kluwer.

Schlüter, J. , Ionescu, B., Mironică, I., und Schedl, M. (2012). ARF @ MediaEval 2012: An Uninformed Approach to Violence Detection in Hollywood Movies. *Paper presented at MediaEval 2012 Workshop,* Pisa.

TECHNICOLOR. Abgerufen am 6. Mai.2014 von https://research.technicolor.com/rennes/

Warner, M. (1991). Introduction: Fear of a Queer Planet. *Social Text, 29,* 3–17.

WHO. *Definition and typology of violence.* Abgerufen am 6. Mai 2014 von http://www.who.int/violenceprevention/approach/definition/en/

Zhu, M. (2004). *Recall, Precision, and Average Precision.* Working Paper 09/2004 Department of Statistics & Actuarial Science, University of Waterloo, USA.

IV Diversity als Voraussetzung

Gendability – Gender und Diversity bewirken innovative Produkte

Dorothea Erharter, Elka Xharo
ZIMD Zentrum für Interaktion, Medien & soziale Diversität

1   Einleitung

Frauen treffen einen Großteil der Kaufentscheidungen (Barletta, 2006; Klein-Franke, 2006, S. 80) und werden seit einiger Zeit auch als wichtige Zielgruppe für Unterhaltungselektronik und Kommunikationstechnologie betrachtet (Joost, 2008, S. 136).

Trotz des hohen Marktpotenzials scheint es, dass die tatsächlichen Wünsche und Bedürfnisse von Frauen selten vorab analysiert werden und in den Designprozess einfließen. Sehr viel häufiger werden Produkte für Frauen auf Basis von stereotypischen Zuschreibungen gestaltet.

Ähnliches lässt sich über ältere Menschen sagen. Sie übertreffen an Kaufkraft alle anderen Altersgruppen, wurden auch als Zielgruppe bereits prinzipiell entdeckt, und dennoch werden Produkte sehr selten an ihren Anforderungen und Bedürfnissen orientiert. Durch europaweite Förderschienen im Bereich Ambient Assisted Living (AAL) hat sich dies für den medizinnahen Bereich zwar mittlerweile gewandelt, in allen anderen Bereichen werden Senior_innen in die Produktentwicklung aber nur sehr selten einbezogen.

Es gibt also das **Paradoxon**, dass die Wirtschaft die Kaufkraft von Gruppen erkannt hat, sie als Zielgruppen erschließen möchte, dies aber nicht gelingt, weil diese Gruppen in der Produktentwicklung zu wenig berücksichtig werden.

Die Ursache scheint darin zu liegen, dass die technologischen Entwicklungen in Europa von relativ homogenen Teams aus Männern mittleren Alters dominiert werden, was dazu führt, dass vor allem die Bedürfnisse und Anforderungen dieser Gruppe berücksichtigt werden und andere Kund_innengruppen vernachlässigt werden (Joost, Bessing und Buchmüller, 2010, S. 17). Dies hat ernste Konsequenzen:

> „It decreases the innovative power and inventiveness because of missing opponent, ambiguous or even conflicting viewpoints. It increases the pitfalls of 'I-methodologies' which means that the producers' assumptions become more or less consciously the leading benchmarks for technological developments instead of real users' needs and demands." (Buchmüller, Joost, Bessing und Stein, 2011, S. 744)

Harlfinger et al. haben gezeigt, dass (gut gemanagte) Diversität einer der wichtigsten Faktoren für Innovation ist (Rat für Forschung und Technologieentwicklung, FAS.research, 2008, S. 37). Joost et al. haben darauf hingewiesen, dass Frauen in mehrerer Hinsicht sehr anspruchsvolle Nutzerinnen von IKT sind, und daher neue oder andere Impulse für die allgemeine IKT-Entwicklung liefern können (Joost, Bessing und Buchmüller, 2010, S. 16, Butovitsch-Temm, 2008, S. 131 ff.). Die Einbindung von Frauen in den Innovationsprozess stellte sich also als ausgesprochen sinnvoll und fruchtbar heraus.

Genaue Kenntnisse der Kund_innen-Bedürfnisse sind einer der wichtigsten Erfolgsfaktoren für die Entwicklung neuer Produkte und Dienstleistungen (Joost, Bessing und Buchmüller 2010, S. 17).

Um das oben genannte Paradoxon aufzubrechen, muss also zum einen Diversity in die Design- und Entwicklungsteams Einkehr halten, und zwar in mehrerlei Hinsicht: Neben dem Geschlecht ist (u. a.) auch das Alter eine wichtige Innovationskategorie. In Thinking Aloud Tests entdecken Senior_innen mehr Gestaltungsfehler als alle anderen Gruppen. Die Bereinigung dieser Fehler ist aber in den meisten Fällen auch für alle anderen sinnvoll und bereichernd. Nur sehr wenige Fehler gehen auf echte „Alterserscheinungen" zurück, also auf das Nachlassen des Muskeltonus, unbeweglichere/größere Finger oder darauf, dass unter den Seniorinnen und Senioren deutlich mehr Menschen nur eine vage Vorstellung von der Funktionsweise des Internets haben, Computer weniger nutzen und daher keine ausgeprägten mentalen Modelle von deren Abläufen haben.

Zum anderen müssen die zu erreichenden Zielgruppen nicht nur fiktiv (in Form bestehender Zuschreibungen), sondern real in die Produktentwicklungen einbezogen werden.

In diesem Artikel zeigen wir, wie durch die Berücksichtigung von Gender und Diversity die Qualität und die Usability von Produkten verbessert werden kann. Dafür hat Erharter (2012) den Begriff „Gendability" geprägt. Wir arbeiten den Unterschied zwischen einem durch Stereotypen geleiteten Design und einem diversity-orientierten Ansatz heraus und zeigen anhand zweier Projekte, „G-U-T" und „Mobi.senior.a", was dies in der Praxis bedeuten kann.

2   Welche Aspekte sind für die Gestaltung von Websites und Apps von Bedeutung?

Im Folgenden werden Aspekte dargestellt, die als Unterschiedskategorien zu beachten sind, um Usabilty und User Experience bei Websites und Apps angemessen zu gestalten. Es geht zunächst um die Diversity-Aspekte, die als mehr oder weniger veränderbare Dimensionen Unterschiedlichkeit herstellen. Dann werden Gender-Aspekte dargestellt und anschließend weitere Lebensrealitäten, die für die Human-Computer Interaction relevant sein können. Schließlich gehen wir auf Technikaffinität ein und unterscheiden hier zwischen quantitativen und qualitativen Nutzungsunterschieden.

2.1   Diversity-Aspekte

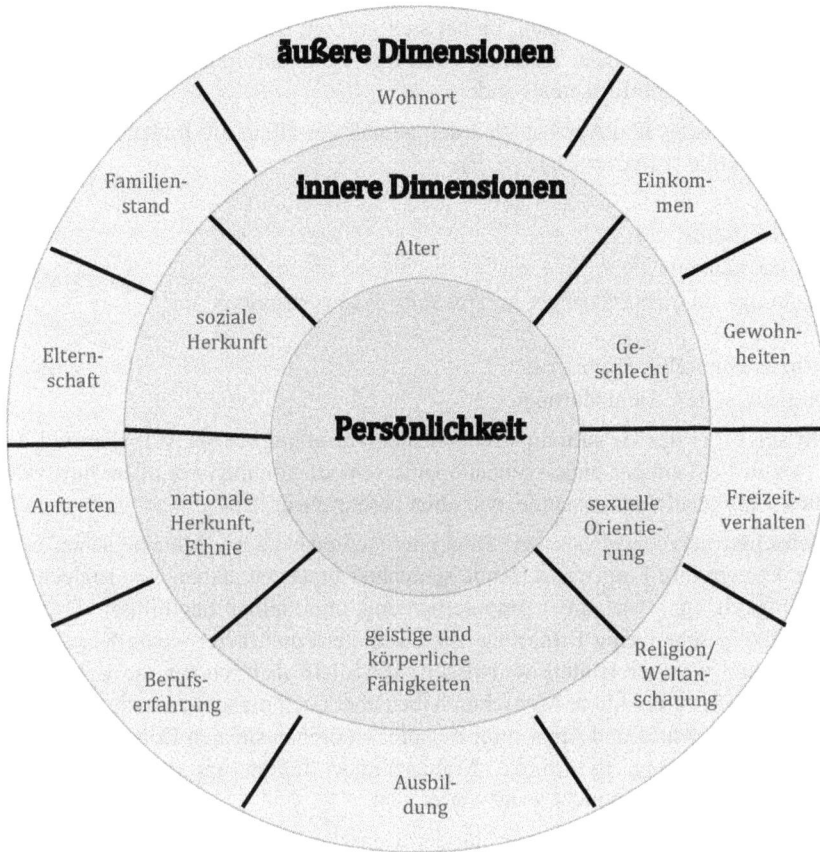

Abb. 1:   Innere und äußere Dimensionen von Diversity in Anlehnung an Gardenswartz und Rowe (2003, S. 33)

Die Diversity-Dimensionen wurden (2003) von Gardenswartz und Rowe im obigen Diversity-Rad abgebildet. Es stellt die inneren (nicht oder kaum durch die Person veränderbaren) und die äußeren (leichter und häufiger veränderlichen) Dimensionen von Persönlichkeiten dar. Religion oder Weltanschauung ist sehr eng mit der Person verknüpft und daher zwar eine äußere, aber dennoch oft sehr eng mit der Persönlichkeit verknüpfte Dimension, dies ist durch die Farbgebung gekennzeichnet.

Die Diversity-Dimensionen eignen sich prinzipiell sehr gut für Zielgruppenüberlegungen zu Produkten im IKT-Bereich. Wichtig ist zu beachten, dass auf jeden Menschen immer alle Diversity-Merkmale gleichzeitig zutreffen und sich daher vielfältig überlagern. Im Design ständig alle Diversity-Dimensionen im Auge gleichzeitig zu behalten, wäre jedoch eine Überforderung.

Im Projekt „G-U-T" haben wir eine Guideline für Entwickler_innen verfasst, wie Websites und Apps gender- und diversitygerecht gestaltet werden können. In diesem Zusammenhang haben wir durch vergleichende Analyse überprüft, welche Diversity-Dimensionen in der

Praxis für das Design und Development von Apps und Websites relevant sind; bei welchen Design- und Entwicklungsschritten also durch welche Diversity-Dimensionen Veränderungen am Produkt zustande kommen können. Es hat sich gezeigt, dass nicht alle Dimensionen gleichermaßen relevant sind, sondern bestimmte Merkmale die Anforderungen an Apps und Websites erheblich stärker beeinflussen als andere.

Für das Design von Websites und Apps spielen demgemäß vor allem die folgenden Diversity-Dimensionen eine Rolle (Erharter, 2013, S. 9):

- Geschlecht
- Alter und Generationen
- Beruf bzw. Tätigkeitsfeld
- Technikerfahrung und -affinität (nicht im Diversity-Rad vorhanden)
- Bildung
- Ethnischer bzw. kultureller Hintergrund
- Beeinträchtigungen bzw. Behinderungen

Das **Geschlecht** spielt bei der Gestaltung von Websites vor allem bei der verbalen und der Bildersprache eine Rolle. Darüber hinausgehende Unterschiede kommen vor allem durch die unterschiedlichen Tätigkeitsfelder zustande, wie oben beschrieben.

Bei **älteren Menschen** nehmen physische Fähigkeiten schleichend ab. Manche sehen oder hören schlechter, können ihre Finger und Hände schlechter bewegen, haben eine schlechtere Konzentrationsfähigkeit etc., was die Computernutzung unmittelbar beeinflusst. Darüber hinaus haben sie häufig sehr wenig Erfahrung mit Computern und daher wenig Kompetenz im Umgang damit und weniger Hintergrundwissen. Vor allem dadurch tun sie sich in der Handhabung deutlich schwerer. Ältere Menschen haben aber auch manchmal andere Ansprüche an die Inhalte von Websites und Apps, zum Beispiel wünschen sie sich Erinnerungsfunktionen oder Gedächtnistraining. In Projekt „Mobi.senior.a" führen wir dazu eine Studie durch, deren Ergebnisse aber noch nicht ausgewertet sind.

Das **Tätigkeitsfeld** beeinflusst die Lebensrealität der Menschen, das, was sie in ihrem Alltag und in ihrer Freizeit tun. Dazu gehören natürlich auch nicht-bezahlte Tätigkeiten, wie beispielsweise Kinderbetreuung oder ehrenamtliche Tätigkeiten. Daraus ergeben sich unterschiedliche Ansprüche und Erwartungen an Websites und Apps.

Die **Technikerfahrung und -affinität** ist eine von Erharter dem Diversity-Rad hinzugefügte „äußere" Kategorie, die sich im Laufe des Lebens ändern kann. Sie bezieht sich auf die grundlegende Bereitschaft und Motivation, sich mit technischen Dingen zu befassen und auf technische Vorerfahrungen und Kompetenz.

Bildung und **ethnischer Hintergrund** wirken sich vor allem auf das Sprachenverständnis aus und teilweise auch darauf, wie Abbildungen von Kulturgütern wahrgenommen werden, und was als exklusiv bzw. inklusiv erlebt wird.

Beeinträchtigungen und Behinderungen beeinflussen vor allem die Art und Weise, *wie* etwas genutzt wird. Bereits eine leichte Sehschwäche kann beispielsweise bewirken, dass Smartphones unterwegs weniger genutzt werden, da das Hervorkramen der Brille als umständlich erlebt wird.

Allen Dimensionen gemeinsam ist, dass sie sich durch die unterschiedlichen Lebensrealitäten der Personen auf die Nutzungsszenarien und Abläufe auswirken.

Näheres dazu auch unter http://g-u-t.zimd.at.

2.2   Gender-Aspekte

In der Entwicklung von Websites und Apps sind Gender-Aspekte im engeren Sinne vor allem für eine integrierende und diskriminierungsfreie Gestaltung von Bedeutung. Dies betrifft zum einen geschlechtssensible Sprache und zum anderen die Bildsprache.

In der Auswahl der Bilder sollen Stereotypen vermieden werden und Menschen gleichwertig und realistisch in ihrem Lebensalltag dargestellt werden, anstatt, wie es häufig der Fall ist, Menschen übertrieben (auch überhöht) darzustellen, denn letzteres führt zu einer Reduktion der Menschen auf eine Eigenschaft oder Rolle, und wird den realen Menschen nicht gerecht. Sie können sich damit nicht identifizieren.

Das bedeutet nicht, dass gleichgemacht werden soll, sondern kann zu einem spielerischen Umgang mit Alltagssituationen führen. Meist werden die Darstellungen dadurch interessanter, weil Menschen in ihrem Tun mehrdimensional dargestellt werden. Dies gilt nicht nur für das Geschlecht, sondern auch für die Dimensionen Alter, Behinderungen, kultureller oder religiöser Hintergrund und sexuelle Orientierung.

Wie dies ausssehen kann, zeigen zum Beispiel die ider Wiener Linien, dem Betreiber des öffentlichen Nahverkehrs der Stadt Wien. In dieser Werbung schmunzeln beispielsweise zwei ältere Frauen kopfschüttelnd über „Diese Jugend von heute", als ein junger Mann ihnen einen Platz anbietet. Oder es steigen zwei Männer in eine Bahn ein, in der eine attraktive Frau steht, und der eine ermahnt den anderen „Jetzt heißt's Bauch einziehen".

2.3   Lebensrealitäten

Darüber hinausgehende Unterschiede, die sich auf das Design von Websites und Apps auswirken können, kommen weniger durch das Geschlecht als durch unterschiedliche Lebensrealitäten zustande.

> „Signifikante Unterschiede kommen erst durch die unterschiedlichen Lebenssituationen von Frauen und Männern zustande. Beispielsweise ist das Merkmal ‚Frau' erheblich häufiger mit dem Merkmal ‚Betreuungspflicht für Kinder unter 14 Jahre' verknüpft. Geschlecht allein macht noch keinen Unterschied, es sind die Kinder, die ihre Wirkung auf die alltäglichen Wege entfalten und signifikant auf Geschlechterunterschiede wirken." (Erharter, 2012, S. 6; vgl. Scambor und Zimmer, 2012)

Frauen haben häufig vielfältigere Lebensbereiche, mehr und unterschiedlichere Alltagsdestinationen und haben weniger Freizeit, sie stehen also mehr unter Zeitdruck (Scambor und Zimmer, 2012).

In der Design-Praxis bedeutet dies: Nutzungsszenarien und nützliche Funktionalitäten sind nicht zu vermuten, sondern zu erfragen bzw. zu beobachten. Sie können nicht durch „I-Methodology" (Bath 2009, S. 125 ff.), sondern nur durch Einbindung realer Nutzer_innen in den Design-Prozess herausgefunden werden.

2.4   Technikaffinität

Darüber hinaus gibt es quantitative Nutzungsunterschiede nach Geschlecht und Alter, die die mittlere Technikaffinität der Gruppen und ihre Erfahrung mit technischen Medien abbilden.

Quantitative Nutzungsunterschiede

Die absoluten Zahlen haben sich seit 2008 verändert, doch nach wie vor gibt es in der Internetnutzung relativ große Unterschiede zwischen Frauen und Männern (Deutschland 2013: 9,6 %, Initiative 21, 2013) und sehr große Unterschiede zwischen den Altersgruppen (Deutschland 2013: ca. 67 %, ebenda).

Die folgende Grafik auf Basis der Zahlen vom (N)Onliner-Atlas 2008 (Initiative 21, 2008, S. 12) zeigt die Nutzungsunterschiede zwischen Männern und Frauen verschiedener Altersgruppen und Migrationserfahrungen. Die größten Unterschiede zwischen Männern und Frauen finden sich in der **Altersgruppe 50 Plus**, und dort gibt es auch relativ große Unterschiede zwischen Gruppen ohne/mit eigener/mit Migrationserfahrung der Eltern. In der **mittleren Altersgruppe** fällt der ebenfalls niedrigere Online-Anteil von Frauen gegenüber Männern auf, und auch hier relativ große Unterschiede nach Migrationserfahrung.

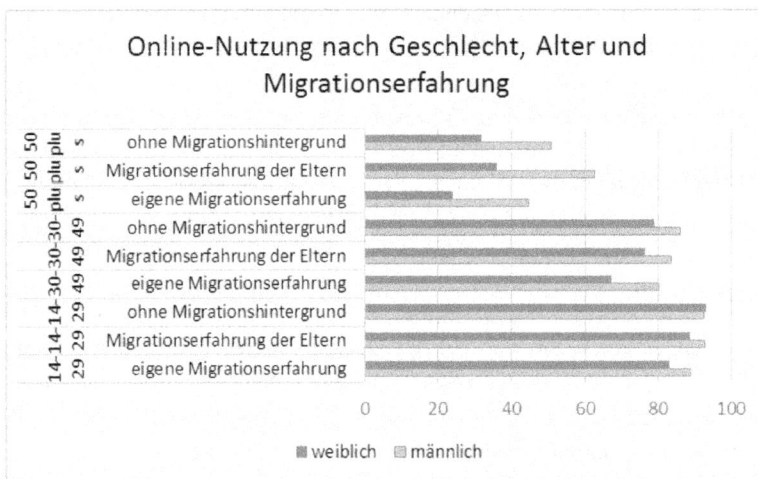

Abb. 3:   Nutzungsunterschiede zwischen Frauen und Männern verschiedener Altersgruppen und Migrationserfahrungen. Eigene Grafik auf Basis der Zahlen vom (N)Onliner-Atlas 2008 (Initiative 21, 2008, S. 12)

Lediglich in der Gruppe der **14–29-Jährigen** ohne Migrationserfahrung haben die jungen Frauen die Männer überholt. In den beiden Gruppen mit eigener Migrationserfahrung bzw. mit Migrationserfahrung der Eltern sind die Unterschiede gegenüber den anderen Altersgruppen geringer.

In der Gruppe der Senior_innen existieren große genderspezifische Unterschiede in den Anforderungen digitale Medien und Motivationen, diese zu nutzen. Ältere Frauen sind häufig sowohl mit den Ausschlusseffekten des Doing Gender als auch des Doing Aging konfrontiert (Haring, 2011, S. 2). Unter den Senior_innen haben mehr Männer internetfähige Mobiltelefone und nutzen sie häufiger – der Unterschied wird aber geringer (Mohr, Sauthoff-Bloch, Alt und Derksen, 2011, S. 11).

Qualitative Nutzungsunterschiede

Es ist zu beachten, dass die Zielgruppe der Senior_innen nicht homogen ist. Es gibt Bereiche, die von Frauen öfter genutzt werden als von Männern. *„Frauen nutzen häufiger als Männer*

mobile Social-Web-Anwendungen und bewegen sich häufiger in Online Communities."
(Mohr, Sauthoff-Bloch, Alt und Derksen, 2011, S. 11).

Auch unter Jugendlichen gibt es qualitative Unterschiede in der Nutzung. Mädchen verwenden das Internet zum Beispiel vergleichsweise häufiger als Kommunikationsmedium und sind damit auch regelmäßiger und länger in sozialen Netzwerken unterwegs (BITKOM, 2011, S. 1).

Diese Unterschiede im kommunikativen Onlineverhalten wurden von unserer eigenen Studie im Projekt „Mobi.senior.a" für Senior_innen bestätigt. Knapp die Hälfte der älteren Frauen, aber kein einziger Mann gaben an, dass ihnen auf mobilen Geräten die Nutzung sozialer Netzwerke eher oder sehr wichtig sei, Ähnliches gilt für „WhatsApp" (7 von 15 Frauen, 1 Mann von 12 Männern) (Erharter und Xharo, 2014).

In „Mobi.senior.a" fragten wir 15 Frauen und 12 Männer, welche Funktionen auf Mobiltelefonen ihnen wie wichtig wären. Dies ist in quantitativer Hinsicht keine repräsentative Stichprobe, es ging hier darum, die qualitativen Aspekte heraus zu arbeiten. Die möglichen Funktionen wurden aufgrund einer Vorbefragung unter 12 Nutzer_innen aller Altersgruppen von uns vorgegeben und konnten durch die Testpersonen ergänzt werden. Die Funktionen wurden dabei verschiedenen Kategorien zugeordnet: Kommunikation | Etwas nachschauen, das ich gerade brauche, mit aktuellem Ort | Etwas nachschauen, das ich gerade brauche, ohne aktuellem Ort | Zeitvertreib | Fotos | Etwas kontrollieren | Etwas bearbeiten. Die Testpersonen konnten in jeder Kategorie eigene Ergänzungen hinzufügen. Die einzige Ergänzung, die von mehr als zwei Testpersonen genannt wurde, war „WhatsApp".

Die folgenden beiden Diagramme zeigen eine Auswahl der Funktionen, und zwar in der *oberen* Grafik solche, die von mehr Frauen für eher oder sehr wichtig befunden wurden, und in der *unteren* Grafik von mehr Männern. Aus Gründen der Vergleichbarkeit wurden die absoluten Zahlen (15 Frauen, 12 Männer) in Prozentzahlen umgerechnet.

Abb. 4:   Funktionen, die mehr Frauen wichtig waren als Männern. Eigene Grafik, Projekt „Mobi.senior.a".
              (N=12 Männer, 15 Frauen)

Abb. 5:   Funktionen, die mehr Männern wichtig waren als Frauen. Eigene Grafik, Projekt „Mobi.senior.a".
           (N=12 Männer, 15 Frauen)

3   Der Design-Prozess

Im Rahmen des Prozesses der Gestaltung gilt es, mit der eigenen Rolle und der Zielgruppe
reflektiert umzugehen und die Nutzerinnen und Nutzer am Gestaltungsprozess teilhaben zu
lassen. Im folgenden werden die Punkte dargestellt, die für eine Integration von Diversity in
den Design-Prozess relevant sind. Dabei geht es zunächst um Vorurteile und Selbstreflexion,
dann um Zielgruppen-Reflexion und schließlich um partizipatives Design.

3.1   Vorurteile und Selbstreflexion

Vorurteile sind unreflektierte Annahmen über andere Personen. Sie haben eine wichtige le-
benspraktische Funktion. Wenn unmittelbare Gefahr droht, muss diese reflexhaft rasch erkannt werden, um blitzschnell reagieren zu können. Dies ist die Funktion von vorgefassten
Meinungen, sogenannten Vorurteilen.

Wenn aber *keine* unmittelbare Gefahr droht, und das trifft in einer zivilisierten Gesellschaft
wie der unseren meist zu, sind Vorurteile ein Hindernis, denn sie verhindern einen differenzierten Blick auf das Gegenüber, auf seine/ihre Vorzüge, Schwächen, Anforderungen und
Bedürfnisse.

Wir verwenden bewusst das Wort „Vorurteile" und nicht „Vorannahmen" oder Ähnliches, um
dieses – in der Alltagssprache geläufigere – Wort zu enttabuisieren, und auch um verständlich zu machen, welche Reflexion wir befürworten. Denn um Vorurteile zu reflektieren, ist es
wichtig, sie sich einzugestehen und bewusst zu machen. Denn wenn es darum geht, differenzierte Entscheidungen zu treffen, sind Vorurteile im Weg.

3.2   Zielgruppen-Reflexion

Die Selbstreflexion über die eigenen Vorurteile und Stereotypien ist die Basis jeglicher Zielgruppen-Reflexion. In der Design-Praxis droht keine unmittelbare Gefahr. Dennoch ist der

Design-Prozess häufig eher von Stereotypen geprägt als von echtem Wissen über die Zielgruppe. Joost hat beschrieben, dass die Gruppe von Nutzerinnen bzw. Nutzern, die ein Produkt erreichen soll, sehr genau eingegrenzt und untersucht werden muss, um Pauschalierungen zu entgehen und ihre Bedürfnisse, Abneigungen, Fähigkeiten und Kontexte zu verstehen (Joost, 2008). Auch im Projekt „G-U-T" hat sich gezeigt, wie wichtig eine genaue und strukturierte Zielgruppen-Reflexion ist:

Die Zielgruppen können damit eingegrenzt und genauer beschrieben, aber auch Zielgruppen neu entdeckt werden, an die man sonst nicht gedacht hätte. Das Diversity-Rad bzw. obige Dimensionen können dabei hilfreich sein. Sehr wichtig ist dabei die Reflexion der eigenen Zuschreibungen und Stereotypen (Bührer und Schraudner, 2006).

Einen großen Einfluss auf die Nutzung von Geräten und Software aller Art haben physiologische Unterschiede. Im Projekt „Mobi.senior.a" haben wir die für die Nutzung von Smartphones/Tablets bedeutendsten Beeinträchtigungen identifiziert:

- Sehschwäche
- Farbensehen
- Hörbeeinträchtigungen
- Hände: Zittern
- Hände: Unbeweglichkeit/Schmerzen
- Hände: dickere Finger
- Hände: nachlassender Muskeltonus

In welcher Form diese Punkte für die Design-Praxis relevant sind, wird im unten aufgeführte Beispiel näher dargestellt.

3.3   Partizipatives Design

Mit partizipativen Methoden können Bedürfnisse aus der alltäglichen Realität der Kund_innen heraus erfasst werden. Neben text-orientierten Methoden wie Interview oder Fokusgruppen, mit denen bewusste Informationen gut erfasst werden können, eignen sich assoziativere bzw. kreativere Methoden wie Rollenspiele oder Cultural Probes, um tiefere Wissensschichten freizulegen. Sie eignen sich besonders zur Kreation neuer Ideen und Anwendungsmöglichkeiten. (Joost, Bessing und Buchmüller, 2010, S. 20)

Die klassischen Usability-Methoden, wie Thinking Aloud Tests, Card Sorting oder Personas liegen dazwischen. Mit ihnen wird das Tun erfasst und damit unbewusste Hürden und teilbewusste Bedürfnisse und Anforderungen an vorhandene Anwendungen oder Prototypen sichtbar gemacht.

„Insgesamt ist von Bedeutung, nicht nur von Männern und Frauen auszugehen, sondern von Menschen mit vielen verschiedenen Merkmalen und in vielen verschiedenen Nutzungskontexten, da sonst erst recht wieder die Gefahr der Stereotypisierung besteht. Davon profitieren auch Männer, wie Raewyn Connell gezeigt hat (2006), die von verschiedenen ‚Männlichkeiten' spricht." (Erharter, 2012. S. 113)

Ein sehr gutes Beispiel, wie dies in der Praxis umgesetzt werden kann, hat Andrea Wolffram (Wolffram, 2006, S. 19 ff.) gezeigt, die in einer Studie Technikhaltungen von Studienanfänger_innen untersucht hat: Sie hat nicht von vorneherein zwischen Frauen und Männern unterschieden und die Technikhaltungen dieser beiden (vorgegebenen) Gruppen untersucht, sondern ist den umgekehrten Weg gegangen: Sie hat zuerst die Technikhaltungen geclustert, und erst danach (!) die Geschlechterverteilungen innerhalb der fünf Gruppen betrachtet. Mit einer solchen Vorgangsweise fällt es deutlich leichter, der Falle vorschneller Zuschreibungen zu entgehen.

Im partizipativen Design bedeutet dies: Die Testpersonen müssen anhand von Gender- und Diversity-Merkmalen ausgewählt werden. Bei den Aufgabenstellungen sind insbesondere die unterschiedlichen Lebensrealitäten und Nutzungsszenarien zu berücksichtigen. Vergleichende Fragestellungen oder Auswertungen zwischen vorgegebenen Gruppen („Frauen und Männer", Altersgruppen) sind aber möglichst zu vermeiden bzw. selbstkritisch zu betrachten. Günstiger ist es, auf Basis der Fragestellungen neue Gruppen zu bilden („Menschen mit Betreuungspflichten"), die dann Frauen und Männer bzw. Menschen verschiedener Altersgruppen umfassen.

4 Die G-U-T-Checklist

Mit der G-U-T-Checklist hat Erharter (2013) Materialien entwickelt, die im Design-Prozess genutzt werden können, um durch Gender, Diversity und Usability die Qualität von Websites und Apps zu verbessern. Es ging bei dem Projekt neben der Zusammenführung und Strukturierung großteils bereits bekannter Inhalte vor allem um den Transfer zur Zielgruppe der Entwickler_innen und Designer_innen, also darum, die Inhalte für sie verständlich zu vermitteln.

Die G-U-T-Checklist umfasst:

*   eine Guideline, in der die Inhalte erläutert werden,
*   eine Anleitung zur Selbstreflexion,
*   eine Checklist für Apps und Tablets und
*   eine Checklist für Websites.

Zu finden ist die G-U-T-Checklist unter http://g-u-t.zimd.at/content/gut-checklist.

5 Mobi.senior.a: Gender-Aspekte in einem Projekt

„Innovation ist die Kunst, sich die Dinge wieder aus dem Kopf zu schlagen."
Wolfgang Pekny

In diesem Abschnitt zeigen wir, was Gendability in einem Projekt konkret bedeuten kann. Im Projekt „Mobi.senior.a" erforschen wir insbesondere, welche Bedürfnisse und Anforderungen Seniorinnen und Senioren an Smartphones und Tablets und insbesondere an Apps haben. Bislang wurden 26 Thinking Aloud Tests mit dieser Zielgruppe durchgeführt, deren Ergebnisse hier einfließen.

Gender- und Diversity-Aspekte sind bereits im Forschungsdesign berücksichtigt, indem beispielsweise der Fokus nicht nur auf Usability-Hürden, sondern auch auf Technikhaltungen im Sinne des Doing Gender und Doing Aging gelegt wird. Auch in der Literaturrecherche werden Zusammenhänge dieser beiden Aspekte und Überschneidungen mit anderen Merkmalen berücksichtigt.

Im konkreten Studiendesign fließen Gender- und Diversity-Aspekte in der Auswahl und Zusammensetzung der Proband_innen nicht nur nach Geschlecht und Alter, sondern auch nach Technikdistanz und Milieu ein. Es wird versucht, möglichst unterschiedliche Lebenskontexte zu berücksichtigen. Erforscht wird durch das ZIMD

- die Usability von Apps,
- Usability-Hürden bei der ersten Inbetriebnahme von Smartphones und Tablets,
- welche Funktionen am Smartphone/Tablet für ältere Menschen sinnvoll sein können (Usefulness).

Bei den ersten beiden Fragestellungen geht es vor allem um Hürden bei der Benutzung, und die sind – von Design-Fehlern einmal abgesehen – großteils von Vorerfahrungen, dem grundlegenden Verständnis von Internet und Smartphones und der Experimentierfreudigkeit der Nutzer_innen abhängig. Hier spielt bei einigen Senior_innen auch das Doing Aging eine gewisse Rolle, die aber nicht überschätzt werden sollte. Die von uns befragten Senior_innen waren teilweise ausgesprochen experimentierfreudig.

Insbesondere mit der letzten Forschungsfrage versuchen wir, zum einen die Lebensrealitäten der (sehr unterschiedlichen) Seniorinnen und Senioren abzubilden, und darüber hinaus sie intensiv zur Ideenfindung für ihren eigenen Alltag anzustiften. Dies erfolgt in Form einer Tagebuch-Studie, die wir für diesen Zweck abgewandelt und erweitert haben.

Ergebnisse des Projekts

Die meisten Usability-Probleme, die wir gefunden haben, treffen nicht nur auf Senior_innen zu, sondern können sich ohne weiteres verallgemeinern lassen. Es zeichnet sich jedoch ab, dass vorhandene Usability-Probleme für Senior_innen – aufgrund eines geringeren Erfahrungsschatzes im Umgang mit Smartphones/Tablets und mit Computern insgesamt – sich für viele Senior_innen störender auswirken als für andere, sie also an solchen Hürden eher scheitern. Nur wenige Usability-Probleme gehen auf die oben beschriebenen Alterserscheinungen zurück. Häufiger ist eine Kombination: Vorhandene Usability-Probleme, wie zu kleine Buttons, sind für Senior_innen mit leichten motorischen Problemen oder eine leichten bis mittleren Fehlsichtigkeit eine größere Hürde als für andere. Die vorgeschlagenen Gestaltungsrichtlinien für die Entwicklung von Apps aus Gender- und Diversity-Sicht sind also für alle Zielgruppen sinnvoll und für die Zielgruppe(n) der Senior_innen von besonders großer Bedeutung.

Im Folgenden fassen wir die ersten Ergebnisse aus den Usability-Studien (Mobi.senior.a) zusammen. Ausführliche Beschreibungen finden sich im Tagungsband zum Usability-Day XII der Fachhochschule Dornbirn, im Artikel „Smartphones, Tablets, App für Seniorinnen und Senioren" (Erharter und Xharo, 2014).

Prinzipiell gilt: Es sollen auch auf Websites nur Funktionen angeboten werden, die für die Anwender_innen wirklich einen Nutzen bringen. Dies gilt für Apps und mobile Websites in noch radikalerer Weise.

Größe und Kontrast

Es sollte selbstverständlich sein, ist es aber nicht: Buttons und Beschriftungen müssen für mobile Nutzung größer sein und größere Abstände haben, zum einen, da die Nutzung häufig in störanfälligerer Umgebung und mit weniger Aufmerksamkeit erfolgt, zum anderen, wenn ältere Menschen zur Zielgruppe zählen, da diese häufiger motorische Schwierigkeiten haben. Ein guter Kontrast ist erforderlich, damit Elemente erkannt werden.

Interaktionsdesign

- Modale Dialoge, die den Hintergrund inaktiv setzen, führen meist zu viel Verwirrung bei Senior_innen, da nicht verstanden wird, warum die Felder des Hintergrunds nicht mehr funktionieren.
- Der sich schnell ausschaltende Bildschirm war für viele Senior_innen ein Problem, da sie eher langsam mit dem Gerät agiert haben.
- Der Bildschirmschoner sorgte bei manchen Senior_innen für Verwirrung.
- Das Fehlen von Bestätigungs-Buttons führte zu Verwirrung. Wichtig sind klare, gut erkennbare OK-Buttons, rechts unter dem, was zu bestätigen ist.
- Inkonsistentes Design ist immer zu vermeiden: Wiederkehrende Navigationselemente sollen immer an derselben Stelle sein und dasselbe Design haben.

Navigationselemente

- Vor allem nach einer unbeabsichtigten Aktion wünschen sich die Testpersonen eine Zurück-Taste, um den Fehler rückgängig zu machen.
- Es gibt so etwas wie „Bannerblindheit": Schaltflächen im oberen Bereich des Bild-schirms unter einem Bild, aber auch Menüleisten (mit schwachen Kontrasten) im unte-ren Bereich des Bildschirms wurden schlecht erkannt.
- Buttons („Filter" und „+") wurden eher gefunden, wenn sie umrandet und hervorgeho-ben und nicht nur flach als Schriftzug dargestellt waren.
- Die meisten Testpersonen navigieren eher mit Auswahllisten als mit Wischgesten.
- Navigationselemente, die es anzutippen gilt, sollten möglichst groß gestaltet sein.
- Das System von Checkboxen führt bei vielen Senior_innen zu Verwirrung, vor allem, wenn die Checkboxen bereits angehakt sind. Die meisten wollen die gewünschte Kate-gorie antippen, um sie anzuzeigen.

Steuerung: Gesten

- Wischgesten nach unten werden nur gemacht, wenn es Anzeichen dafür gibt, dass die Seite länger ist.
- Die Wischgesten zum Verkleinern/Vergrößern werden von vielen Senior_innen gekannt und intuitiv genutzt.
- Viele Senior_innen tippen entweder zu lang oder mit dem Fingernagel. Auch ein nicht notwendiger Druck wird mit dem Finger ausgeübt.

Bildsprache

Bilder ziehen die Aufmerksamkeit auf sich und können Informationen, aber auch Haltungen und Werte in kürzester Zeit transportieren. Eine besondere Bedeutung liegt aus Gender- und Diversity-Sicht in der Darstellung von Menschen, da Bilder die Wirklichkeit nicht nur abbil-den, sondern auch das Bild der Wirklichkeit prägen, das Menschen haben. Bilder sind immer auch Deutungen.

In der Bildauswahl soll daher bewusst darauf geachtet werden, Stereotypen zu vermeiden, insbesondere hinsichtlich Geschlecht, Alter, Behinderungen, kulturellem oder religiösem

Hintergrund und sexueller Orientierung. Das bedeutet nicht, dass gleichgemacht werden soll, sondern kann zu einem spielerischen Umgang mit Alltagssituationen führen. Meist werden die Darstellungen dadurch interessanter, weil Menschen in ihrem Tun mehrdimensional dargestellt werden. Ein guter Leitfaden zu diesem Thema ist www.vielefacetten.at (Knoll, 2014).

Sprache

- Englische Begriffe, wie „Return", werden oft nicht verstanden.
- Fachbegriffe und die meisten Erklärungen beim Einrichten eines Gerätes werden nicht verstanden.

Labels

Bezeichnungen von Navigationselementen müssen der Erwartungshaltung entsprechen. Eine gute Möglichkeit, die Erwartungen abzuklären, sind Card Sorting Tests.

Icons

- Icons werden häufig nicht erkannt oder nicht verstanden.
- Von relativ vielen intuitiv verstanden wurde das Mehr-Personen-Icon für Mail/soziale Netze.
- Bereits bekannte Icons werden oft eher aufgrund ihrer Positionierung als aufgrund ihres Aussehens angeklickt. Es ist daher absolut notwendig, in der Anordnung und Lage der Icons konsistent zu bleiben.

Nutzer_innen-Eingaben

- Viele Senior_innen wissen nicht, dass man zur Eingabe in ein Textfeld hinein tippen muss, damit die Tastatur erscheint.
- Fast alle Senior_innen hatten ein Problem mit den zu kleinen Tasten zur Texteingabe.
- Viele Testpersonen haben Probleme mit der Navigation des Cursors und wünschen sich Pfeiltasten wie beim PC.
- Die Eingabefelder sollten möglichst fehlertolerant sein und Suchergebnisse während der Eingabe anzeigen.
- Bei Eingabemöglichkeit im oberen Bereich des Bildschirms wurde die im unteren Bereich befindliche Tastatur von einigen Testpersonen nicht in Zusammenhang mit der Eingabemöglichkeit gebracht.

6   Fazit

Gendability bedeutet also die gender- und diversitygerechte Gestaltung von IKT-Produkten (hier am Beispiel vom Apps und Websites), mit besonderem Augenmerk auf die Vermeidung von Hürden, also der Usability. Quantitative und qualitative Nutzungsunterschiede entstehen durch unterschiedliche Technikhaltungen und sind geprägt durch Doing Gender und vor allem durch Doing Aging.

Für Gendability ist zunächst die Reflexion der eigenen Vorannahmen („Vorurteile") von Bedeutung, um frei zu werden von stereotypen Zuschreibungen. Auf dieser Basis ist eine genaue Analyse der Zielgruppen sinnvoll, mit der oft auch neue Zielgruppen erschließbar werden. Wir schlagen vor, die Zielgruppen anhand der Diversity-Merkmale zu analysieren. Um die realen Anforderungen und Bedürfnisse unterschiedlicher Zielgruppen zu erfassen und einfließen lassen zu können, ist die Einbindung von Nutzer_innen im Sinne des partizipativen Designs wesentlich.

Beim Design von Produkten zu berücksichtigen sind insbesondere:

- die Diversity-Dimensionen Geschlecht, Alter und Generationen, Beruf bzw. Tätigkeitsfeld, Technikerfahrung und -affinität (nicht im Diversity-Rad vorhanden), Bildung, Ethnischer bzw. kultureller Hintergrund, Beeinträchtigungen bzw. Behinderungen,
- eine integrierende und diskriminierungsfreie verbale und Bildsprache,
- die Berücksichtigung der realen Nutzungskontexte und des Lebensalltags der Nutzer_innen.

Dadurch können neue Zielgruppen erschlossen, Produktideen generiert und ausgestaltet, deren Treffsicherheit überprüft und nicht zuletzt eine mehrdimensionale Bildsprache entwickelt werden. Für uns sind Geschlecht und Alter damit zu kaum zu überschätzenden Innovationskategorien geworden.

Literatur

Barletta, M. (2006) *Marketing to Women*; Berkshire: Kaplan Publishing.

Bath, C. (2009). *De-Gendering informatischer Artefakte. Grundlagen einer kritisch-feministischen Technikgestaltung* (Dissertation). Bremen: Staats- und Universitätsbibliothek Bremen. URN: http://nbn-resolving.de/urn:nbn:de:gbv:46-00102741-12

BITKOM (Hrsg.) (2011). *Jugend 2.0 – Eine repräsentative Untersuchung zum Internetverhalten von 10- bis 18-Jährigen*. Abgerufen am 28. Februar 2014 von http://www.bitkom.org/files/documents/BITKOM_Studie_Jugend_2.0.pdf

Buchmüller, Sandra, Joost, Gesche, Bessing, Nina & Stein, Stephanie (2011). *Bridging the gender and generation gap by ICT applying a participatory design process. Personal and Ubiquitous Computing (15)*7, 743–758.

Bührer, Susanne & Martina Schraudner (2006). *Wie können Gender-Aspekte in Forschungsvorhaben erkannt und bewertet werden?* Stuttgart: Fraunhofer IRB Verlag.

Butovitsch-Temm, Tatiana (2008*). If You Meet the Expectations of Women, You exceed the Expectations of Men. How Volvo Designed a Car for Women Customers and Made World Headlines*. In L. Schiebinger (Hrsg.), Gendered Innovations in Science and Engineering (S. 131–149). Stanford: Stanford University Press.

Connell, Raewyn (2006). *Der gemachte Mann: Konstruktion und Krise von Männlichkeiten*. Frankfurt a. M.: VS Verlag für Sozialwissenschaften.

Erharter, Dorothea, Xharo, Elka (2014). Smartphones, Tablets, App für Seniorinnen und Senioren. In Guido Kemper (Hrsg.), *Tagungsband zum uDay XII* am 16. Mai 2014 an der Fachhochschule Vorarlbert, Österreich.

Erharter, Dorothea (2013) G-U-T Guideline. Abgerufen am 28. Februar 2014 von http://g-u-t.zimd.at/sites/default/files/files/GUT-A-Guideline.pdf

Erharter, Dorothea. (2012). Gendability – Was hat Usability mit Gender zu tun? In G. Kempter, K.-H.Weidmann (Hrsg.), *Technik für Menschen im nächsten Jahrzehnt. Beiträge zum Usability Day X* (S 107–117). Lengerich: Pabst Science Publ.

Gardenswartz, Lee & Rowe, Anita (2003). Diverse Teams at Work. Alexandria, Virginia: *Society for Human Resource Management.*

Haring, Solveig (2011). Neue Medien „alte" Frauen. Medienkompetenz für ein Aufweichen von Klischees. In Magazin erwachsenenbildung.at. *Das Fachmedium für Forschung, Praxis, und Diskurs, 13.* Abgerufen am 21. Dezember 2012 von http://www.erwachsenenbildung.at/magazin/11-13/meb11-13.pdf

Initiative D21 (Hrsg.) (2008). *(N)Onliner Atlas. Sonderauswertung Internetnutzung und Migrationshintergrund in Deutschland.* Abgerufen am 28. Januar 2014 von http://www.initiatived21.de/wp-content/uploads/alt/08_NOA/NOA_Migration.pdf

Initiative D21 (Hrsg.) (2013). *(N)Onliner Atlas.* Abgerufen am 14. Mai 2014 von http://www.initiatived21.de/portfolio/nonliner-atlas/

Joost, Gesche, Bessing, Nina & Buchmüller, Sandra (2010). G – Gender Inspired Technology. In Waltraud Ernst (Hrsg.), *Geschlecht und Innovation. Gender-Mainstreaming im Techno-Wissenschaftsbetrieb. Internationale Frauen- und Genderforschung in Niedersachsen.* Teilband 4. Berlin: LIT Verlag.

Joost, Gesche (2008). Gender-Aspekte in der Designausbildung. In Ingrid Hasper (Hrsg.). *Key competence: Gender. HAWK-Ringvorlesung 2007/2008.* Abgerufen am 28. Februar 2014 von http://www.hawk-hhg.de/hochschule/media/Genderaspekte_in_der_Designausbildung_v0.2.pdf

Klein-Franke, Silke (2006). Gender Aspekte in Forschungsvorhaben. Wozu? Forschung hat doch kein Geschlecht!. In Dorothea Erharter (Hrsg*.), Gender Mainstreaming in Bildungseinrichtungen* (S. 73–91). Graz: Verein Forum Neue Medien.

Knoll, Bente (2014). *Viele Facetten. Geschlechter- und diversityfreundliche Mediengestaltung in technischen Bereichen.* In diesem Band.

Mohr, Nikolaus, Sauthoff-Bloch, Ann-Kathrin, Alt, Markus & Derksen, Jens (2011*). Mobile Web Watch 2011. Deutschland, Österreich, Schweiz. Die Chancen der mobilen Evolution.* Abgerufen am 03. Januar 2013 von http://www.accenture.com/SiteCollectionDocuments/Local_Germany/PDF/Accenture-Studie-Mobile-Web-Watch-2011.pdf

Rat für Forschung und Technologieentwicklung (2005). FAS.research (Hrsg.) *Excellente Netzwerke* Abgerufen am 28. Februar 2014 von http://www.fas.at/download-document?gid=253

Scambor, Elli, Zimmer, Fränk (2012). *Die intersektionelle Stadt.* Bielefeld: transcript.

Silverstein, Michael, Sayre, Kate & Butmann, John (2009). *Women want More.* New York: Harper Business.

Wolffram, Andrea (2006). Studentische Technikhaltungen als gender-sensitiver Indikator für Ressourcen und Belastungen in der Studieneingangsphase. In Dorothea Erharter (Hrsg), *Gender Mainstreaming in Bildungseinrichtungen* (S. 19–31). Graz: Verein Forum Neue Medien.

Viele Facetten. Geschlechter- und diversityfreundliche Mediengestaltung in technischen Bereichen

Bente Knoll
Büro für nachhaltige Kompetenz B-NK GmbH

1   Zusammenfassung

Die Welt der Technik- und Ingenieurwissenschaften ist geprägt von Geschlechter-Stereotypen und -Bildern, wie Analysen durch das Büro für nachhaltige Kompetenz, Wien/Österreich, ergab (vgl. Knoll, Inhof und Posch, 2013a und 2013b). Im Rahmen des FEMtech-Forschungsprojekts „GenderTechnikBilder" (gefördert von der Österreichischen Forschungsfördergesellschaft mit Mitteln des Bundesministeriums für Verkehr, Innovation und Technologie) wurde zur Repräsentanz von Frauen und Männern in der technik- und ingenieurwissenschaftlichen Branche geforscht. Ein Gender Screening von ausgewählten populären Kommunikationsmitteln, wie Websites und Image-Broschüren von technischen Universitäten, Fachhochschulen, Forschungseinrichtungen und Unternehmen, macht Geschlechterverhältnisse sichtbar und zeigt, welche Inhalte, Personen/Personengruppen, geschlechterbezogene Zuschreibungen und Rollenbilder vorkommen. Darüber wird deutlich, wie oft Frauen und Männer auf Bildern und in Texten gezeigt bzw. genannt werden. In flankierenden Fokusgruppen-Interviews diskutierten Personen, die in technischen bzw. nichttechnischen Bereichen arbeiten, zu deren Technikvorstellungen und -bildern. Die gesammelten Daten wurden mit Vertreter_innen universitärer und außeruniversitärer Forschungseinrichtungen sowie österreichischer Unternehmen aus dem Forschungs- und Entwicklungsbereich erörtert.

Auf Basis der Untersuchungen wurde eine Website, ein integriertes Online-Quiz sowie ein Print-Leitfaden mit Informationen, Tipps und Unterhaltung zur gender- und diversityfreundlichen Gestaltung von Medien entwickelt. Die Ergebnisse des Projekts wurden durch Feedbackschleifen mit relevanten Personen, wie Öffentlichkeitsarbeiter_innen und Pressesprecher_innen, auf deren Praxistauglichkeit geprüft und bieten Informationen, Tipps und Unterhaltung zur gender- und diversityfreundlichen Gestaltung von Medien.

2   Ausgangslage

„Medien durchdringen Politik, Beruf, Schule oder den Alltag: Politik ohne Medien scheint heute genauso wenig möglich, wie Alltag, Beruf oder Schule ohne Medien vorstellbar sind." (Dorer, 2002, S. 53). Medien sind heute ein integraler Bestandteil unserer Gesellschaft, sie durchziehen gesellschaftliche Institutionen genauso wie unsere individuellen Lebensbereiche. Es wird immer schwieriger, sich Medien zu entziehen. Vor allem Bilder umgeben uns ständig: Das Fernsehen und das Internet haben einen zentralen Stellenwert im Leben von vielen Menschen eingenommen (vgl. Gleich, 2012 sowie Breunig, Hofsümmer und Schröter, 2014). Auf unseren Wegen zur Schule, zur Arbeit, auf unseren Freizeitwegen begegnen wir ständig Werbungen, sei es in Form von Plakatwerbungen oder sei es in Form von Inseraten in Zeitungen oder auch als Banner-Werbung in digitalen Medien. Von Bedeutung ist dabei, dass Werbung aufgrund ihrer unumstrittenen Parteilichkeit (für ein Produkt, eine Dienstleistung) von der Pflicht entbunden ist, möglichst objektiv zu sein. „Insofern Werbung die Geschlechterdifferenz thematisch verarbeitet, beteiligt sie sich an der allgemeinen Geschlechtsdifferenzierung. Während diese jedoch die Funktion übernimmt, eine basale gesellschaftliche Ordnung herzustellen, ist das Werbesystem auf eine spezifische ordnungsstiftende Funktion festgelegt – auf die Motivation von Teilnahmebereitschaft." (Zurstiege, 1998, S. 124). Neben der Darstellung von Frauen stellen auch Darstellungen von Männern Elemente der Inszenierung werblicher Kommunikationsangebote dar, wobei Männer (der Werbung nach) sportlich, erfolgreich, tüchtig, vernunftbegabt sind. Immer wiederkehrende Darstellungsmuster von Männlichkeit in der Werbung sind nach Guido Zurstiege: Männer vom Typ des „Alleskönners", „erfolgreichen Mannes", „Praktikers" oder des „Familienvaters".

In Bezug auf die mediale Repräsentation von Weiblichkeit spricht Johanna Dorer (2002) von einer „Vereinheitlichung der medialen Repräsentation" und zeigt, dass es in den heutigen gängigen Medien in westlichen Ländern nur eine beschränkte Anzahl an Mustern von Weiblichkeiten gibt, wie etwa die „Power-Frau", die „Hausfrau", die „Mutter", die „Heilige". Für andere Länder konstatiert sie die „unterdrückte arabische Frau mit Schleier oder Burka" oder die „sexualisierte, schwarze Frau mit den Symbolen Polygamie und Aids" (vgl. Dorer, 2002). Es entstehen stereotype Vorstellungen davon, wie Frauen sich zu verhalten haben, welche Berufe passend scheinen, welchen Lebensentwurf Frauen zu wählen haben.

Bei der Analyse von Fernseh- und Spielfilmen in Bezug auf die Repräsentation von Frauen und Wissenschafterinnen fällt auf, dass die Berufswelten von Wissenschafterinnen, insbesondere Naturwissenschafterinnen und Ingenieurinnen, in dieser fiktionalen Welt deutschsprachiger Fernseh-Spielfilme, -Serien und -Soaps kaum Berücksichtigung finden. Im Gegensatz dazu machen US-amerikanische Serien, wie CSI, deutlich, dass sich in naturwissenschaftlichen und technischen Berufsmilieus spannende Geschichten und charismatische Figuren platzieren lassen. Dort hat die Verbrechensaufklärung durch technisch versierte Spezialistinnen dazu geführt, dass junge Frauen vermehrt entsprechende Studienfächer belegen und Ausbildungen anstreben.

Illustrative Bilder auf Websites und auch Fotomaterial in gesonderten Bilddatenbanken, bislang eher unerforschte Datengrundlagen, gewinnen in der Praxis, so die Erfahrungswerte der Autorin, zunehmend an Bedeutung. So haben auch technische Universitäten bzw. Fachhochschulen eigene Presseabteilungen, in denen sie einerseits ihre Universitäten und andererseits ihre ingenieurwissenschaftlichen Ausbildungszweige, die Ausstattung der Hörsäle, Labors und Werkstätten/Versuchseinrichtungen vorstellen. „Die Pressefotografie ist eine

Botschaft. Die Gesamtheit dieser Botschaft besteht aus einer Senderquelle, einem Übermitt-lungskanal und einem Empfängermilieu. Die Senderquelle ist die Redaktion der Zeitung, die Gruppe der Techniker, von denen die einen das Foto aufnehmen, die anderen es auswählen, setzen und bearbeiten." (Barthes, 1990, 11).

Die Tatsache, dass Frauen in technologieorientierten Unternehmen, in universitären und außeruniversitären technischen und ingenieurwissenschaftlichen Forschungseinrichtungen immer noch unterrepräsentiert sind, hat, gemäß den Praxiserfahrungen der Autorin, auch mit Bildern zu tun – sowohl mit realen Bildern auf Websites und in Informationsmaterialien als auch mit Bildern in den Köpfen der gesellschaftlichen Akteurinnen und Akteure.

3   Gender Screening

Ein Gender Screening von ausgewählten Websites und Printmaterialien macht Geschlechter-verhältnisse sichtbar und zeigt, welche Inhalte, Personen/Personengruppen, geschlechterbe-zogene Zuschreibungen und Geschlechterbilder in Medien vorkommen. Darüber hinaus wird deutlich, wie oft Frauen und Männer auf Bildern gezeigt und in Texten genannt werden.

Das Gender Screening greift auf die Methode der Inhaltsanalyse zurück: „Inhaltsanalyse ist eine Methode der Datenerhebung zur Aufdeckung sozialer Sachverhalte, bei der durch die Analyse eines vorgegebenen Inhalts (z. B. Text, Bild, Film, ...) Aussagen über den Zusam-menhang seiner Entstehung, über die Absicht seines Senders, über die Wirkung auf den Emp-fänger und/oder die soziale Situation gemacht werden" (Atteslander, 2003, 225). Bei der Inhaltsanalyse wird zunächst die gegenständliche Ebene (Was ist zu sehen? Was ist zu lesen? Welchen Umfang nehmen Text und Bilder ein?) untersucht. In einem zweiten Schritt wird nach den Bedeutungen, die mit Bild und Text transportiert werden, gefragt. Insbesondere ist bei der Analyse von Bildern, die nicht unbedingt mit den Texten, die sie illustrieren, in Zu-sammenhang stehen, wesentlich herauszuarbeiten, welche Themen mit welchen Personen in welchem Zusammenhang dargestellt und welche Geschlechterbilder damit erzeugt werden.

Das Gender Screening wird in zwei Arbeitsschritten durchgeführt. In einem ersten Schritt wird für die zu analysierenden Websites die Anzahl der Frauen- bzw. Männernamen, die unter den Rubriken bzw. Unterseiten „Impressum", „Webteam" oder „Kontakt" genannt sind, gezählt. So kann aufgezeigt werden, ob Frauen oder Männer „hinter" den einzelnen Websites stehen. Von ausgewählten Bildern der jeweiligen Websites wird die Anzahl der darauf abge-bildeten Frauen und Männer erhoben. Die statistische Auswertung dieser quantitativen Daten sichert geschlechteraggregierte Daten für ein weiteres Feld in der Genderforschung und zeigt erste Tendenzen zur Repräsentation von Frauen und Männer in Online-Medien.

In einem zweiten Schritt wird ein qualitatives Gender Screening durchgeführt, um das Doing Gender sichtbar zu machen und Geschlechterbildern sowie Geschlechterzuschreibungen auf die Spur zu kommen, diese beschreib- und abbildbar zu machen. Die Bilder, auf denen Per-sonen dargestellt sind, werden auch dahingehend beurteilt, ob es sich um eine geschlechter-stereotype Darstellung handelt oder nicht („soziale Konstruktion von Geschlecht"). Grundle-gende Fragestellungen bei einem Gender Screening sind:

- Werden Frauen und Männer durch den Text gleichermaßen angesprochen?
- Werden Bilder verwendet?
- Wenn ja, kommen auf den verwendeten Bildern Menschen vor?

- Wenn ja, handelt es sich um Frauen oder Männer? Anzahl? In welchen Positionen? In welchen Körperhaltungen? Welche Bildausschnitte? Mit welchen Tätigkeiten werden Frauen/Männer dargestellt?
- Wenn ja, werden Technik/technische Artefakte/Gerätschaften abgebildet? Welche Technikbereiche werden (nicht) vor- und dargestellt?
- Wenn ja, welche Tätigkeitsbereiche der Organisation werden (nicht) vor- und dargestellt?
- Werden die Technikbereiche und (weitere) Tätigkeitsbereiche der Organisation mit Alltagsbezug beschrieben?

Die Unterscheidung zwischen Technikbildern mit bzw. ohne Menschen ist wesentlich, da es von Rezipientinnen und Rezipienten unterschiedlich bewertet wird, ob Menschen mit Technik abgebildet sind und so das Tun mit Technik vermittelt wird, oder ob die Technik als unangreifbar und fern von Menschen dargestellt wird (vgl. Knoll und Ratzer, 2010).

Ausgewählte Ergebnisse

Als Grundlagen für das Gender Screening wurden folgende Internetauftritte und Informationsmaterialien in Printform herangezogen: Technische Universität Wien, Technische Universität Graz, Montanuniversität Leoben, Universität für Bodenkultur Wien, TNF – Technisch-Naturwissenschaftliche Fakultät der Johannes Kepler Universität Linz, Fachhochschule Joanneum Kapfenberg, Fachhochschule Technikum Wien, Austrian Cooperative Research (ACR) als Dachverband der privatwirtschaftlich geführten kooperativen Forschungseinrichtungen der österreichischen Wirtschaft sowie die 17 Organisationen, die im Untersuchungszeitraum 1. Halbjahr 2012 ordentliches Mitglied der Austrian Cooperative Research waren (vgl. Knoll, Inhof und Posch, 2013b).

Für die Analyse wurden insgesamt 965 Bilder herangezogen. Fast die Hälfte der analysierten Bilder in Online- und Printmedien, nämlich 420 an der Zahl, zeigen ausschließlich technische Artefakte. Dies sind unter anderem Gebäude, Maschinen, Prototypen etc. Meist sind diese durch Weitwinkelobjektive und spezielle Kamerapositionen in Szene gesetzt. Technik wird so zum Objekt, welches – anscheinend von den Institutionen bewusst – einer besonderen Darstellung bedarf. Der Bezug zu Menschen geht so vollkommen verloren. Technik wird auf eine andere Ebene abstrahiert – unantastbar für Akteurinnen und Akteure.

Insgesamt betrachtet, sind Frauen, die mit technischen Artefakten abgebildet sind, extrem unterrepräsentiert. Auf 78 der 965 Bilder ist jeweils eine Frau und auf 14 der 965 Bilder sind jeweils mehrere Frauen mit technischen Artefakten zu sehen. Wenn Frauen mit Technik gezeigt werden, sind es sehr oft Motive in Labors. Frauen tragen einen weißen Labormantel, eine Schutzbrille und sind überdurchschnittlich oft blond. An der Seite von großen, schweren Artefakten sind Frauen fast nie zu finden. Diesbezüglich kann man von einem Rollenklischee von Frauen in der Technik ausgehen. Der tatsächliche Arbeitsalltag von Technikerinnen wird gerade bei diesen Bildern nicht korrekt dargestellt. Dieses Argument konnte durch Gespräche im Zuge der Fokusgruppen-Interviews und Feedbackschleifen mit einigen Vertreter_innen der analysierten Institutionen belegt werden. Wie bei fast allen Bildern mit Personen und technologischen Artefakten wird bildkompositorisch darauf geachtet, dass die Technik im wahrsten Sinne des Wortes im Vordergrund steht.

Bei einigen wenigen Bildern werden Frauen und Technik mit Leidenschaft in Verbindung gesetzt. Dies ist anscheinend nur mit Frauen möglich, da dies umgekehrt mit Männern nicht gemacht wurde. Die Sexualisierung der Technik mit Hilfe von Models, die Posen einnehmen, die dem Arbeitsalltag nicht entsprechen, kann beobachtet werden. Durch dieses In-Szene-Setzen von Frauen als Trägerinnen von Leidenschaften werden Geschlechterrollen wieder sichtbar.

Bei den Printmaterialien, die an der Zielgruppe Schüler_innen und Lehrlinge ausgerichtet sind, kann eine positive Tendenz, hin zu einer alltagsnahen und genderausgewogenen Darstellung in Bildern, festgestellt werden.

Wenn Frauen nicht selber an den Artefakten arbeiten, haben sie sehr häufig lediglich eine Zureich- oder Dokumentierungsfunktion. Nur in vereinzelten Darstellungen „dürfen" Frauen an den Maschinen etc. arbeiten. Die Akteurinnen und Akteure lächeln in dieser Frau-Mann-Konstellation sehr häufig; dies wirkt manchmal künstlich und aufgesetzt. An der Bildkomposition ist interessant, dass Männer den Frauen oft nicht zugewandt stehen; Frauen den Männern jedoch schon. Akteurinnen stehen im Hintergrund, während Akteure an den Artefakten arbeiten. Die Rollenverteilung zwischen Mann und Frau ist auf den meisten Darstellungen klar getrennt – der Mann „tut" die Frau „sieht zu". Rollenklischees werden so aufrechterhalten.

Technik und Männer zeigen sich öfter in Bildern als Frauen und Technik. Die Analyse macht deutlich, dass auf 94 der 965 Bilder jeweils ein Mann und auf 24 der 965 Bilder jeweils mehrere Männer und ein technologisches Artefakt abgebildet sind. In den Abbildungen werden Männer realitätsnäher hinsichtlich des Arbeitsalltages dargestellt. Es ist erkennbar, dass das Aussehen der männlichen Personen auf den Bildern nicht in der Form in den Vordergrund gerückt wird, wie dies bei Frauen der Fall ist. Viele sind leger gekleidet. Es ist nachvollziehbar, dass diese Männer in dem Bereich arbeiten, in dem sie abgelichtet wurden. Dass mehr Männer als Frauen mit technologischen Artefakten gezeigt werden, erhärtet bei Rezeption der Medien direkt die Rollenklischees zu Mann und Frau bzw. wird die Technik nach wie vor als männliche Domäne bewertet.

4 Empfehlungen zur geschlechter- und diversityfreundlichen Mediengestaltung

Als eine grundsätzliche Empfehlung zur geschlechter- und diversityfreundlichen Mediengestaltung im technischen Bereich kann festgehalten werden: Menschen sollen im Mittelpunkt stehen. Die ausschließliche Abbildung von Maschinen, Räumlichkeiten, Artefakten etc. ist nicht zweckdienlich, da das Zusammenwirken von Mensch und Maschine vordergründig ist. Technische Geräte und Produkte sind kein Selbstzweck, sondern dienen dem Menschen. Personen transportieren Emotionen und eignen sich deshalb am besten als Imageträger_innen für Institutionen (vgl. Reiter, 1999).

Qualitätsvolle Bilder sind jene, die dem Arbeitsalltag entsprechen und Akteurinnen und Akteure in Arbeitssituationen zeigen, die nicht vorherrschenden Rollenbildern, jedoch dem Arbeitsalltag entsprechen. Geschlechterstereotype sollten vermieden und mit ihnen gebrochen werden. Bildunterschriften sollen passend und erklärend zum Dargestellten sein.

In einem modernen und zeitgemäßen Bild von Technikerinnen und Technikern sollten diese entsprechend dem realen Arbeitsalltag dargestellt werden und es sollten vielfältige Berufsbilder gezeigt werden. Mitarbeiter_innen sollten in Arbeitssituationen gezeigt werden, die nicht vorherrschenden Rollenbildern, jedoch dem Arbeitsalltag entsprechen (z. B. eine Mitarbeiterin beim Konfigurieren einer schweren Maschine oder ein Mitarbeiter bei der Reinigung). Weiters sollten Aktivitäten auch abseits der „klassisch" technischen Tätigkeiten (Messen, Programmieren etc.) sowie unterstützende Bereiche, wie Verwaltung, Personalwesen, Administration sichtbar gemacht werden.

So ist es möglich, ein differenzierteres Bild von Menschen in der Technik sichtbar zu machen und Rollenklischees entgegenzuwirken.

Bilder und Texte stehen immer miteinander in Beziehung. Besondere Bedeutung kommt den Bildunterschriften zu, denn diese schlagen die Brücke zwischen Text- und Bildbotschaften. Texte können die Aussage eines Fotos unterstreichen, erklärend wirken oder etwaige Widersprüche aufklären. In keinem Fall sollen sie jedoch das Bild konterkarieren, für Verwirrung sorgen oder Dinge, die nicht der Realität entsprechen, wiedergeben. Texte und Bildunterschriften haben die Kraft, Bilder und ihre Botschaften zu verdeutlichen, zu erklären und zu verstärken. Dieses Potenzial soll genützt werden. Auch im Sinne der Korrektheit und Fairness gegenüber abgebildeten und nicht-abgebildeten Personen sollen Bilder und Text stimmig sein.

Geschlechter- und diversityfreundliche Kommunikation bedeutet auch, Menschen mit all ihren Unterschieden in der gesprochenen und geschriebenen Sprache sichtbar zu machen. Wenn Frauen und Männer gemeint sind und angesprochen werden sollen, müssen Frauen und Männer explizit genannt werden. Frauen und Männer sollen zudem gleichwertig und symmetrisch in der Sprache präsent sein. Bei geschlechtergerechtem Sprachgebrauch geht es darum, alle handelnden Personen – Frauen und Männer – in Wort und Schrift sichtbar zu machen, sowie eine Symmetrie zwischen Frauen und Männern herzustellen. Es ist wesentlich, weibliche und männliche Nutzer_innen gleichermaßen anzusprechen – als Kundinnen und Kunden, als Arbeitnehmerinnen und Arbeitnehmer, als Auftraggeberinnen und Auftraggeber, als Multiplikatorinnen und Multiplikatoren. Durch die Verwendung von gendergerechter Sprache, gerade im technischen Umfeld, werden vor allem Frauen sichtbarer. Ein Umdenken in der Gesellschaft setzt ein und Technik wird nicht nur mit Männern assoziiert.

4.1   Das Online-Spiel

„Viele Facetten" (www.vielefacetten.at/spiel) – das Online-Quiz – nähert sich dem Thema Geschlechter-Vielfalt in der Technik auf spielerische Weise. Der Fokus des Spiels ist auf den Berufs- und Ausbildungsbereich Technik- und Ingenieurwissenschaften gelegt. Das rund zehnminütige Spiel erhöht die Sensibilität für geschlechtergerechte Formulierungen und Darstellungen in Text und Bild. „Viele Facetten" ist mit seinen abwechslungsreichen Spielverlauf und seinem farbenfrohen Layout auch für junge Spielende reizvoll. Es hilft, das starre und überholungsbedürftige (Klischee-)Bild von technischen Berufen und Ausbildungsstellen aufzulockern und die Vielfalt der Technik zu zeigen.

Eingeleitet wird das Online-Spiel mit der klaren Aufforderung „Vielfalt spielen". Es folgt die erste Frage mit der höchstwahrscheinlich verblüffenden Antwort, die die bzw. den Spielenden nachdenklich macht und die Neugierde auf weitere Fragen verstärkt: „Seit wann sind Frauen als ordentliche Hörerinnen der Technischen Universität (in Wien) zugelassen?".

Das Spiel ist so konstruiert, dass nach der ausgewählten Antwort Hintergrundinformationen zur Frage gegeben werden. Nicht die Richtigkeit der Antwort, also der Gewinn des Spiels, steht im Vordergrund, sondern das Wachrütteln und Sensibilisieren der bzw. des Spielenden bezüglich gender- und diversityfreundlicher Mediengestaltung. Die Lösungsmöglichkeiten sind unterschiedlich gestaltet und halten die Spannung während des Spielverlaufs aufrecht: Das erste Mal ist es eine Zeittafel, auf welcher ein Riegel zu verschieben ist, ein anderes Mal Antwortbalken, welche per gedrückter Maus in das Lösungsfeld gezogen werden können, ein weiteres Mal ist ein Bilderrätsel zu lösen oder eine Rankingliste zu befüllen. Die vielseitig gestalteten Fragestellungen und Antwortmöglichkeiten bilden einen abwechslungsreichen und unvorhersehbaren Spielverlauf und fesseln die Aufmerksamkeit der bzw. des Spielenden. Der Spannungsbogen bleibt das gesamte Spiel (von den ersten Hörerinnen an technischen Hochschulen, über aktuelle Zahlen zu Schüler_innen an Höheren Technischen Lehranstalten in Österreich und den Gender Pay Gap in Europa bis zur Darstellungen von Frauen und Männern bei Werbungen von technischen Produkten) aufrecht.

Abb. 1:   Screenshot www.vielefacetten.at/spiel.

4.2   Die Website

www.vielefacetten.at bietet praxisnahe Infos und Tipps für techniknahe Institutionen und PR-Verantwortliche, um Materialien der Öffentlichkeitsarbeit gender- und diversityfreundlich zu gestalten. Anhand unterschiedlicher Themenfelder und Best-Practice-Beispiele wird darge-stellt, wie man Websites, Image-Broschüren, -Filme etc. zielgruppengerecht und modern in Szene setzt. Das Angebot richtet sich vor allem an Unternehmen und Organisationen, die im technischen und ingenieurwissenschaftlichen Bereich tätig sind, ihre Kommunikation modern gestalten, Produkte und Leistungen differenziert vorstellen sowie Kundinnen, Kunden und Mitarbeiter_innen gezielt ansprechen wollen.

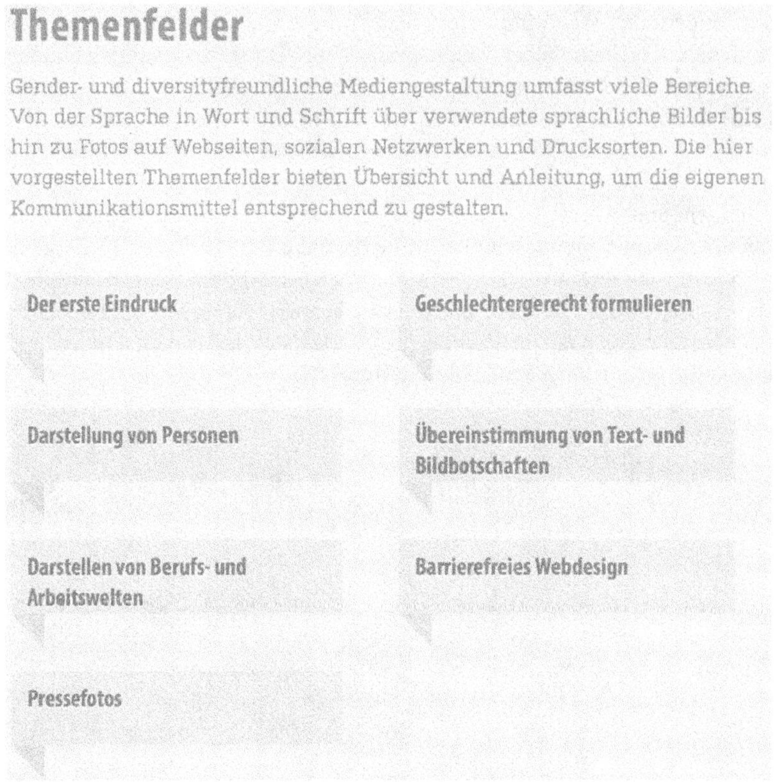

Themenfelder

Gender- und diversityfreundliche Mediengestaltung umfasst viele Bereiche.
Von der Sprache in Wort und Schrift über verwendete sprachliche Bilder bis
hin zu Fotos auf Webseiten, sozialen Netzwerken und Drucksorten. Die hier
vorgestellten Themenfelder bieten Übersicht und Anleitung, um die eigenen
Kommunikationsmittel entsprechend zu gestalten.

Der erste Eindruck	Geschlechtergerecht formulieren
Darstellung von Personen	Übereinstimmung von Text- und Bildbotschaften
Darstellen von Berufs- und Arbeitswelten	Barrierefreies Webdesign
Pressefotos	

Abb. 2:   Screenshot: Themenfelder auf www.vielefacetten.at

Literatur

Angerer, Marie-Luise & Johanna Dorer (Hrsg.) (1994). *Gender und Medien. Theoretische Ansätze, empirische Befunde und Praxis der Massenkommunikation: Ein Textbuch zur Einführung*. Wien: Braumüller Verlag.

Atteslander, Peter (2003). *Methoden der empirischen Sozialforschung*. Berlin: De Gruyter.

Barthes, Roland (1990). *Der entgegenkommende und der stumpfe Sinn*. Frankfurt a. M.: Suhrkamp.

Breunig, Christian, Hofsümmer, Karl-Heinz & Schröter, Christian (2014). Funktionen und Stellenwert der Medien – das Internet im Kontext von TV, Radio und Zeitung. Entwicklungen anhand von vier Grundlagenstudien zur Mediennutzung in Deutschland. In *Media Perspektiven, 3*, 122–144.

Dorer, Johanna (2002). Diskurs, Medien und Identität. Neue Perspektiven in der feministischen Kommunikations- und Medienwissenschaft. In Johanna Dorer & Brigitte Geiger (Hrsg.), *Feministische Kommunikations- und Medienwissenschaft. Ansätze, Befunde und Perspektiven der aktuellen Entwicklung* (S. 53–78). Wiesbaden: Westdeutscher Verlag.

Gleich, Uli (2012). Werbegestaltung, Aufmerksamkeit und Informationsverarbeitung. In *Media Perspektiven, 9*, 460–465.

Knoll, Bente & Ratzer, B. (2010*). Gender Studies in den Ingenieurwissenschaften*. Wien: Facultas Verlag.

Knoll, Bente, Inhof, Cornelia & Posch, Patrick (2013a). *Selbstbild – Fremdbild von TechnikerInnen. Bericht zu Fokusgruppeninterviews* (Kurzfassung). Abgerufen am 12. Mai 2014 von http://www.vielefacetten.at/fileadmin/vielefacetten.at/uploads/docs/Fokusgruppeninterviews_Bericht_ Kurzfassung.pdf

Knoll, Bente, Inhof, Cornelia & Posch, Patrick (2013b). *Männer an Maschinen und Frauen im Labor- mantel. Bericht zu einem Gender Screening* (Kurzfassung). Abgerufen am 12. Mai 2014 von http://www.vielefacetten.at/fileadmin/vielefacetten.at/uploads/docs/Gender_Screening_Bericht_Kurzfa ssung.pdf

Knoll, Bente & Szalai, Elke (2009). Blickpunkt Gender. Ein praxisorientierter Leitfaden zur Medienge- staltung in den Bereichen Umwelt und Nachhaltigkeit, *Magazin erwachsenenbildung.at*, 6, 12-1–12-7.

Lünenborg, Margreth (2009). Medienbilder hinken der gesellschaftlichen Wirklichkeit hinterher, Frau- enRat, Themenheft: Vielfältig gebrochen. *Frauenbilder in den Medien*, 6(9), 6–8.

Müller, Marion G. (2011). Bilder – Visionen – Wirklichkeiten. Zur Bedeutung der Bildwissenschaft im 21. Jahrhundert. In Thomas Knieper & Marion G. Müller (Hrsg.), *Kommunikation visuell. Das Bild als Forschungsgegenstand – Grundlagen und Perspektiven* (S. 14–24). Köln: Halem.

Nölleke, Brigitte (1998). Technikbilder von Frauen. *Journal für Psychologie*, 6(2), 36–52. Abgerufen am 1. Februar 2013 von http://nbn-resolving.de/urn:nbn:de:0168-ssoar-28901

Reiter, Wolfgang Michael (Hrsg.) (1999). Werbeträger. *Handbuch für die Mediapraxis*. Frankfurt a. M.: Medien Dienste GmbH.

Röser, Jutta, Tanja Thomas und Corinna Peil (2010). *Alltag in den Medien – Medien im Alltag*. Frank- furt a. M.: Verlag für Sozialwissenschaften.

Schierl, Thomas (2010). Schöner, schneller, besser? Die Bildkommunikation der Printwerbung unter veränderten Bedingungen. In Thomas Knieper & Marion G. Müller (Hrsg.), *Kommunikation visuell. Das Bild als Forschungsgegenstand – Grundlagen und Perspektiven* (S. 193–210). Köln: Halem.

Zurstiege, Guido (1998). *Mannsbilder – Männlichkeit in der Werbung. Eine Untersuchung zur Darstel- lung von Männern in der Anzeigenwerbung der 50er, 70er und 90er Jahre*. Opladen: Westdeutscher Verlag.

Integration von Gender und Diversity-Aspekten in die Informatik-Lehre – Ausgewählte Beispiele der FH Erfurt und der TU Ilmenau

Kristin Probstmeyer[1], Gabriele Schade[2]
TU Ilmenau[1]
FH Erfurt[2]

1 Informatik und Gender

Die Anbindung von Gender und Diversity im Kontext der Informatik-Lehre erschließt sich für Lehrende nicht immer auf den ersten Blick und erweist sich bei näherer Betrachtung als äußerst komplex. So lassen sich zunächst zwei zentrale Aspekte ausmachen:

Zum einen geht es, dem politischen Gendermainstreaming-Auftrages entsprechend, um die gleichberechtigte Teilhabe von Frauen und Männern in den Studien- und Berufsfeldern der Informatik. Mit Zugangsvoraussetzungen an deutschen Hochschulen, die zur Aufnahme eines (Informatik)-Studiums unabhängig von Geschlecht, Alter, Ethnizität, sozialem Status etc. motivieren, wurden bereits wichtige Grundlagen auf struktureller Ebene geschaffen. Ein Blick auf das Geschlechterverhältnis in der Informatik zeigt, dass sich in den letzten Jahren die Anzahl weiblicher Informatik-Studierender in Deutschland – zugegebenermaßen auf niedrigem Niveau – nahezu verdoppelt hat: von rund 6.200 Studentinnen im Jahr 2010 auf rund 12.000 Studentinnen im Jahr 2012. Trotz dieser positiven Tendenz liegt der Frauenanteil jedoch mit 18 % immer noch deutlich unter dem der männlichen Informatik-Studierenden (VDI-monitorING, 2013). Als Gründe werden unter anderem nach wie vor gesellschaftlich vorherrschende Geschlechterrollenstereotype und eine männlich konnotierte Fachkultur genannt (Berszinski et al., 2002; Derboven und Winker, 2010; Engler, 1993; Münst, 2002; Ripke und Siegeris, 2012; Roloff, 1988; Schinzel, 2012).

Zum anderen rückt auch die inhaltliche Ebene zunehmend in den Fokus. So prägen aktuelle Erkenntnisse der Technikdidaktik sowie der hochschuldidaktischen Gender- und Diversity-forschung maßgeblich die Vorstellung von einer zeitgemäßen guten Hochschullehre, zu deren Qualitätsmerkmalen auch die Berücksichtigung der verschiedenen Lebenswirklichkeiten der Studierenden zählt. Neben dem Gespür für und dem Entgegenwirken von Ungleichheiten aufgrund sozialer Rollen, gilt es in Lehrveranstaltungen die individuellen Interessen und Lernbedürfnisse von Studierenden zu ermitteln und zu bedienen (Götsch, 2011; Grünewald-Huber und von Gunten, 2009; Jansen-Schulz und van Riesen, 2009; Liebig, Rosenkranz-Fallegger und Meyerhofer, 2009; Becker, Jansen-Schulz, Kortendiek und Schäfer, 2006; Rosser, 1995).

2 Gender- und Diversity-Aspekte in der Informatik-Lehre und Software-Ergonomie/Usability

Neben den formalen Rahmenbedingungen und der gender- und diversitysensiblen Gestaltung der Lehr- und Lernbedingungen, gewinnt insbesondere die inhaltliche Thematisierung von Gender- und Diversity-Aspekten in der Informatik-Lehre an Bedeutung. So werden Hochschulen zunehmend in die Verantwortung genommen, Fachkräfte auszubilden, die sowohl bei der Technikentwicklung und Technikgestaltung als auch im Hinblick auf Techniknutzung gender- und diversitysensibel agieren. Mit der Prämisse, dass Technik von Menschen für Menschen entwickelt wird, sollen beispielsweise interdisziplinäre Bezüge (soziale, wirtschaftliche und rechtliche Komponenten) eine stärkere Gewichtung erhalten.

Unter dem Schlagwort „Benutzerorientierte Entwicklung" sind vor allem in der Software-Ergonomie und der Usability zunehmend Kenntnisse über Bedürfnisse und Wünsche der jeweiligen Zielgruppen gefragt. Diese Anforderungen des Marktes führen dazu, dass Informatik-Studierende frühzeitig an Usability und Spezifika von Nutzergruppen herangeführt werden (u. a. Beier und von Gizycki, 2002).

Alles das wäre doch eine gute Nachricht für „Gender und Informatik", doch leider ist die Berücksichtigung von Gender- und Diversity-Aspekten in die Softwareentwicklung, -gestaltung und -nutzung nicht nur das (marketingdeterminierte) Einbringen von Zielgruppenbedürfnissen, das häufig auch noch geschlechtsspezifische Stereotypen verstärkt, sondern vor allem das Einbringen der Genderperspektive in den gesamten Software-Engineering-Prozess (Erharter, 2012).

Mit Blick auf die Lehrenden der Informatik zeigt sich dann, dass trotz dieser notwendigen und zielführenden Intentionen und mitunter auch Aufgeschlossenheit gegenüber dieser Thematik, sich eine praktische Umsetzung oft schwierig erweist. Gründe hierfür sind unter anderem ein straffer Lehrplan, knappe Personal- und Zeitressourcen oder mangelnde Gender-Diversity-Kenntnisse von Informatik-Lehrenden bzw. fehlende Konzepte zur Einbettung von Gender- und Diversity-Themen in eigene Fachinhalte (Augustin und Probstmeyer, 2013; Döring und Probstmeyer, 2013). Im vorliegenden Beitrag werden daher ausgewählte Gender- und Diversitytools vorgestellt.

3 Thüringer Verbundprojekte GeniaL und TKG

Gemeinsam mit den anderen Thüringer Hochschulen kooperieren die Fachhochschule Erfurt und die Technische Universität Ilmenau im Forschungsprojekt „GeniaL – Gender in der akademischen Lehre" (Projektlaufzeit: 2009 bis 2012) sowie dem „Thüringer Kompetenznetzwerk Gleichstellung" (TKG – Projektlaufzeit: 2013–2015). Beide Thüringer Verbundvorhaben wurden maßgeblich von der Landeskonferenz der Gleichstellungsbeauftragten an Thüringer Hochschulen (LaKoG) initiiert und durch das Thüringer Ministerium für Bildung, Wissenschaft und Kultur (TMBWK) gefördert. Erhebung, Vernetzung und (Weiter-)Entwicklung von Gender-Diversity-Aktivitäten der Thüringer Hochschulen zählen zu den Hauptaufgaben der Verbundarbeit.

Das Beratungs- und Forschungskonzept des Projekts GeniaL zur Gestaltung einer gendersensiblen Lehre an den Thüringer Hochschulen, mit Maßnahmen und ausgewählten Ergebnissen sind im Forschungsbericht publiziert (siehe Döring, Augustin und Probstmeyer, 2013). Einige Beispiele zu den Lehr- und Forschungsaktivitäten im Bereich der Informatik werden im Folgenden vorgestellt.

3.1 Gender- und Diversity-Aspekte in der (Informatik-)Lehre aus Sicht der Studierenden und Lehrenden

Eine im Projekt GeniaL durchgeführte Befragung mit rund 1.500 Studierenden (darunter 142 Informatikstudierende, 14 % weiblich und 86 % männlich) der Thüringer Hochschulen ergab, dass, unabhängig von der jeweiligen Fächergruppe, Studierende

* in ihren Lehrinhalten kaum Genderbezüge sehen,
* Wissensdefizite im Hinblick auf Genderwissen aufweisen,
* Gleichstellungsthemen eher desinteressiert gegenüberstehen.

Des Weiteren zeigte sich in einer qualitativen Studie, in der 21 Interviews mit Lehrenden und 31 Unterrichtsbeobachtungen durchgeführt wurden, dass Lehrende, unabhängig ihrer Fächerkultur

* Hochschullehre als geschlechtsneutral definieren
* sich dennoch geschlechtsdifferenzierend verhalten und kaum reflexive Gender-Kompetenzen besitzen
* Genderthemen vorwiegend als „frauenspezifische Themen" reflektieren

Diese Ergebnisse bestärkten die Notwendigkeit von gezielten Beratungs- und Weiterbildungsangeboten im Bereich der gender- und diversitysensiblen Hochschuldidaktik an den Thüringer Hochschulen. So wurde eine Gender-Diversity-Toolbox entwickelt, die Handlungsempfehlungen und konkrete Gestaltungsbeispiele enthält, von Lehrenden auch ohne spezifische Vorkenntnisse zu handhaben ist und auch von Studierenden positiv bewertet wird (Döring et al. 2013; John, Probstmeyer, Saarmann und Schade, 2012).

3.2 Gender-Diversity-Toolbox für (Informatik-)Lehrende

Die Beispiele der Gender-Diversity-Toolbox eignen sich besonders gut für Lehrveranstaltungen des Grundlagenstudiums und zielen darauf, Gender- und Diversity-Aspekte in den bestehenden Lehrstoff einzugliedern (siehe Prinzip des Integrativen Genderings von Jansen-Schulz und van Riesen, 2009). Wie in Abbildung 1 veranschaulicht, wurden für die Gender-Diversity-Toolbox insgesamt acht Dimensionen definiert, die sich an den Gestaltungskriterien einer guten und gender-/diversitysensiblen Lehre orientieren.

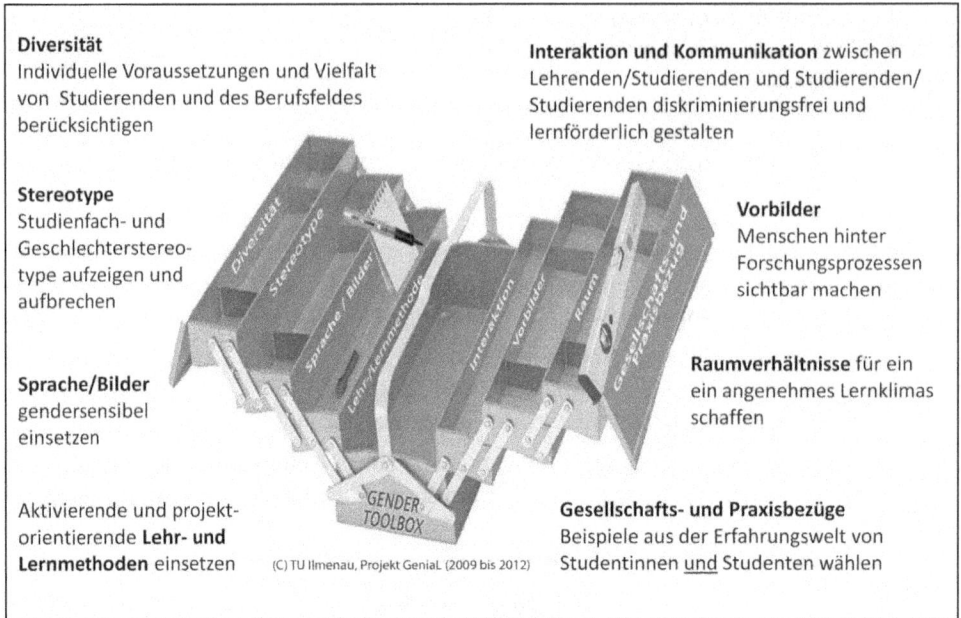

Diversität
Individuelle Voraussetzungen und Vielfalt von Studierenden und des Berufsfeldes berücksichtigen

Stereotype
Studienfach- und Geschlechterstereotype aufzeigen und aufbrechen

Sprache/Bilder
gendersensibel einsetzen

Aktivierende und projektorientierende **Lehr- und Lernmethoden** einsetzen

(C) TU Ilmenau, Projekt GeniaL (2009 bis 2012)

Interaktion und Kommunikation zwischen Lehrenden/Studierenden und Studierenden/ Studierenden diskriminierungsfrei und lernförderlich gestalten

Vorbilder
Menschen hinter Forschungsprozessen sichtbar machen

Raumverhältnisse für ein ein angenehmes Lernklimas schaffen

Gesellschafts- und Praxisbezüge
Beispiele aus der Erfahrungswelt von Studentinnen und Studenten wählen

Abb. 1:   Aufbau der Gender-Diversity-Toolbox

Das Konstrukt der Gender-Diversity-Toolbox ist flexibel zu betrachten, das heißt, die Dimensionen sind eng miteinander verknüpft, keinesfalls trennscharf und können entsprechend der eigenen Lehranforderungen und Lehrbedürfnisse modifiziert und weiterentwickelt werden. Die folgende Ausführung soll die Funktionsweise der Gender-Diversity-Toolbox verdeutlichen und bezieht sich dabei auf die Dimensionen „Stereotype", „Sprache/Bilder" und „Vorbilder".

Ausgangsproblem:

Trotz der verhältnismäßig jungen Geschichte der Informatik wurden, wie in vielen anderen Bereichen der Technikentwicklung und Technikgestaltung auch, die Beiträge und Erfolge von Frauen nicht ausreichend sichtbar gemacht. Dies birgt die Gefahr einer biologisierten, geschlechterpolarisierenden und stereotypisierten Zuschreibung: Frauen wären von Natur aus technikdistanziert, Männer hingegen technikaffin (Hausmann und Hettich, 1995).

Empfehlungen der Gender-Diversity-Toolbox:

1. Machen Sie Personen hinter den Forschungsprozessen sichtbar!

2. Recherchieren Sie nach historischen und/oder aktuellen Beiträgen von Informatikerinnen und Informatikern!

3. Entkräften Sie Biologismen durch empirisch belastbare Kenndaten! So liegt beispielsweise dem Global Education Digist (2009) zu Folge der Frauenanteil in MINT-Studiengängen mit 45 % in der Mongolei, 36 % in Kolumbien und 35 % in Bulgarien höher als in Deutschland (UNESCO, 2009).

Eine sehr homogene Fachkultur kann eine Vielzahl weiterer Stereotypisierungen und Klischees produzieren und/oder verfestigen. Hierfür hält die Gender-Diversity-Toolbox ebenfalls Empfehlungen bereit:

Thematisieren, diskutieren und hinterfragen Sie gemeinsam mit Ihren Studierenden medialisierte Pauschalisierungen und klischeehafte Darstellungen:

1. Nationalstereotype (z. B. Computer-Inder, Software-Republik Korea)

2. Altersstereotype (z. B. technikaffine Jugend vs. technikdistanzierte Ältere)

3. Fachgruppenstereotype (z. B. Konnotation eines Informatikers als männlich, unsozialer und unkommunikativer Nerd)

Die vielfältigen Themen- und Einsatzbereiche der Informatik (z. B. Kommunikation, Ge-sundheit, Kultur etc.) und ihre starke Durchdringung des gesellschaftlichen Alltags, erfordern zunehmende Kenntnisse der User-Vielfalt. So können heterogene Teambesetzung, reflexives Gender- und Diversity-Wissen sowie Usability-Tests im Rahmen der Technikentwicklung einen wichtigen Beitrag dazu leisten, zielgruppenspezifische Bedürfnisse zu erfassen (z. B. Senioren-Handy mit extra großen Tasten und vereinfachter Menüführung) und die mit kli-scheehaften Vorstellungen verbundenen Fehlproduktionen zu vermeiden (z. B. Puderdosen-Handy für Frauen). Einen praktischen Leitfaden zur Ermittlung von Gender-Aspekten bei der Technikgestaltung hat die Fraunhofer Gesellschaft im Rahmen ihres Projektes „Discover Gender" zusammengestellt (Döring et al., 2013; John et al., 2012). Der Leitfaden ist abrufbar unter URL: www.ffg.at/getdownload.php?id=3138 (Abgerufen am 21.10.2013). Für nähere Informationen zum Projekt „Discover Gender" siehe Bessing und Lukoschat (2007).

Empfehlungen der Gender-Diversity-Toolbox:

1. Berücksichtigen Sie auch Beiträge von Personen anderer Wissenschaftsdisziplinen, die einen Beitrag zur Informatik geleistet haben bzw. leisten!

2. Zeigen Sie die Vielfalt des späteren Berufsfeldes und eines damit verbundenen breiten Aufgabenspektrums auf (z. B. Beratungs- und Dienstleistungssektor mit starker Kundenorientierung und Arbeit in interdisziplinären und interkulturellen Teams)!

3. Verdeutlichen Sie die Relevanz einer zielgruppenorientierten Technikgestaltung sowie Notwendigkeit und Mehrwert von Usability-Tests bereits während der Entwicklungsphase!

4. Sensibilisieren Sie Ihre Studierenden für die Relevanz, bei der Technikentwicklung, Technikgestaltung sowie Techniknutzung, das Knowhow und Untersuchungsmethoden anderer Fachdisziplinen (z. B. sozial- und wirtschaftswissenschaftliche Disziplinen) einzubeziehen!

5. Diskutieren Sie technische Entwicklungen mitunter auch kontrovers (z. B. Abwägen von Nutzen und Risiken für die jeweiligen Usergruppen)!

Gender/Diversitytool für Informatik-Lehre an der Fachhochschule Erfurt

Im Rahmen des Projektes GeniaL wurde unter Verwendung der Gender-Diversity-Toolbox an der Fachhochschule Erfurt ein Tool für die Lehrfächer Software-Ergonomie und Web-Usability entwickelt. Studierende sollen sich hierbei mit folgenden Fragestellungen ausei-nandersetzen:

• Was bedeutet Gender in der Informatik?

• Wirkt Gender im Softwareentwicklungsprozess?

• Zeigen sich Gender-Einflüsse in Softwareprodukten?

Nach einer kurzen Einführungs- und Motivationssequenz – „Warum beschäftigen wir uns überhaupt damit?" – wird den Studierenden anhand von Software- und Usability-Engineering-Vorgehensweisen erläutert, wie im Softwareentwicklungsprozess Einflüsse von Gender sowohl bei der Entwicklung als auch bei der Nutzung von Produkten eine Rolle spielen. Dabei werden die Studierenden angehalten, über nachfolgende Fragen (Bath, 2008) nachzudenken:

- Gibt es eine Abwesenheit von Geschlechterverhältnissen in der Informatik?
- Werden Ausschlüsse bereits bei der Aufgabenanalyse der Softwareentwicklung produziert?
- Finden Rückgriffe auf geschlechtsstereotypische Grundannahmen statt?
- Wird geschlechtsspezifische Arbeitsteilung durch Informatik verstärkt?

Dazu beschäftigen sich die Studierenden in einer Übung mit vorgegebenen Beispielen (auch mit geschlechtsstereotypischen Übertreibungen) und gehen dabei den Fragen nach

- Wie zeigen sich Differenz und Diversität bzgl. Gender bei der Softwareentwicklung und den Softwareprodukten?
- Was würden Sie warum im Prozess der Entwicklung diesbezüglich tun?
- Worauf achten Sie dafür bei Softwareprodukten?

Die Studierenden arbeiten in Gruppen und präsentieren anschließend ihre Erkenntnisse den anderen Kursteilnehmerinnen und Kursteilnehmern. Abschließend werden ihre Ergebnisse dann gemeinsam und mit Hilfe der Professorin abstrahiert und eingeordnet.

Das Tool wurde im letzten Sommersemester getestet und zeigte, dass die Studierenden eine zielgruppenorientierte Softwareentwicklung für wichtig erachteten, für das Thema Gender aber bisher wenig sensibilisiert waren. Dies betraf übrigens sowohl Studentinnen als auch Studenten. Eine erneute Testphase steht im Sommersemester 2014 an, über die Ergebnisse informieren wir bei Interesse.

Gendertool für Informatik-Lehre an der Technischen Universität Ilmenau

An der Technischen Universität Ilmenau kam die Gender-Diversity-Toolbox in Informatik-Vorlesungen des Grundlagenstudiums für Studierende des 1. bis 4. Fachsemesters zum Einsatz. Im Folgenden werden einige Beispiele genannt, die von Studierenden positiv bewertet wurden.

Beispiel 1:

Frühzeitige Einbindung von Studentinnen und Studenten in karrierefördernde Netzwerke

- Machen Sie Ihre Studierenden auf wichtige Netzwerke und Fachcommunties (z. B. Youngnet des VDE – Verband der Elektrotechnik, Elektronik, Informationstechnik e. V. oder die Fachgruppe GI – Frauen der Gesellschaft für Informatik e. V.) sowie Veranstaltungen („informatiCup") aufmerksam und ermuntern Sie sie zur Teilnahme!

Hinweis: „informatiCup" ist ein jährlicher Wettbewerb, der von der Gesellschaft für Informatik (GI) für Studierende der Informatik ausgerichtet wird.

Beispiel 2:
Weiterführende Informationen und interdisziplinäre Bezüge
- Binden Sie weiterführende Informationen zum Thema/Forschungsfeld mit ein (z. B. Statistiken über zukünftige Arbeitsfelder, aktuelle Forschungsthemen der/des Lehrenden etc.), die Sie über eine Lehrfolie oder alternativ über Vorlesungsskripte, Newsletter, Info-Wand oder Internetseite des Fachgebietes kommunizieren!

Beispiel 3:
Aufzeigen von Personen hinter Forschungsprozessen sowie vorbildhafte Frauen und Männer im Bereich der Informatik
- Nutzen Sie gut aufbereitete Online-Datenbanken (z. B. www.fembio.org oder www.frauen-informatik-geschichte.de) und Publikationen (z. B. „Zukunft gestalten: Ich werde Informatikerin!" vom Kompetenzzentrum Technik–Diversity–Chancengleichheit e. V.) als Recherchegrundlage!
- Ziehen Sie auch Personen aus Ihrem eigenen Arbeitsumfeld (z. B. Forschungsteam/Fachgebiet/Institut/Hochschule) heran!

Beispiel 4:
Aufzeigen der gesellschaftlichen Bedeutung von Informatik
- Verdeutlichen Sie die gesellschaftliche Relevanz von Informations- und Kommunikationstechnologien in unserem Alltag!
- Animieren Sie Ihre Studierenden zu weiterführenden Fragestellungen (z. B. Integrationsfunktion von Technik am Beispiel der Internetnutzung von Menschen mit visuellen Handicaps; Gestaltungskritierien für ein barrierefreies Internet etc.)!

Bei den hier gezeigten Beispielen der Gender-Diversity-Toolbox ist zu beachten, dass es sich um niedrigschwellige und punktuelle Angebote handelt. Sie verhelfen insbesondere Lehrenden ohne spezifische Gender- und Diversity-Kenntnisse zu einem ersten Zugang, können aber mitunter auch zur eigenen, vertiefenden Auseinandersetzung mit Gender und Diversity motivieren. Darüber hinaus eignen sich die Dimensionen der Gender-Diversity-Toolbox auch gut dazu, die eigene Lehre auf Gender- und Diversity-Aspekte zu überprüfen.

4   Fazit

Bei den hier vorgestellten Beispielen handelt es sich um einen ersten integrativen Ansatz zur Gestaltung gender- und diversitysensibler Informatik-Veranstaltungen im Grundlagenstudium der Fachhochschule Erfurt und der Technischen Universität Ilmenau. Nach den bisherigen Erfahrungen eignen sich diese Maßnahmen als *Türöffner*, um Lehrende und Studierende der Informatik für Gender- und Diversity-Themen zu sensibilisieren. Mit Hilfe der Gender-

Diversity-Toolbox können Informatik-Lehrende, auch ohne große Einarbeitungszeit in sozialwissenschaftliche Theorien, gender- und diversitysensible Lehrmaterialien konzipieren.

Für Studierende stellt die Berücksichtigung von Gender- und Diversity-Aspekten im Rahmen der Lehrveranstaltung einen Mehrgewinn dar, da ihre individuellen Interessen und Bedürfnisse im Lehr-/Lernprozess eine stärkere Beachtung finden. Darüber hinaus bereitet sie die inhaltliche Auseinandersetzung mit gender- und diversityspezifischen Fragestellungen in der Informatik auf ihr späteres Berufsfeld vor (z. B. kunden- und zielgruppenorientiert Technikentwicklung).

Zur Förderung der reflexiven Gender-Diversity-Kompetenz und für eine tiefgreifende und langfristige Veränderung der Lehre und Fachkultur bedarf es jedoch umfassenderer Beratungsmaßnahmen und Weiterbildungsangebote, sowohl für Lehrende und Forschende als auch für Studierende. Zur Grundsensibilisierung von Lehrenden und Forschenden bieten sich hierbei Workshops an, die den Lehrenden in einem ersten Schritt Grundlagen zur Stereotypenforschung (Geschlecht, Alter, Fachkultur etc.) und zentrale Ansätze der Gender-Diversity-Forschung vermitteln. Darauf aufbauend werden dann in einem zweiten Schritt die Lehrenden dazu befähigt, unter Berücksichtigung ihrer jeweiligen fachspezifischen Eigenheiten und hochschuldidaktischen Anforderungen an Informatik-Lehre, eigene gender- und diversitysensible Lehrmaterialien zu entwickeln. Diese sollen sich in den bestehenden Lehrstoff integrieren lassen. Für Forschende der Informatik bietet sich als Aufbaukurs eine Praxiswerkstatt an, in der sie beispielsweise gemeinsam mit Forschender anderer Fachdisziplinen Projektideen generieren.

Darüber hinaus bieten Beratungs- und Coaching-Angebote die Möglichkeit, Informatik-Lehrende und Forschende durch gender- und diversitygeschulte Hochschuldidaktikerinnen und Hochschuldidaktiker individuell über einen längeren Zeitraum zu begleiten. Allerdings gilt es bei diesem Vorgehen, den entsprechend höheren Zeit- und Personalaufwand zu beachten.

Für Studierende wurde an der Technischen Universität Ilmenau der fachübergreifende Grundlagenkurs „Gender- und Diversity im Berufs- und Privatleben" entwickelt, der aufgrund seines breiten Themenspektrums (z. B. Identität und Sexualität, Familie und Paarbeziehungen, Medien, Sport, Beruf, Technik etc.) die gesellschaftliche Relevanz von Gender und Diversity aufzeigt. Im Hinblick auf die Informatik wird hier unter anderem die im Beispiel 4 dieses Artikels angeführte Integrationsfunkton von Technik (IT-Nutzung von Menschen mit visuellen und akustischen Handicaps; Gestaltungskriterien für ein barrierefreies Internet etc.) beleuchtet. Aufgrund des großen Interesses bei den Teilnehmenden wurde ein weiterführender Kurs entwickelt (z. B. Musik, Ernährung, Politik etc.). Beide Kurse werden als Online-Kurs angeboten und sind im Lehrangebot des Studium Generale verankert.

Zukünftig gilt es die hier vorgestellten Maßnahmen und Beispiele zu erweitern und insbesondere die Reflexions-, Interaktions- sowie Diskursprozesse von Lehrenden und Studierenden im Hinblick auf Gender und Diversity stärker zu fördern und die Bewertung dieser Angebote durch die Teilnehmenden zu erfassen. Im Rahmen des Thüringer Kompetenznetzwerks Gleichstellung (TKG) spielen daher in der Verbundarbeit der Thüringer Hochschulen Konzeption, Umsetzung und Evaluation hochschuldidaktischer (Weiter-)Bildungsangebote zu Gender und Diversity eine zentrale Rolle.

Literatur

Augustin, S. & Probstmeyer, K. (2013). Gender in der akademischen Lehre an Thüringer Hochschulen: Praktische Beispiele für MINT-Studiengänge. In N. Hille & B. Unteutsch (Hrsg.), *Gender in der Lehre. Best-Practice-Beispiele für die Hochschule* (S. 103–110). Opladen: Westdeutscher Verlag.

Bath, C. (2008). De-Gendering von Gegenständen der Informatik: Ein Ansatz zur Verankerung von Geschlechterforschung in der Disziplin. In B. Schwarze, M. David & B. C. Belker, (Hrsg.), *Gender und Diversity in den Ingenieurwissenschaften und der Informatik* (S. 166–182). Bielefeld: UVW.

Becker, R., Jansen-Schulz, B., Kortendiek, B. & Schäfer, G. (Hrsg.) (2001), Gender-Aspekte bei der Einführung und Akkreditierung gestufter Studiengänge – eine Handreichung. *Studien Netzwerk Frauenforschung, 21*, NRW.

Beier, M. & von Gizycki, V. (Hrsg.) (2002). *Usability, Nutzerfreundliches Web-Design.* Berlin [u.a.]: Springer.

Berszinski, S., Nikoleyczik, K., Remmele, B., RuizBen, E., Schinzel, B., Schmitz, S. & Stingl, B. (2002). Geschlecht (SexGender): Geschlechterforschung in der Informatik und an ihren Schnittstellen. *FifF-Kommunikation, 3*, 32–37.

Bessing, N. & Lukoschat, H. (2007). Gender und Innovationen – Erfahrungen aus dem Projekt „Discover Gender!". In C. Leicht-Scholten (Hrsg.), *Gender and Sciences. Perspektiven in den Natur- und Technikwissenschaften* (S. 69–82). Bielefeld: transcript.

Derboven, W. & Winker, G. (2010). *Ingenieurwissenschaftliche Studiengänge attraktiver gestalten. Vorschläge für Hochschulen*, Berlin [u.a.]: Springer.

Döring, N. & Probstmeyer, K. (im Druck). Gender-Diversity-Tools für Lehrende im ingenieurwissenschaftlichen Grundlagenstudium: Ein praxiserprobter Werkzeugkasten. *diversitas – Zeitschrift für Managing Diversity und Diversity Studies*.

Döring, N., Augustin, S. & Probstmeyer, K. (Hrsg.) (2013). *Gender in der akademischen Lehre an Thüringer Hochschulen (GeniaL).* Ausgewählte Forschungsergebnisse des Thüringer Verbundprojektes (Projektlaufzeit 2009 bis 2012). Langewiesen: Ilmprint.

Erharter, D. (2012). Gendability – Was hat Usability mit Gender zu tun? In G. Kempter, K.-H.Weidmann (Hrsg.), *Technik für Menschen im nächsten Jahrzehnt. Beiträge zum Usability Day X* (S. 107–117). Lengerich : Pabst Science Publ.

Engler, S. (1993). *Fachkultur, Geschlecht und Soziale Reproduktion. Eine Untersuchung über Studentinnen und Studenten der Erziehungswissenschaft, Rechtswissenschaft, Elektrotechnik und des Maschinenbaus.* Weinheim: Deutscher Studienverlag.

Gesellschaft für Informatik e.V., *Bedeutende Informatikpersönlichkeiten*. Abgerufen am 12. Oktober 2013 von http://www.gi.de/service/downloads.html

Goldmann, O.: *Frauen in der Informatik.* Abgerufen am 12. Oktober 2013 von http://www.virtosphere.de/schillo/teaching/WS2001/Vortraege/Frauen.ppt

Götsch, Monika (2013). „Das fängt natürlich an mit irgendwelchen Spielekonsolen" – oder: Was dazu motiviert, Informatik (nicht) zu studieren. *Informatik-Spektrum*, 36 (3), 331–338.

Grünewald, E. & von Gunten, A. (2009). *Werkmappe Genderkompetenz. Materialien für geschlechtergerechtes Unterrichten.* Zürich: Verlag Pestalozzianum.

Hausmann, M. & Hettich, C. (1995). *Geschlechterunterschiede beim Zugang zu Neuen Technologien.* Tübingen: Universitätsverlag.

Jansen-Schulz, B. & van Riesen, K. (2009). Integratives Gendering in Curricula, Hochschuldidaktik und Aktionsfelder der Leuphana Universität Lüneburg. In N. Auferkorte-Michaelis, I. Stahr, A. Schönborn & I. Fitzek (Hrsg.), *Gender als Indikator für gute Lehre: Erkenntnisse, Konzepte und Ideen für die Hochschule* (S. 65–86). Opladen [u.a.]: Budrich UniPress.

John, A., Probstmeyer, K., Saarmann, S. & Schade, G. (2012). Gender in der akademischen Lehre – ausgewählte Ergebnisse für die Lehrpraxis in der Informatik. *Frauen machen Informatik, 36*, 22–25.

Liebig, B., Rosenkranz-Fallegger, E. & Meyerhofer, U. (Hrsg.) (2009). *Handbuch Genderkompetenz. Ein Praxisleitfaden für (Fach-) Hochschulen.* Zürich: vdf Hochschulverlag.

Münst, A. S. (2002). *Wissensvermittlung und Geschlechterkonstruktionen in der Hochschullehre: Ein ehtnographischer Blick auf natur- und ingenieurwissenschaftliche Studienfächer.* Weinheim: Deutscher Studien-Verlag.

Probstmeyer, K., Döring, N. & Augustin, S. (2011). Geschlechtersensibilität im ingenieurwissenschaftlichen Grundlagenstudium. In H. Hanno, S. Kersten & M. Köhler (Hrsg.), *Renaissance der Ingenieurpädagogik. Entwicklungslinien im Europäischen Raum* (S. 124–132). Dresden: Verlag der Technischen Universität Dresden.

Ripke, M. & Siegeris, J. (2011). Informatik – ein Männerfach!? Monoedukative Lehre als Alternative. *Informatik-Spektrum, 35*(5), 331–338.

Roloff, C. (1998). Frauen in natur- und ingenieurwissenschaftlichen Studiengängen – Problembeschreibung am Beispiel von Chemie- und Informatik-Studentinnen. In D. Janshen & H. Rudolph (Hrsg.), *Frauen gestalten Technik. Ingenieurinnen im internationalen Vergleich* (S. 32–40). Pfaffenweiler: Centaurus-Verlagsgesellschaft.

Rosser, S. V. (1998). *Teaching the Majority. Breaking the gender barrier in science, mathematics, and engineering.* New York: Teachers College Press.

Schinzel, B. (2012). Geschlechtergerechte Informatik-Ausbildung an Universitäten. In M. Kampshoff & C. Wiepcke (Hrsg.), *Handbuch Geschlechterforschung und Fachdidaktik* (S. 331–344). Wiesbaden: Verlag für Sozialwissenschaften.

VDI-monitorING. *Daten zu Arbeitsmarkt, Hochschule und Schule.* Abgerufen am 22. Oktober 2013 von http://www.vdi.de/wirtschaft-politik/arbeitsmarkt/monitoring-datenbank

V Nutzungsgruppen und Geschlecht

Eine andere User Experience: Menschen mit depressiven Erkrankungen

Meinald T. Thielsch[1], Veronika Kemper[2], Ina Stegemöller[3]

Institut für Psychologie, Westfälische Wilhelms-Universität Münster[1]
Alexianer Krankenhaus Münster[2]
APV Münster[3]

1 Einleitung

Viele Websites möchten breite Zielgruppen aus unterschiedlichen Bevölkerungsgruppen ansprechen. Wir möchten in unserem Beitrag dabei das Augenmerk auf einen unseres Erachtens noch eher vernachlässigten Bereich lenken: Webuser_innen mit psychischen Erkrankungen. Uns stellt sich die Frage, ob sich psychische Erkrankungen auf die User Experience auswirken, insbesondere wie erkrankte Personen Websites wahrnehmen und welche Leistungen sie in einer Online-Recherche erbringen.

In zwei Untersuchungen wurde dazu der Einfluss der Depressivität auf die Nutzung und Bewertung von Websites untersucht. Depressive Erkrankungen treten sehr häufig auf, die 12-Monatsprävalenz liegt bei ca. 11 % (Wittchen und Hoyer, 2006). Des Weiteren sind Frauen von depressiven Störungen etwa doppelt so häufig betroffen wie Männer (vgl. Beesdo-Baum und Wittchen, 2011), ein Effekt, der sich besonders im höheren Alter manifestiert. Depressive Erkrankungen sind damit in der differenzierten Analyse der Web User Experience nicht nur aufgrund ihrer Häufigkeit, sondern auch aufgrund verschiedener Genderdifferenzen relevant. In den beiden vorliegenden Untersuchungen wurden sowohl subjektive als auch objektive Maße der Website-Interaktion erfasst. Als subjektive Maße wurde unter anderem die Bewertung der Website in den Bereichen Inhalt, Usability und Ästhetik herangezogen. Als objektives Maß der Usability wurde die Rechercheleistung betrachtet.

2 Theoretischer Hintergrund

Im Folgenden werden zunächst die theoretische Hintergründe zur Wahrnehmung von Websites hinsichtlich Inhalt, Usability und Ästhetik dargestellt. Dann wird der Stand der Forschung hinsichtlich Depression skizziert, dabei wird auf die Risikofaktoren, Prävalenz und Verlauf sowie die Diagnostik eingegangen.

2.1   Wahrnehmung von Websites

In der Wahrnehmung und Evaluation von Websites finden sich drei zentrale Konstrukte: Inhalt, Usability und Ästhetik (vgl. Schenkman und Jönsson, 2000; Tarasewich, Daniel und Griffin, 2001; Thielsch, Blotenberg und Jaron, 2014). Bei der allgemeinen Evaluation von Websites wird neben spezifischen Inhaltsbereichen oftmals die Usability intensiv diskutiert. In der Forschung wird zunehmend das gesamte Erleben digitaler Medien erfasst, dabei ist immer mehr die Ästhetik in den Mittelpunkt vieler Studien gerückt (vgl. Moshagen und Thielsch, 2010; Tractinsky, 1997). Es geht also nicht mehr nur darum, die Userin oder den User vor negativen, belastenden Erfahrungen zu bewahren (also eine hohe Usability zu gewährleisten), sondern auch positive, ästhetische Erlebnisse zu gestalten. Doch betrachten wir im Folgenden zunächst die Definitionen der drei Konstrukte näher.

Der **Inhalt** ist zentral in der Rezeption und Evaluation von Websites (vgl. Thielsch et al., 2014). Die ISO-Norm 9241-151 (ISO, 2006) definiert den Inhalt einer Webseite als die Zusammenstellung von Informationsobjekten, die in Form von Ton, Text oder Video präsentiert werden können. Von Webuser_innen wird der Inhalt als das wichtigste Kriterium für den Besuch und die Beurteilung einer Webseite genannt (Thielsch, Blotenberg und Jaron, 2014). Die Inhaltswahrnehmung beeinflusst die Zufriedenheit der User sowie deren Präferenz und Vertrauen in eine Website (vgl. beispielsweise Kang und Kim, 2006; Liu und Arnett, 2000; Thielsch et al., 2014).

Ein zweiter zentraler Aspekt in der Website-Wahrnehmung ist die **Usability**, manchmal auch als Benutzbarkeit, Benutzerfreundlichkeit oder Gebrauchstauglichkeit bezeichnet. Allgemeine Überblicksdarstellungen finden sich beispielsweise bei Salaschek, Holling, Freund und Kuhn (2007) oder Shneiderman und Plaisant (2009). Die ISO 9241-210 (ISO, 2010) definiert Gebrauchstauglichkeit als Effektivität, Effizienz und Zufriedenheit, mit der User_innen mit einem System vorgegebene Ziele erreichen können. Ebenso wie der Inhalt hat Usability eine objektivierbare (z. B. Ladegeschwindigkeit oder Linktiefe einer Website) und eine subjektive Komponente der Nutzerwahrnehmung (siehe insbesondere Hornbaek, 2006).

Das dritte zentrale Konstrukt ist die **Ästhetik**, zu dieser gibt es jedoch noch keine standardisierte Definition. Website-Ästhetik wird in der Forschung als unmittelbare, angenehme und subjektive Wahrnehmung eines Webobjekts definiert, die wenig durch schlussfolgernde Prozesse beeinflusst ist (Moshagen und Thielsch, 2010). Website-Ästhetik hat besonderen Einfluss auf den Ersteindruck einer Website, da sie sehr schnell wahrgenommen werden kann (vgl. Lindgaard, Fernandes, Dudek und Browñ, 2006; Thielsch und Hirschfeld, 2012; Tractinsky, Cokhavi, Kirschenbaum und Sharfi, 2006; Tuch, Presslaber, Stöcklin, Opwis und Bargas-Avila, 2012).

2.2   Depression

Die Depression zählt zu den affektiven Störungen, eine Störungsgruppe, die durch eine krankhafte Veränderung der Stimmung gekennzeichnet ist. In vollständig ausgeprägter Form wird dieses Krankheitsbild nach dem Diagnosesystem DSM (aktuell DSM 5, American Psychiatric Association, 2013) auch als Majore Depression (MD) bezeichnet und geht typischerweise unter anderem mit einer gedrückten Stimmung und dem Verlust von Interesse und Freude einher, wobei Depressionen allgemein durch Auffälligkeiten in verschiedenen Funktionsbereichen (Emotion und Motivation, Kognition, Sozialverhalten, Physis, Motorik; vgl.

Beesdo-Baum und Wittchen, 2011) gekennzeichnet sind. Die depressive Symptomatik weist eine Relevanz auch jenseits des vollausgeprägten Bildes auf: So betont Hautzinger (1998, S. 3), dass auch Gesunde Phasen kennen, in denen depressivitäts-assoziierte Symptome in abgeschwächter Form auftreten. Darüber hinaus bestehen häufig Komorbiditäten sowie Überschneidungen mit anderen psychischen und organischen Krankheiten (vgl. Pieper, Schulz, Klotsche, Eichler und Wittchen, 2008).

Risikofaktoren

Bei der Depression lassen sich verschiedene Risikofaktoren identifizieren, einen Überblick bieten Beesdo-Baum und Wittchen (2011): Laut ihnen zählen zu diesen Risikofaktoren Alter, Geschlecht, Familienstand, sozioökonomischer Status, psychosoziale Stressoren und Komorbidität, also das Vorliegen einer oder gar mehrerer weiterer Störungen wie beispielsweise einer Angststörung. Das Ersterkrankungsrisiko ist im Kinder- und Jugendalter eher gering und steigt aber mit zunehmendem Alter an, wobei Frauen im hohen Alter ein besonders erhöhtes Erkrankungsrisiko aufweisen (Luppa et al., 2012) und insgesamt von depressiven Störungen etwa doppelt so häufig betroffen sind wie Männer. Verschiedene Gründe werden für diese Geschlechtsunterschiede diskutiert: Vermutlich sind hier weniger genetische Ursachen (vgl. Sullivan, Neale und Kendler, 2000) als vielmehr soziale (Lebensereignisse, Rollenbild) oder psychologische Faktoren (Bewältigungsstile) zu nennen (vgl. Luppa et al., 2012). So zeigen Frauen häufiger ungünstige Bewältigungsstrategien als Männer, insbesondere hinsichtlich der Verdrängung als emotionaler Regulationsstrategie (vgl. Nolen-Hoeksema und Aldao, 2011). Die gefundenen Geschlechtsunterschiede könnten allerdings auch artifiziell sein: Möglicherweise begründet sich die divergierenden Diagnosehäufigkeit in einer unterschiedlich stark ausgeprägten Beanspruchung von Hilfsangeboten oder in der Offenheit, mit der Symptome und Gefühlslagen berichtet werden – Männer neigen eher zu weniger offenen Äußerungen und auch zu anders ausgestalteten Umgangsformen mit depressiver Verstimmung (beispielsweise übermäßiger Alkoholkonsum, vgl. Luppa et al., 2012).

Hinsichtlich weiterer Risikofaktoren zeigte sich in Bezug auf den Familienstand, dass geschiedene, getrennt lebende oder verwitwete Personen vergleichsweise häufiger betroffen sind. Depressive Störungen treten oft auch im Zusammenhang mit psychosozialen Stressoren auf, so scheint zum Beispiel ein niedriger sozioökonomischer Status ebenfalls einen Risikofaktor darzustellen. Außerdem gehen depressive Störungen häufig mit körperlichen Erkrankungen und wie bereits erwähnt mit anderen psychischen Erkrankungen einher (Beesdo-Baum und Wittchen, 2011).

Prävalenz und Verlauf

Bei der Depression handelt es sich um die häufigste psychische Störung im Erwachsenenalter (Stoppe, Bramesfeld und Schwartz, 2006). Sie besitzt im Alter zwischen 18 und 65 Jahren eine 12-Monatsprävalenz von 11 % und ein geschätztes Lebenszeitrisiko von 20 bis 22 % (Wittchen und Hoyer, 2006). Aktuelle Studien lassen darauf schließen, dass die Häufigkeit depressiver Erkrankungen noch zunimmt, da neuere Studien höhere Prävalenzwerte zeigen als ältere (Stoppe et al., 2006). Nach Angaben der Weltgesundheitsorganisation (World Health Organization, 2011) wird die Depression im Jahr 2020 an zweiter Stelle der Rangfolge der Ursachen für sogenannte *DALYs* (Disability Adjusted Life Years, das heißt die Anzahl der Jahre, die man aufgrund einer bestimmten Erkrankung durch den Verlust eines „produktiven" Lebens oder eines früheren Todes verloren hat) stehen – bei der Gruppe der 15–44-Jährigen ist dies bereits heute der Fall.

Die Depression wird, wie bereits skizziert, anhand des Schweregrades und darüber hinaus auch anhand des Verlaufs untergliedert. Es wird je nach Anzahl der Symptome (vgl. Tabelle 1) eine leichte, mittlere oder schwere depressive Symptomatik diagnostiziert, die im Verlauf nur als einzelne eher kurze Episode, oder auch wiederkehrend (rezidivierend) oder sogar andauernd (dysthyme Störung) auftreten kann.

Tabelle 1: Symptome depressiver Erkrankungen

behavioral	emotional	kognitiv	vegetativ
geringe Aktivitätsrate	Interessenverlust	*Formal:*	Energieverlust/ Antriebslosigkeit
verlangsamte Sprache & Motorik	Traurigkeit/ Niedergeschlagenheit	Einschränkungen durch Denk-, Konzentrations- & Gedächtnis-schwierigkeiten	Morgentief
			innere Unruhe
sozialer Rückzug	Schuldgefühle	Entscheidungs-schwierigkeiten	psychomotorische Unruhe oder Verlangsamung
	Gefühle von Wertlosigkeit	Grübelneigung	Schlafstörungen (Hyper- oder Insomnie)
	Gefühl innerer Leere/ Gefühllosigkeit	*Inhaltlich:*	Appetitlosigkeit & Gewichtsverlust/ Appetitzuwachs & Gewichtszunahme
	Verzweiflung	negative Gedanken	Libidoverlust
		übermäßige Besorgnis/ Pessimismus	
		suizidale Ideen	

Diagnostik

Nach DSM 5 (American Psychiatric Association, 2013) müssen für die Diagnose einer Majoren Depression über einen Zeitraum von zwei Wochen nahezu täglich mindestens fünf von neun definierten Kriterien vorliegen: depressive Verstimmung, Verlust an Freude/Interesse an positiven Aktivitäten, Appetit-/Gewichtsveränderung, verminderter oder vermehrter Schlaf, psychomotorische Unruhe oder Verlangsamung, Energieverlust, Gefühle von Wertlosigkeit/Schuldgefühle, Denk-/Konzentrationsschwierigkeiten und Gedanken an den Tod. Dabei muss zudem mindestens eines der beiden Kernkriterien (die depressive Verstimmung oder der Verlust an Interesse/Freude an positiven Aktivitäten) eines dieser Symptome darstellen, die Symptomatik Beeinträchtigung und/oder Leiden verursachen und die psychische Veränderung zudem nicht besser durch eine andere Störung oder den Einfluss einer Krankheit oder einer Substanz zu erklären sein. Während einer depressiven Phase können somit unterschiedliche Funktionsbereiche betroffen sein: Emotionen, Kognition, Motivation und Verhalten bilden die Symptomcluster, die bei depressiven Personen Beeinträchtigungen aufweisen können (Beesdo-Baum und Wittchen, 2011; Hammen, 1999, vgl. Tabelle 1).

2.3 Bedeutung der Depression für die User Experience

Aus Gründen der weiten Verbreitung teilweise oder vollständig aufgewiesener depressiver Symptomatik und der Vielfalt an möglicherweise betroffenen Funktionsbereichen erscheint die Untersuchung des Einflusses von Stimmung und damit assoziierter psychopathologischer Symptomatik auf User Experience relevant. Eine affektive Störung kann dabei als Personenvariable aufgefasst werden, die sich erheblich auf den Umgang mit einer Website auswirken kann. In Bezug auf die Website-Rezeption erscheinen hier beispielsweise neben möglichen kognitiven Leistungseinbußen auch verzerrte Bewertungsmuster (im Sinne der Kognitiven Triade nach Beck, Rush, Shaw und Emery, 1999) und motivationale Auffälligkeiten wie Interessenverlust besonders relevant.

Neben der hohen Prävalenz und der Bedeutung negativer Stimmung für die Bewertung von Websites ist die Interaktion zwischen depressiven Nutzer_innen und Websites aus dem E-Health-Bereich von besonderem Interesse, da die bisher eher unzureichende Versorgung depressiver Personen über den Hausarzt durch die Nutzung von E-Health-Angeboten (beispielsweise Diagnostik, Psychoedukation und Intervention) verbessert werden kann. Eine frühe Identifikation einer Depression und eine entsprechende Intervention ist effektiver als die Behandlung chronischer Depressionen (Hetrick et al., 2008; McGorry, Hickie, Yung, Pantelis und Jackson, 2006) und darüber hinaus verringert eine frühe psychologische Behandlung das Rückfallrisiko (Clarke, Rhode, Lewinsohn, Hops und Seeley, 1999; Jarrett et al., 2001). Somit ist es sehr zu begrüßen, wenn Betroffene sich im World Wide Web über depressive Störungen anhand von möglichst niederschwelligen und qualitativ hochwertigen Angeboten informieren.

3 Empirische Untersuchungen

Um den Einfluss von Depressivität auf die Wahrnehmung der Web User Experience zu testen, haben wir zwei Studien durchgeführt. Diese sollen im Folgenden kurz skizziert werden, eine ausführliche Darstellung findet sich bei Kemper (2012) bzw. bei Stegemöller (2013).

3.1 Methode

Zu beiden Studien wurde über verschiedene Wege eingeladen: Neben einer Ansprache von Interessierten über das Online-Panel PsyWeb (https://psyweb.uni-muenster.de) wurde in sozialen Netzwerken, einschlägigen Foren, per E-Mail, Zeitungsannoncen und Flyern auf die Studien aufmerksam gemacht. An der ersten Online-Studie nahmen N = 326 Webuser_innen im Alter von 16 bis 88 Jahren (M = 30,8; SD = 11,4 Jahre) vollständig teil, darunter 64,3 % Frauen. In dieser Stichprobe waren n = 111 Personen nicht depressiv, n = 118 unterschwellig depressiv und n = 87 nach ihren Angaben im PHQ-D eindeutig depressiv. Die Proband_innen wurden in der Studie um Angaben zu ihrer Demographie sowie um Antworten zu verschiedenen Messinstrumenten gebeten. Hierunter war auch eine Depressionsdiagnostik mittels des

PHQ-D (Löwe, Zipfel und Herzog 2002; Spitzer, Kroenke und Williams, 1999; vgl. Tabelle 2).

Tabelle 2: Darstellung eingesetzter Befragungsinstrumente und beispielhafter Items

Instrument	Quelle	Beispielitems
PHQ-D: Depressionsmodul des Patient Health Questionaire	Löwe et al. (2002), Spitzer et al. (1999)	Niedergeschlagenheit, Schwermut oder Hoffnungslosigkeit
		Schlechte Meinung von sich selbst; Gefühl, ein Versager zu sein oder die Familie enttäuscht zu haben
PWU-g: Perceived Website Usability – german	Moshagen et al. (2009); vgl. Thielsch (2008)	Ich finde die Bedienung der Website ist leicht zu verstehen.
		Ich kann die Struktur der Website leicht nachvollziehen.
VisAWI: Visual Aesthetics of Websites Inventory	Moshagen & Thielsch (2010, 2013)	Die farbliche Gesamtgestaltung wirkt attraktiv.
		Das Layout ist professionell.
WWI: Fragebogen zur Wahrnehmung von Website-Inhalten	Thielsch (2008)	Die Website weckt mein Interesse.
		Die Informationen sind qualitativ hochwertig.

Anmerkung: Die Items der Website-Evaluationsinstrumente werden anhand 7-stufiger Likertskalen (von „stimme überhaupt nicht zu" bis „stimme voll zu") abgefragt. Der PHQ-D fragt für jedes Item „Wie oft fühlten Sie sich im Verlauf der letzten 2 Wochen durch die folgenden Beschwerden beeinträchtigt?" mit der Skala „überhaupt nicht", „an einzelnen Tagen", „an mehr als der Hälfte der Tage", „beinahe jeden Tag".

Danach absolvierten alle Proband_innen Suchaufgaben auf zwei voll funktionsfähigen Websites (aus einem Set von fünf Websites) und bewerteten diese anhand verschiedener Instrumente hinsichtlich Inhalt und Usability (siehe Tabelle 2). Eine Website wurde dabei allen Proband_innen gezeigt (Hauptseite), eine zweite der vier anderen zufällig als Kontrastseite. Am Ende folgte ein Feedback zur Depression, ein Dank an die Befragten sowie für diese die Möglichkeit, ihre Daten auf Wunsch aus der Auswertung auszuschließen.

An der zweiten Online-Studie zur Absicherung, Replikation und Erweiterung der gefunden Ergebnisse nahmen N = 402 Webuser_innen von 16 bis 75 Jahren (M = 43,8; SD = 12,4 Jahre) vollständig teil, darunter 60,2 % Frauen. In dieser Stichprobe waren gemäß dem PHQ-D n = 147 Personen nicht depressiv, n = 137 unterschwellig depressiv und n = 108 eindeutig depressiv. Auch in der zweiten Studie wurden die Befragten zunächst um Angaben zu Demographie und im PHQ-D gebeten, ergänzt um weitere Diagnostika. Alle Befragten absolvierten dann wie in Studie 1 Suchaufgaben auf zwei Websites und machten Bewertungen zu Inhalt, Usability und, neu in Studie 2, zur wahrgenommenen Ästhetik (vgl. Tabelle 2). Danach folgte wie in Studie 1 Feedback, Dank und die Möglichkeit zum freiwilligen Selbstausschluss.

3.2   Ergebnisse

Im Folgenden möchten wir einzelne der Befunde unserer Studien hinsichtlich Website-Inhalt, sowie subjektiver und objektiver Website-Usability berichten. Eine ausführliche Darstellung findet sich bei Kemper (2012) bzw. bei Stegemöller (2013).

Website-Inhalt

Unsere Annahme war, dass Depressive Websites generell inhaltlich schlechter bewerten. Dies zeigte sich in den Daten: Die Gruppe der Depressiven gab für alle Testwebsites negativere Inhalts-Bewertungen auf der siebenstufigen Skala ab als die anderen beiden Gruppen. Dieser Eindruck wurde in einer einfaktoriellen ANOVA mit Post-hoc-Tests nach Bonferroni geprüft und bestätigt:

$M_{Gesunde}$ = 4.90, SD = .91 vs.

$M_{Unterschwellig\ Depressive}$ = 4.79, SD = 1.00 vs.

$M_{Depressive}$ = 4.40, SD = 1.04; $F(2, 323)$ = 6.74, p = .001, η^2 = .040.

Dabei wurden in der Berechnung die über alle Websites aggregierten Daten für den WWI-Gesamtwert benutzt; der gefundene Effekt liegt im kleinen bis mittleren Bereich.

Subjektive Website-Usability

Unsere Annahme war, dass depressive Webuser_innen die wahrgenommene Usability von Websites negativer bewerten als Gesunde. Hier wurden die Mittelwerte der drei Depressivitätsgruppen in einer ANOVA verglichen. Hier wurden zwei Berechnungen getrennt für die Hauptwebseite und die gemittelten Kontrastwebseitenwerte vorgenommen, um mögliche Effekte des Website-Inhalts zu prüfen. Die Ergebnisse ergänzt um Post-hoc-Tests nach Bonferroni zeigten, dass die Gruppe der Depressiven die Usability signifikant schlechter einschätzte:

Hauptseite: $M_{Gesunde}$ = 5.16, SD = 1.20 vs.

$M_{Unterschwellig\ Depressive}$ = 5.04, SD = 1.29 vs.

$M_{Depressive}$ = 4.58, SD = 1.38; $F(2, 323)$ = 5.37, p = .005, η^2 = .032;

Kontrastseite: $M_{Gesunde}$ = 4.68, SD = 1.38 vs.

$M_{Unterschwellig\ Depressive}$ = 4.75, SD = 1.42 vs.

$M_{Depressive}$ = 4.14, SD = 1.45; $F(2, 323)$ = 5.39, p = .005, η^2 = .032.

Die berechneten η^2-Werte wiesen auf kleine Effekte hin; diese waren in beiden Vergleichen identisch, sodass sich kein Hinweis auf einen Effekt der spezifischen getesteten Website ergab.

Objektive Website-Usability

Betrachtet man die Rechercheleistung der drei Depressivitätsgruppen in einfaktoriellen ANOVAs hinsichtlich der Unterschiede in den Such- und Gedächtnisaufgaben, sprich der objektiven Usability, ergibt sich ein anderes Ergebnismuster. Hier zeigte sich, dass es keinen signifikanten Unterschied in den erzielten Punkten zwischen den drei Gruppen gab:

Gedächtnispunkte: $M_{Gesunde}$ = 2.77, SD = 1.05 vs.

$M_{Unterschwellig\ Depressive}$ = 2.71, SD = 1.11 vs.

$M_{Depressive}$ = 2.43, SD = 1.03; $F(2, 323)$ = 2.65, p = .072, η^2 = .016;

Suchpunkte: $M_{Gesunde}$ = 3.19, SD = 1.03 vs.

$M_{Unterschwellig\ Depressive}$ = 3.03, SD = 1.15 vs.

$M_{Depressive}$ = 3.11, SD = 1.10; $F(2, 323)$ = .68, p = .506, η^2 = .004.

Dieses Ergebnis blieb bestehen, als nur die Extremgruppen (Personen mit PHQ-D-Werten in den äußeren Dezilen [< 3 oder > 15]) miteinander verglichen wurden. Die depressiveren Proband_innen bewerteten die getesteten Websites zwar schlechter, ihre Leistungen waren aber tatsächlich nicht signifikant schlechter als die gesunder Webuser_innen (vgl. Kemper, 2012).

Replikation und Ergänzung um wahrgenommene Ästhetik in Studie 2

In Studie 2 konnte bestätigt werden, dass die Depressivität auf alle subjektiven Website-Bewertungen Einfluss nahm. Die mittels des PHQ-D in Gruppen unterschiedlich ausgeprägter Depressivität eingeteilten Proband_innen unterschieden sich jedoch wie zuvor nicht in ihrer Such- und Gedächtnisleistung. Wieder aber schätzten Depressive die Usability der Testwebsites negativer ein. Bezüglich des Inhalts von Websites wurden wie in Studie 1 verschiedene Themen unabhängig vom Depressivitätsgrad unterschiedlich gut bewertet. Dabei zeigte sich allerdings wiederum, dass depressiv gestimmte Personen Webinhalte generell schlechter einstuften als Gesunde. Am wenigsten durch die Depressivität beeinflusst zeigte sich in den Analysen die Wahrnehmung von Website-Ästhetik. In Regressionsmodellen zur Vorhersage der subjektiven Website-Bewertungen auf Basis der depressiven Erkrankung, erklärt die Depression 17,3 % der Varianz der Inhaltsbewertung, 15,6 % der Varianz der Usability-Bewertung und 10,5 % der Varianz der Ästhetik-Bewertung (vgl. Stegemöller, 2013).

4   Diskussion

In unseren Studien wollten wir untersuchen, ob die Depression und die mit ihr verbundene Symptome die Website-Nutzung und Bewertung beeinflussen. Dazu wurden die Rechercheleistungen mit den Bewertungen von Website-Inhalt, Usability und Ästhetik betrachtet. Wie sich in beiden Studien zeigte, scheint die objektive Leistung bei Online-Suchaufgaben durch eine depressive Erkrankung kaum beeinflusst zu sein, während sich hingegen auffällig negativere subjektive Bewertungen für verschiedene Facetten der Website User Experience zeigten. Das führt uns zu dem Schluss, dass man Angebote für Depressive im World Wide Web sorgfältig planen und gestalten sollte, um Betroffene auch entsprechend zu erreichen. Dies erfordert bei manchen Websites, die Möglichkeit einer unverbindlichen Erstinformation und die Anleitung für eine effektive Nutzung zu integrieren. Auf diese Weise können die Vorteile des Internets zum Tragen kommen, wie beispielsweise unterschiedliche Zielgruppen auf verschiedenen Seiten innerhalb einer gemeinsamen Internetpräsenz anzusprechen, Kontakte direkt zu verlinken und einen barrierefreien Zugang von zu Hause und aus der ganzen Welt zu gewährleisten.

4.1   Limitationen und zukünftige Forschung

Einschränkend müssen bei der Interpretation der vorliegenden Ergebnisse einzelne Punkte bedacht werden: Beide Studien wurden jeweils mit deutschsprachigen Websites durchgeführt, daher lassen sich keine kulturübergreifenden Aussagen treffen. Die Stichproben weisen einen erhöhten Anteil von Frauen auf, ebenso finden sich bei der Einteilung in depressive und nicht depressive Gruppen Unterschiede in Alter und Geschlecht. Diese lassen sich aber aufgrund der Risikofaktoren für Depressionen erklären: Da wie oben dargestellt Frauen ein höheres Grundrisiko haben, an einer Depression zu erkranken, ist entsprechend zu erwarten, dass der Anteil der depressiven Frauen in der Stichprobe größer ausfällt (vgl. Beesdo und Wittchen, 2011).

In Bezug auf die Untersuchungsdurchführung muss berücksichtigt werden, dass bei Online-Umfragen mögliche Störfaktoren nicht kontrolliert werden können, so bleibt beispielsweise unklar, ob die Teilnehmer_innen Hilfsmittel verwenden oder durch andere Reize abgelenkt werden. Aus unserer Sicht überwiegen aber die Vorteile der Online-Methodik, insbesondere die Niederschwelligkeit (vgl. Thielsch und Weltzin, 2012). Depressive Personen neigen dazu, sich sozial zu isolieren und können sich schwer motivieren, daher ist eine Online-Teilnahme im Vergleich zur Laborstudie deutlich einfacher für die Befragten.

Alle Ergebnisse dieser Studie können zunächst nur auf die Erkrankung Depression angewendet werden, die sich neben schlechter Stimmung (sowie Interessenverlust und vegetativen Symptomen) vor allem durch kognitive Auffälligkeiten auszeichnet. Insofern können sie nur in dem Rahmen, in dem andere Störungen ähnliche Symptome aufweisen, auf diese übertragen werden. Weiterhin muss berücksichtigt werden, dass eine Depressionsdiagnostik anhand von strukturierten Interviews eine bessere Differentialdiagnostik sicherstellen kann, allerdings eignet sich diese Anamneseform nur sehr eingeschränkt für Online-Studien. Eine Replikation unserer Ergebnisse in Offline-Patientenstudien wäre daher sehr wünschenswert.

Darüber hinaus sollte der Einfluss einer laufenden Behandlung, bzw. insbesondere der einer Medikation der Erkrankten, in zukünftigen Untersuchungen gezielter betrachtet werden, da diese einen Einfluss auf die Ergebnisse haben könnte. Hierzu wäre eine differenzierte Erfassung der verabreichten Medikamente erforderlich, die es beispielsweise ermöglicht festzustellen, ob eingenommene Medikamente eher leistungssteigernd oder sedierend wirken.

4.2   Fazit

Generell lässt sich feststellen: Unsere Untersuchungen zeigen, dass die psychische Verfassung von Website-User_innen Einfluss auf die Wahrnehmung und Bewertung einer Website hat. Dies hat zum einen Konsequenzen für die Forschung zur User Experience: Mögliche Vorerkrankungen und andere differenzielle Effekte auf Seiten der getesteten Nutzer_innen können durchaus einen substanziellen Einfluss auf die Ergebnisdaten haben und sind daher genau zu analysieren. Die hier dargestellten Ergebnisse der Effekte von Depressivität als einer Erkrankung, bei der sich klare Geschlechtseffekte zeigen, verdeutlicht, dass in Hinblick auf User Experience im World Wide Web nicht immer nur vereinfachend von „den Männern" oder „den Frauen" gesprochen werden sollte. Zum anderen ist die Konsequenz für die Praxis, dass Angebote für Menschen mit depressiven Erkrankungen in einem besonderen Maß interessant und verständlich gestaltet werden müssen, um den Zugang und die Nutzung zu erleichtern. Generell ist hier in Forschung und Praxis eine zielgruppengenaue Evaluation notwendig, die insbesondere hinsichtlich der Usability sowohl subjektive als auch objektive Maße umfasst.

Danksagung

Wir möchten uns bei Prof. em. Dr. Fred Rist für seine Unterstützung unserer beiden Studien sowie seine vielen wertvollen Hinweise und Ratschläge herzlich bedanken! Frau Dipl.-Psych. Carolin Spieker danken wir für viele hilfreiche Anmerkungen zu diesem Manuskript.

Literatur

American Psychiatric Association (2013). *Diagnostic and Statistical Manual of Mental Disorders, Fifth Edition.* Arlington, VA: American Psychiatric Association.

Beck, A.T., Rush, A.J., Shaw, B.F. & Emery, G. (1999). *Kognitive Therapie der Depression.* Weinheim: Beltz Verlag.

Beesdo-Baum, K. & Wittchen, H.-U. (2011). Depressive Störungen: Major Depression und Dysthymie. In H.-U. Wittchen & J. Hoyer (Hrsg.), *Klinische Psychologie und Psychotherapie* (S. 879–914). Heidelberg: Springer Medizin Verlag.

Clarke, G. N., Rhode, P., Lewinsohn, P. M., Hops, H. & Seeley, J. R. (1999). Cognitivebehavioral treatment of adolescent depression: efficacy of acute group treatment and booster sessions. *Journal of the American Academy of Child and Adolescent Psychiatry* 38, 272–279.

Hammen, C. (1999). *Depression. Erscheinungsformen und Behandlung.* Bern: Huber.

Hautzinger, M. (1998). *Depression.* Göttingen: Hogrefe.

Hetrick, S. E., Parkers, A. G., Hickie, I. B., Purcell, R., Yung, A. R., McGorry, P.D. (2008). Early identification and intervention in depressive disorders: towards a clinical staging model. *Psychotherapy and Psychosomatics, 77,* 263–270.

Hornbaek, K. (2006). Current practice in measuring usability: Challenges to usability studies and research. *International Journal of Human-Computer Studies, 64*(2), 79–102.

ISO (2006). *ISO 9241: Ergonomics of Human-System Interaction – Part 151: Guidance on World Wide Web Interfaces.* Geneva: International Organization for Standardisation.

ISO (2010). *Ergonomics of human-system interaction – Part 210: Human-centred design for interactive systems (ISO 9241-210:2010).* Geneva: International Organization for Standardisation.

Jarrett, R. B., Kraft, D., Doyle, J., Foster, B. M., Eaves, G. G. & Silver, P. C. (2001). Preventing recurrent depression using cognitive therapy with and without a continuation phase. *Archives of General Psychiatry, 58*(4), 381–388.

Kang, Y. & Kim, Y. (2006). Do visitors' interest level and perceived quantity of web page content matter in shaping the attitude toward a web site? *Decision Support Systems, 42*(2), 1187–1202.

Kemper, V. (2012). Der depressive Nutzer in der Online-Gesundheitsaufklärung: Eine explorative Studie zum Zusammenhang von depressivitätsassoziierten Symptomen mit der Website-Rezeption. Unveröffentlichte Diplomarbeit, Westfälische Wilhelms-Universität Münster.

Lindgaard, G., Fernandes, G., Dudek, C. & Browñ, J. (2006). Attention web designers: You have 50 milliseconds to make a good first impression! *Behaviour & Information Technology, 25*(2), 115–126.

Liu, C. & Arnett, K.P. (2000). Exploring the factors associated with Web site success in the context of electronic commerce. *Information & Management, 38,* 23–33.

Löwe, B., Zipfel, S., Herzog, W. (2002). Gesundheitsfragebogen für Patienten (PHQ-D). Verfügbar unter http://www.klinikum.uni-heidelberg.de/fileadmin/Psychosomatische _Klinik/pdf_Material/PHQ_Komplett_Fragebogen1.pdf

Luppa, M., Sikorski, C., Luck, T., Ehreke, L., Konnopka, A., Wiese, B., et al. (2012). Age- and gender-speci fi c prevalence of depression in latest-life – Systematic review and meta-analysis. *Journal of Affective Disorders, 136*(3), 212–221.

McGorry, P. D., Hickie, I. B., Yung, A. R., Pantelis, C. & Jackson, H. J. (2006). Clinical staging of psychiatric disorders: a heuristic framework for choosing earlier safer and more effective interventions. *The Australian and New Zealand Journal of Psychiatry* 40, 616–622.

Moshagen, M., Musch, J. & Göritz, A. S. (2009). A Blessing, not a curse: Experimental evidence for beneficial effects of visual aesthetics on performance. *Ergonomics, 52*(10), 1311–1320.

Moshagen, M. & Thielsch, M. T. (2010). Facets of visual aesthetics. *International Journal of Human Computer Studies, 68,* 689–709.

Moshagen, M. & Thielsch, M. T. (2013). A short version of the visual aesthetics of websites inventory. *Behaviour & Information Technology, 32*(12), 1305–1311.

Nolen-Hoeksema, S. & Aldao, A. (2011). Gender and age differences in emotion regulation strategies and their relationship to depressive symptoms. *Personality and Individual Differences, 51*(6), 704–708.

Pieper, L., Schulz, H., Klotsche, J., Eichler, T. & Wittchen, H.-U. (2008). Depression als komorbide Störung in der primären ärztlichen Versorgung. *Bundesgesundheitsblatt – Gesundheitsforschung – Gesundheitsschutz, 51,* 411–421.

Salaschek, M., Holling, H., Freund, P. A. & Kuhn, J.-T. (2007). Benutzbarkeit von Software: Vor- und Nachteile verschiedener Methoden und Verfahren. *Zeitschrift für Evaluation, 6*(2), 247–276.

Saß, H., Wittchen, H.-U., Zaudig, M. & Houben, I. (2003). *Diagnostische Kriterien des Diagnostischen und statistischen Manuals psychischer Störungen. Textrevision. DSM-IV-TR.* Göttingen: Hogrefe.

Schenkman, B.N. & Jönsson, F.U. (2000). Aesthetics and preferences of web pages. *Behaviour & Information Technology, 19,* 367–377.

Shneiderman, B. & Plaisant, C. (2009). *Designing the user interface: Strategies for effective Human-Computer-Interaction* (5th ed.). Boston : Addison-Wesley.

Spitzer, R. L., Kroenke, K. & Williams, J. B. (1999). Validation and utility of a self-report version of PRIME-MD: The PHQ primary care study. *JAMA: The Journal of the American Medical Association, 282*(18), 1737–1744.

Stegemöller, I. (2013). Subjektive und objektive Maße der Website-Interaktion depressiver und nicht-depressiver Nutzer. Unveröffentlichte Masterarbeit, Westfälische Wilhelms-Universität Münster.

Stoppe, G., Bramesfeld, A. & Schwartz, F.-W. (2006). *Volkskrankheit Depression? Bestandsaufnahme und Perspektiven.* Heidelberg: Springer.

Sullivan, P. F., Neale, M. C. & Kendler, K. S. (2000). Genetic Epidemiology of Major Depression : Review and Meta-Analysis. *The American Journal of Psychiatry, 157,* 1552–1562.

Tarasewich, P., Daniel, H.Z. & Griffin, H.E. (2001). Aesthetics and web site design. *Quarterly Journal of Electronic Commerce, 2,* 67–81.

Thielsch, M. T. (2008). *Ästhetik von Websites: Wahrnehmung von Ästhetik und deren Beziehung zu Inhalt, Usability und Persönlichkeitsmerkmalen.* Münster: MV Wissenschaft.

Thielsch, M. T., Blotenberg, I. & Jaron, R. (2014). User evaluation of websites: From first impression to recommendation. *Interacting with Computers , 26* (1), 89–102.

Thielsch, M. T. & Hirschfeld, G. (2012). Spatial frequencies in aesthetic website evaluations – explaining how ultra-rapid evaluations are formed. *Ergonomics, 55* (7), 731–742.

Thielsch, M. T. & Weltzin, S. (2012). Online-Umfragen und Online-Mitarbeiterbefragungen. In M. T. Thielsch & T. Brandenburg (Hrsg.), *Praxis der Wirtschaftspsychologie II: Themen und Fallbeispiele für Studium und Praxis* (S. 109–127). Münster: MV Wissenschaft.

Tractinsky, N. (1997). Aesthetics and apparent usability: Empirically assessing cultural and methodological issues. *CHI '97 Proceedings of the SIGCHI Conference on Human Factors in Computing Systems*, 115–123.

Tractinsky, N., Cokhavi, A., Kirschenbaum, M. & Sharfi, T. (2006). Evaluating the consistency of immediate aesthetic perceptions of web pages. *International Journal of Human-Computer Studies* 64, 1071–1083.

Tuch, A.N., Presslaber, E.E., Stöcklin, M., Opwis, K. & Bargas-Avila, J.A. (2012). The role of visual complexity and prototypicality regarding first impression of websites: Working towards understanding aesthetic judgments. *International Journal of Human-Computer Studies, 70*(11), 794–811.

Wittchen, H.-U. & Hoyer, J. (2006). Klinische Psychologie & Psychotherapie. Heidelberg: Springer.

World Health Organization (2011). Depression: What is depression? Abgerufen am 7. Januar 2014 von http://www.who.int/mental_health/management/depression/en/

Assessing the influence of gender towards the adoption of technology-enabled self-service systems in retail environments

Christian Zagel[1], Jochen Süßmuth[2], Leonhard Glomann[2]
Friedrich-Alexander Universität Erlangen-Nürnberg[1]
adidas Group[2]

1 Introduction

Traditional brick-and-mortar business is facing several challenges. "Retail companies that want to survive among other retailers will have to make sure their store is more than just a collection of products" (Floor, 2006). Competition is not only driven by other companies but also exists among different sales channels (Brynjolfsson, Hu, and Rahman, 2009). Online business experiences a continuous growth throughout the last years and it is getting harder to reach consumers through traditional channels.

Business that previously took place in physical environments now finds itself faced with a variety of new channels. Recent technology merges the real with the virtual world. Particularly in the times of "always on", consumers perceive the channels that brands provide as one holistic construct. Firms have to keep up with this rapid development in consumer behavior. Today, companies of the modern service-driven economy still strive to be successful by offering a broad choice of products and services (Zagel and Bodendorf, 2012). However, the consumer's experience with the brand is not only determined by the actual product itself. It is rather a combination of all single experiences gained at each and every touch point. These consist of so-called experiential features that are either of functional/utilitarian or emotional/hedonic nature (Holbrook, 1999; Gentile, Spiller, and Noci, 2007). By evoking fun, pleasure, and other positive emotions during shopping, companies can not only satisfy, but fascinate their consumers over their brands and products. And this can happen best, if brands lead their customers back to the touch point where they have most influence: the physical POS.

Through direct and personal contact and the independence of customer owned technology traditional brick-and-mortar stores are particularly suited for realizing outstanding service concepts through technology (Burke, 2002). In order to achieve best effectiveness, the resulting service systems should be developed serving the needs of the respective consumer group. Especially in fashion retailing not only the consideration of different age groups but also of the gender aspect is necessary.

In this paper we present the prototype of an interactive fitting room as an example for an experiential self-service system in retail. Meuter, Ostrom, Roundtree, and Bitner (2000) describe self-service systems as "technological interfaces that enable consumers to produce a service independent of direct service employee involvement". Although being one of the most important elements of apparel stores, the appearance of dressing rooms hardly changed throughout the last decades. The goal of the interactive fitting room is to create an immersive environment by leveraging the potential of innovative technologies, specifically focusing on the target group of the digital natives, people born 1980 and after (Prensky, 2001). Based on the respective product selection, conclusions are drawn to the most probable user group and different experiences are created for the distinct users (e. g., females and males). This can for example be the adjustment of the user interface design or the provision of specific product context information. The concept follows a two-step approach: A survey element allows to rate experiential dimensions and to compare different user groups, e. g., genders. In the second step the results are used in a newly developed causal model applied to assess the correlations of experiential effects of self-service design with personal characteristics of technology use and evaluated using the partial least squares method. Finally, recommendations for action are derived to support the gender-specific development of experiential self-service systems.

2   CyberFIT: Interactive Fitting Room

The presented prototype realizes an interactive fitting room for application in brick-and-mortar stores of the fashion industry. Special focus lies on the customer experience amongst the comparably young focus group of the digital natives.

A smart combination of hard- and software technologies (Figure 1 shows the physical arrangement of the hardware) is used to create a multi-sensual environment. Using Radio Frequency Identification (RFID) technology, the fitting room automatically identifies the products taken inside. This type of RFID uses the EU standard of the Ultra-High Frequency band at 868 MHz (Franke and Dangelmaier, 2006) and represents "a wireless communication technology, that is used to uniquely identify tagged objects or people" (Hunt, Puglia & Puglia, 2007). Allowing the contact-less identification of garments on rather long distances, it is possible to read the tags at any position inside of the room. Additional assistance provided by the customer (e .g., mounting the product on a clothes hook) is not required, which makes it possible to surprise the consumer already when stepping inside.

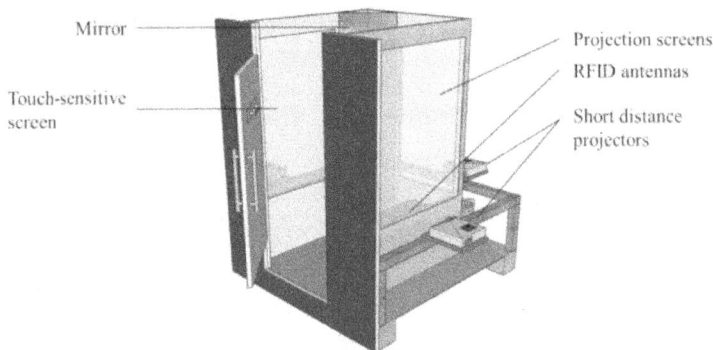

Fig. 1:   Prototypic Setup

This product identification triggers interactive animations shown in a CAVE-like environment (Cruz-Neira, Sandin, and DeFanti (1993) describe the "CAVE" as a projector-based virtual reality system in form of a cube), using all three walls as rear-projection display areas.

One of the walls is equipped with a capacitive touch foil, allowing the customer to navigate through the user interface and, in combination with a sound system, supports a multi-sensual Human-Computer Interaction (HCI). While all necessary hardware is hosted inside of an interior wall, the inside of the room is designed like the one of a traditional fitting room, offering the same space and also a conventional mirror. All control elements and product information are integrated into category-specific animations, allowing a consistent and immersive interaction concept. The goal is to make the customer feel like walking through a digital portal, stepping into a virtual world when entering. The virtual world represents the topic/style of the product taken inside. Therefore, the fitting room for example starts the animation of a mountain environment when entering with an outdoor jacket, a soccer stadium for a soccer jersey or plays a video of a music concert for a lifestyle product. Product information like available sizes, colors, material characteristics as well as cross- and upselling offers are integrated. A connection to social networks and product portals allows sharing reviews and products online as well as browsing through product reviews, ratings and comments of other customers. Figure 2 shows the physical prototype and the example of an immersive environment created.

Fig. 2:   Interactive Fitting Room and Immersive Environment

3   Experiential Effects of Technology

Building on widely accepted models of customer experience theory as well as technology acceptance research, a concept is presented that enables researchers and practitioners to assess the experiential aspects of technology-enabled self-services and to explore the interdependencies between constructs that lead to positive experiences. The concept can be used to strategically design, to measure, and to improve consumer-oriented and technology-based self-service systems. An experience design questionnaire allows the assessment of concrete self-service installations and their design, based on affective, cognitive, behavioral, sensory, and social elements. These for example include aspects relevant for assessing the visual attractiveness that is considered an important characteristic of these kind of productified consumer touch points. Previous research was already able to prove that aesthetics affect emotions in regards to a company's touch points like websites or its products (Bloch, Brunel, and Arnold, 2003; Moshagen and Thielsch, 2010). An additional causal model, taking the traditional technology acceptance model (TAM) (Davis, 1985; Davis, Bagozzi, and Warshaw, 1989; van der Heijden, 2004) as a basis, allows to measure dependencies between general acceptance, utilitarian value and usability, trust-barriers, as well as experiential effects. It thereby offers the possibility to identify potentials for improvement. The overall goal is to create self-service systems that consciously and subconsciously captivate the user, leading to "service fascination".

> Service Fascination can be described as an extraordinary positive emotional state arising through conscious and subconscious effects of self-service technology use. The goal is to apply innovative technologies not only to provide better services, but to fulfill the affective, cognitive, behavioral, sensorial and social experience dimensions, leading to active positive promotion and an innovative perception of the service provider.

Part one of the concept is used to identify the experiential characteristics of concrete technological self-service instantiations. A survey is composed that includes items to measure the dimensions proposed by Schmitt and Mangold (2004) and is assembled by adopting items from previous research as well as newly constructed items (cf. Table 1).

Tab. 1:   Experiential Design Survey (including Cronbach's α for the respective constructs)

Affective (α = 0.723) (third and fifth item dropped)	Source
I find the system to be enjoyable.	Davis, Bagozzi & Warshaw (1992), also used in Venkatesh & Bala (2008)
The actual process of using the system is pleasant.	
I have fun using the system.	
Using the system is fun for its own sake.	Childers, Carr, Peck & Carson (2001), also used in Kim & Forsythe (2007)
Using the system makes me feel good.	Childers, Carr, Peck & Carson (2001), also used in Kim (2006)
Cognitive (α = 0.847)	**Source**
I am satisfied with the product information the system provides.	Chen, Gillenson & Sherrell (2004), based on Daft & Lengel (1986)
The system provides product information in a variety of ways (i. e., text, graphic, animation, audio, and video).	
Using the system is interesting.	Childers, Carr, Peck & Carson (2001), also used in Kim & Forsythe (2007)
Overall, the service quality of the system is high.	Chen, Gillenson & Sherrell (2004), based on Cronin & Taylor (1992)
The system allows me to make buying decision in a reflected way.	New item, based on Gentile, Spiller & Noci (2007), Schmitt & Mangold (2004)
Behavioral (α = 0.891)	**Source**
Using the system would change my shopping behavior.*	New item, based on Gentile, Spiller & Noci (2007), Schmitt & Mangold (2004), Verhoef, Lemon, Parasuraman, Roggeveen, Tsiros & Schlesinger (2009)
Using the system would influence my shopping behavior.*	
The system shows me alternative ways for buying products.	New item, based on Gentile, Spiller & Noci (2007), Schmitt (1999), Schmitt & Mangold (2004), Verhoef, Lemon, Parasuraman, Roggeveen, Tsiros & Schlesinger (2009)
The system fits to my personal lifestyle.	

Sensory (α = 0.947)	Source
Overall, I think the system looks attractive.	van der Heijden (2003)
The system stimulates my senses (visual, auditory, haptic, gustatory or olfactory).	New item, based on Gentile, Spiller & Noci (2007), Schmitt & Mangold (2004), Verhoef, Lemon, Parasuraman, Roggeveen, Tsiros & Schlesinger (2009)
The system stimulates multiple of my senses at once.	
The physical interaction feels appealing.	
Social (α = 0.813)	**Source**
In general, I think the system provides good opportunities for interaction with others.	Liu, Chen, Sun, Wible & Kuo (2010)
The system motivates to use it together with others.	New item, based on Gentile, Spiller & Noci (2007), Liu, Chen, Sun, Wible & Kuo (2010)
My friends would be envious of me having the chance to use the system.	New item, based on Schmitt & Mangold (2004), Venkatesh & Bala (2008)
Having had the chance to use the system is like a status symbol.	

*Adaption of the experiential design study to fit the respective field of application (e. g., shopping)

This part of the survey not only allows the identification of strengths and weaknesses of the experiential service design but also a comparison of different service instantiations.

Assuming that experience is always perceived in form of one holistic construct (as proposed by Verhoef, Lemon, Parasuraman, Roffeveen, Tsiros, and Schlesinger (2009)) the formative variable "experiential design" uses the results for applying them to the overall service fascination research model (cf. Figure 3). Forming the second part of the concept it is used to explore the interdependencies with other (reflective) constructs influencing the overall satisfaction and service fascination. The traditional TAM (cf. Davis, 1985; Davis, Bagozzi, and Warshaw, 1989; van der Heijden, 2004) serves as a basis for creating a causal research model to identify correlations between relevant elements. Comparable to the model described by Kano, Seraku, Takashi, and Tsuji (1984), the proposed concept integrates basic dimensions (perceived usefulness and ease of use), rejection dimensions (trust) and experiential dimensions (service design), supported by technology readiness as a mediator. A functioning system that provides utilitarian value to the consumer, that is easy to use, and that is trustworthy while using it can subsequently be made exciting through explicit integration of experiential elements (affective, cognitive, behavioral, sensorial, and social dimensions) leading to an improved experiential perception. Except for "experiential design", all constructs are formulated as reflective measurement models within the proposed structural equation model.

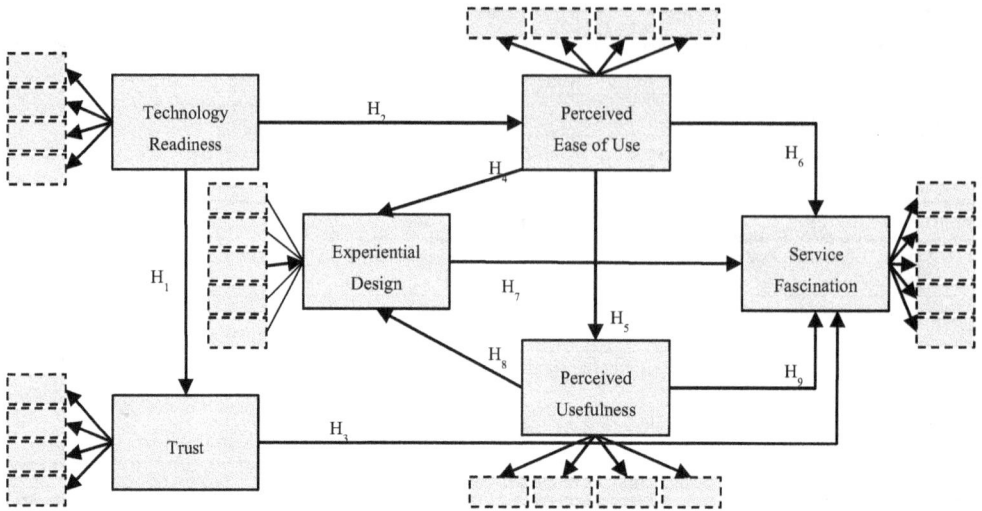

Fig. 3:   Service Fascination Research Model

While the fundamental elements (perceived ease of use and perceived usefulness) as well as their relationships (H₅) are adopted from the original TAM (Davis, Bagozzi, and Warshaw, 1989; van der Heijden, 2004), extensions are done to integrate the self-service relevant aspects addressed in previous research. Hackbarth, Grover, and Yi (2003) identified technology anxiety (as the antithesis to technology readiness) as a mediator towards the perceived ease of use when interacting with computers (H₂). Also, if a person is used to and enjoys working with new technologies he/she is likely able to assess potential security issues of a system (H₁). These connections between technology readiness and trust are analyzed in recent studies (Liljander, Gillberg, Gummerus, and van Riel, 2006). Providing utilitarian/functional value, perceived usefulness and perceived ease of use are of experiential nature, affecting the cognitive dimension of the experiential design construct (H₄, H₈). As basic elements they wield direct influence on the overall service fascination (H₆, H₉). Comparable to the traditional TAM they are regarded an absolute necessity for the construction of accepted services or products. Identical to the extended TAM by Koch, Toker, and Brulez (2011) and based on the work of Gefen, Karahanna, and Straub (2003), trust is seen as playing a major role in technology and service adoption, either supporting or preventing the creation of positive experiences which finally lead to service fascination (H₃). Besides others, Gentile et al. (2007) as well as Schmitt and Mangold (2004) find that consumers strive for positive emotions. They show that a relevant part of the overall value perceived when using self-services consists of experiential factors that may even outweigh pure functional aspects. This leads to a direct relation between the experiential design of a solution and the level of satisfaction/fascination during use (H₇). These coherences bring about the following hypotheses:

- H₁: Technology Readiness affects Trust towards self-service systems.
- H₂: Technology Readiness affects the Perceived Ease of Use towards self-service systems.
- H₃: Trust affects Service Fascination.
- H₄: Perceived Ease of Use affects the perception of the Experiential Design of self-service systems.

- H_5: Perceived Ease of Use affects the Perceived Usefulness of self-service systems.
- H_6: Perceived Ease of Use affects Service Fascination.
- H_7: The Experiential Design of self-services affects Service Fascination.
- H_8: Perceived Usefulness affects the perception of the Experiential Design of self-service systems.
- H_9: Perceived Usefulness affects Service Fascination.

In order to test the research model and to evaluate the experiential effects of technology use, a second item set is developed. Multi-item scales drawn from previously validated instruments are used to measure the constructs stated above. Table 2 depicts the items, also referring to their origins in literature.

Tab. 2: Service Fascination Survey (including Cronbach's α for the respective constructs)

Technology Readiness ($\alpha = 0.719$)	Source
I feel apprehensive about using technology.	
Technical terms sound like confusing jargon to me.	Raub (1981), also used in Meuter, Bitner, Ostrom & Brown (2005)
I have avoided technology because it is unfamiliar to me.	
I hesitate to use most forms of technology for fear of making mistakes I cannot correct.	
Trust ($\alpha = 0.958$)	**Source**
I am concerned that the system collects too much personal information from me.	Chen, Gillenson & Sherrell (2004), based on Smith, Milberg & Burke (1996)
I am concerned that the system will use my personal information for other purposes without my authorization.	Chen, Gillenson & Sharrell (2004), also used in Koch, Toker & Brulez (2011)
I am concerned that unauthorized people (i. e. hackers) have access to my personal information.	
I am concerned about the security of my personal information during transmission.	Chen, Gillenson & Sharrell (2004), based on Smith, Milberg & Burke (1996)
Perceived Usefulness ($\alpha = 0.891$)	**Source**
Using the system improves my performance.	Davis (1989), also used in Davis, Bagozzi & Warshaw (1989), Venkatesh & Davis (1996), Venkatesh & Davis (2000)
Using the system increases my productivity.	
Using the system enhances my effectiveness.	
I find the system to be useful.	
Perceived Ease of Use ($\alpha = 0.938$)	**Source**
My interaction with the system is clear and understandable.	Davis (1989), also used in Davis, Bagozzi & Warshaw (1989), Venkatesh & Davis (1996), Venkatesh & Davis (2000)
Interacting with the system does not require a lot of my mental effort.	
I find the system to be easy to use.	
I find it easy to get the system to do what I want it to do.	
Service Fascination (fourth and fifth item dropped) ($\alpha = 0.950$)	**Source**
I would share my good experience about using the system.	Maxham (2001), also used in Kim (2006)

I would recommend shopping with the system.	Maxham (2001), also used in Kim (2006), Kim, Ferrin & Rao (2008)
Using the system is exciting.	Childers, Carr, Peck & Carson (2001), also used in Kim (2006)
Given that I have access to the system, I predict that I would use it.	Venkatesh & Davis (2000)
I will frequently use the system in the future.	Gu, Fan, Suh & Lee (2010)

The tables also indicate the reliabilities of the constructs used to validate the theoretical model and the design artifact. Despite of the affective dimension, all reliabilities exceed Nunnally's (1978) recommended levels. In order to reach a Cronbach's α of 0.7, the third and fifth item of the affective construct is dropped.

4   Evaluation and Recommendations for Action

In this study, an investigation to explore the effects of perceived experiences based on Schmitt and Mangold's (2004) experience dimensions towards the occurrence of service fascination and the intention to use self-service systems is carried out. In order to validate the model, a laboratory experiment is conducted in August 2013. The proposed questionnaires are used to evaluate the prototype of the interactive fitting room. They additionally include demographic questions about age and gender. The constructs "technology readiness" and "trust" are represented by reverse-coded items, which are translated for further analyses. Participation in the study is voluntary and without any compensation. The evaluation group consists of subjects recruited at the university and on a shopping street. After explaining the basic functionality of the self-service system, the subjects are asked to choose among three apparel products, to enter the fitting room and to examine the functionality of the system. In order to also capture subconscious effects, the process is additionally observed by the research team. Having finished the test of the prototype, the participants are asked to complete the surveys handed out as a hard copy. Both are measured by applying seven-point Likert-type items labeled at the endpoints ("strongly disagree" and "strongly agree").

The test group consists of 67 subjects participating in the study and completing the questionnaire. 28 of the participants are female, 39 are male. As the study focuses on the creation of excitement amongst the digital generation, the average age of 23.6 years (standard deviation: 4.73) is relatively low. Figure 4 shows the results of the structural model evaluated in SmartPLS 2.0 using the partial least squares method (67 cases, 5000 samples). On a measurement model level, the reflective constructs are validated based on the criteria of indicator reliability, convergence (composite reliability and average variance extracted (AVE)), discriminant validity (Fornell-Larcker criterion and cross loadings), and communality (Stone-Geisser's Q^2). Items four and five of the "service fascination" construct are eliminated due to not meeting the Fornell-Larcker requirements. The formative measurement model "experiential design" is validated using the indicator weights of the items and the variance inflation factor (VIF). As some of the indicators do not significantly influence the latent construct, also the loadings are examined, showing high significance. The structural model is validated by testing the hypotheses and the explained variance (R^2) of the constructs.

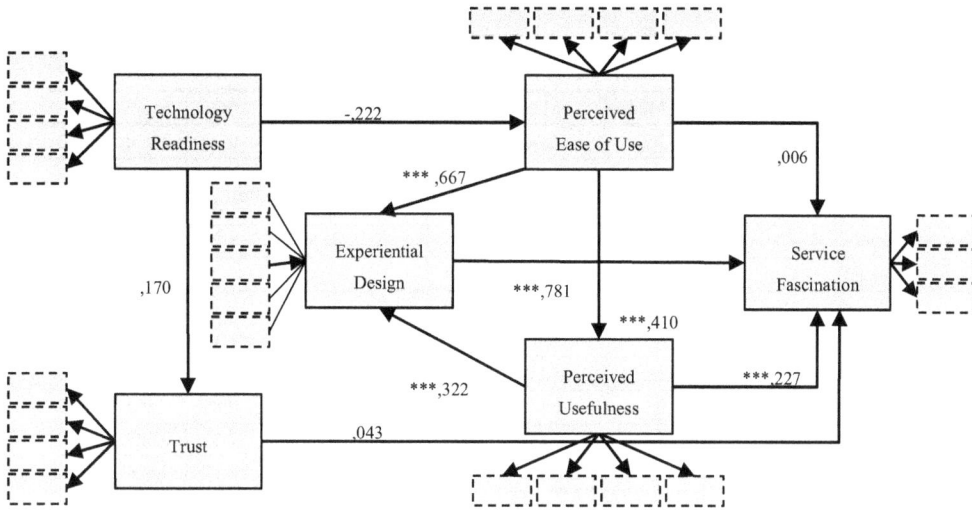

Fig. 4:   Test Results – Path Coefficients, t-values (*** significant at .1 %)

For the given self-service system, H_1 claims a non-significant relationship between the users' technology readiness and the trust raised. Although also H_2 and H_3 cannot be confirmed, perceived ease of use can be regarded a significant determinant towards the experiential design (H_4) and also confirms its historical influence on the perceived usefulness of technologies (H_5). Furthermore, perceived usefulness is found to be a significant determinant of the experiential design (H_8). Perceived ease of use is not found to significantly have a direct influence on service fascination (H_6). Finally, it is possible to confirm the hypotheses of the experiential design (H_7) and perceived usefulness (H_9) significantly predicting service fascination. R^2 values for the endogenous constructs are as follows: trust = 0.029, perceived ease of use = 0.049, perceived usefulness = 0.168, experiential design = 0.725, and service fascination = 0.873. As values of 0.69 are considered substantial (Chin, 1998), the most important variables experiential design and service fascination are well explained by the model.

The results of the evaluation are shown in Table 3, depicting the respective medians, means, standard deviations, as well as effect sizes applying Cohen's d. According to Cohen (1992), standard mean differences are classified small (0.2), medium (0.5), and large (0.8).

Tab. 3:   Evaluation Results: Medians, Means, Standard Deviations, Significances, and Effect Sizes

	Dimension	Female (N=28)			Male (N=39)				
		Median	Mean	SD	Median	Mean	SD	p	d
Experiential Design	Affective	7	6.64	0.78	6	5.74	0.82	0.000	1.12
	Cognitive	7	6.29	0.98	6	5.79	0.89	0.037	0.54
	Behavioral	6	5.91	1.09	5	5.06	1.42	0.007	0.66
	Sensory	7	6.54	0.76	6	5.91	1.20	0.011	0.61
	Social	5.75	5.29	1.13	5	4.67	1.08	0.026	0.56
Service Fascination	Experiential Design	6.5	6.39	0.69	6	5.74	0.91	0.002	0.79
	Technology Readiness	6	5.91	0.85	5	5.01	1.14	0.001	0.87
	Trust	5	4.80	1.01	6	5.04	1.57	0.459	0.18
	Perceived Usefulness	6	6.07	0.65	6	5.97	0.89	0.607	0.13
	Perceived Ease of Use	6.5	6.25	0.79	7	5.99	1.37	0.325	0.22
	Service Fascination	7	6.64	0.68	6	6.13	0.77	0.006	0.70

Figure 5 visually depicts the results of the evaluation broken up into genders. While females on an average show a little less trust in technology and the service provided, the overall perceived experience as well as every single experiential dimension are perceived more intense than by male subjects. While trust only shows a small effect size, each of the experiential dimensions features a high significance and effect sizes of at least medium magnitude. Although assigning the same amount of utilitarian value (perceived usefulness) to the self-service system evaluated, service fascination and consequently the intention to use and active willingness to promote the solution are predicted stronger by females than by males. This additionally confirms the proposed causal model that identifies the influence of the overall perceived experience towards the intention to use a system.

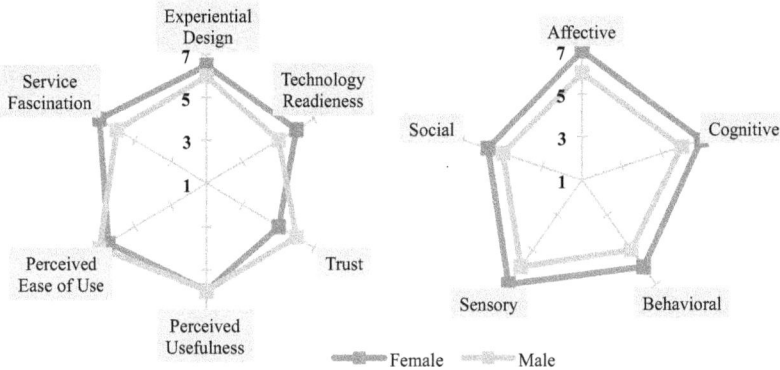

Fig. 5:   Evaluation Results (Medians Females vs. Males – Left: General Aspects, Right: Experiential Features)

Next to the assessment of the paper surveys, an objective evaluation is conducted by observing the subjects during interaction with the system. The analysis is performed as a controlled, direct, non-participating and hidden observation (Graumann, 1966). The following aspects represent the most noticeable insights:

•   Contrary to men, women tend to use the service together with their (female) friends.

- Younger subjects are more eager to try out the system.
- Women focus more on the hedonic instead of utilitarian value of the service.
- The multi-sensual approach works more effective for women, especially turning on sound is experienced as a surprise.
- Men are more interested in how the system worked and the technology behind, women just use it.
- The state of immersion is more intense amongst women – they are more eager to explore the system's features and functionalities, cut off from the outside world.
- The social share functionality is almost exclusively tried by men due to obvious security concerns amongst females.

The results of the observation show that while the females' mistrust in technology is actually more distinct than indicated through the surveys, also the social aspect of self-service system usage is apparently more dominant than reported through the subjective analysis. The same applies for the perceived utilitarian and hedonic usefulness of the service.

5   Conclusion and Outlook

Creating superior experiences is gaining tremendous attention by marketers and retailers. However, authors still demand for research that provides a deeper understanding of the experiential dimensions and their effects and consumer experiences in general. This paper presents an approach for assessing consumer experience in technology-based self-service systems in a structured way. There are many facets influencing a customer's satisfaction with a technology-based self-service system. This study analyzes some of them: the concrete experiential design, technology readiness, trust, as well as the perceived usefulness and ease of use. The data indicate a strong relationship between the single constructs and show the importance of strategically implementing the experiential dimensions. For the evaluated self-service system, the results show remarkable differences between male and female users, indicating that women, although showing less trust, have a more intense perception of the experiential features. Nevertheless, the study at hand is limited through the small sample size of N=67 and focuses on rather young subjects. Further investigations with larger sample sizes and a broader target audience need to be done in order to prove the validity of the proposed concept and model.

As a practical consequence, the system will be modified in a way for being able to automatically detect not only the products taken inside but also the respective consumer. This can happen via face detection algorithms or by using loyalty cards, allowing a machine-initiated individualization of the user interfaces and content provided, e. g., based on gender and age of the consumer. The goal is to provide men with detailed product information, product comparisons and ratings, while extensive marketing videos as well as social background information (e. g., which VIP wears the product) will be used for women. A subsequent evaluation and comparison with the results of the evaluations described in this paper will provide knowledge on the respective measures. Future research will also be done in regards to the correlation between technology readiness and satisfaction with self-service systems, which is also verified by Meuter, Ostrom, Bitner, and Roundtree (2003). Further analyses with different self-service technology instantiations as well as comparisons among the solutions will be conducted towards the effects of the basic, rejection, and experience dimensions. Especially the influence of trust towards service fascination has to be further examined to answer the question if positive experiences may outweigh potential risk issues.

Literature

Bloch, P. H., Brunel, F. F., & Arnold, T. J. (2003). Individual Differences in the Centrality of Visual Product Aesthetics: Concept and Measurement. *Journal of Consumer Research, 29*(4), 551–565.

Brynjolfsson, E., Hu, Y., & Rahman, M. S. (2009). Battle of the Retail Channels: How Product Selection and Geography Drive Cross-channel Competition. *Management Science, 55*(11), 1755–1765.

Burke, R. R. (2002). Technology and the Customer Interface: What Consumers Want in the Physical and Virtual Store. *Journal of the Academy of Marketing Science, 30*(4), 411–432.

Chen, L.-d., Gillenson, M. L., & Sherrell, D. L. (2004). Consumer Acceptance of Virtual Stores: A Theoretical Model and Critical Success Factors for Virtual Stores. *ACM SIGMIS, 35*(2), 8–31.

Childers, T. L., Carr, C. L., Peck, J., & Carson, S. (2001). Hedonic and utilitarian motivations for online retail shopping behavior. *Journal of Retailing, 77*(4), 511–535.

Chin, W. (1998). The Partial Least Squares Approach to Structural Equation Modeling. In G. Marcoulides (Ed.), *Modern Business Research Methods* (pp. 295–336). New Jersey: Psychology Press.

Cohen, J. (1992). A power primer. *Psychological Bulletin, 112*(1), 155–159.

Cronin, J. J. & Taylor, S. A. (1992). Measuring Service Quality: A Reexamination and Extension. *Journal of Marketing, 56*(3), 55–68.

Cruz-Neira, C., Sandin, D., & DeFanti, T. (1993). Surround-screen projection-based virtual reality: The design and implementation of the cave. *SIGGRAPH'93 Proceedings of the 20th annual conference on Computer graphics and interactive techniques*, 135–142.

Daft, R. L. & Lengel, R. H. (1986). Organizational Information Requirements, Media Richness and Structural Design. *Management Science, 32*(5), 554–571.

Davis, F. D. (1985). *A Technology Acceptance Model For Empirically Testing New End-User Information Systems: Theory And Results*. PhD thesis. Cambridge and USA: Massachusetts Institute of Technology.

Davis, F. D. (1989). Perceived Usefulness, Perceived Ease of Use, and User Acceptance of Information Technology. *MIS Quarterly, 13*(3), 319–340.

Davis, F. D., Bagozzi, R. P., & Warshaw, P. R. (1989) User acceptance of computer technology: a comparison of two theoretical models. *Management Science, 35*(8), 982–1003.

Davis, F. D., Bagozzi, R. P., & Warshaw, P. R. (1992). Extrinsic and Intrinsic Motivation to Use Computers in the Workplace. *Journal of Applied Social Psychology, 22*(14), 1111–1132.

Floor, K. (2006). *Branding a store: How to build successful retail brands in a changing marketplace.* London and Philadelphia: Kogan Page.

Franke, W. & Dangelmaier, W. (2006). *RFID-Leitfaden für die Logistik. Anwendungsgebiete, Einsatzmöglichkeiten, Integration, Praxisbeispiele.* Wiesbaden: Gabler.

Gefen, D., Karahanna, E. & Straub, D. W. (2003). Trust and TAM in Online Shopping: An Integrated Model. *MIS Quarterly, 27*(1), 51–90.

Gentile, C., Spiller, N. & Noci, G. (2007). How to Sustain the Customer Experience. *European Management Journal, 25*(5), 395–410.

Graumann, C. F. (1966). Grundzüge der Verhaltensbeobachtung. In E. Meyer (Ed.): *Fernsehen in der Lehrerbildung* (pp. 86–107). München: Manz Verlag.

Gu, J.-C., Fan, L., Suh, Y. H., & Lee, S.-C. (2010). Comparing Utilitarian and Hedonic Usefulness to User Intention in Multipurpose Information Systems. *Cyberpsychology, Behavior, and Social Networking, 13*(3), 287–297.

Hackbarth, G., Grover, V., & Yi, M. Y. (2003). Computer playfulness and anxiety: positive and negative mediators of the system experience effect on perceived ease of use. *Information & Management, 40*(3), 221–232.

Holbrook, M. B. (1999). *Consumer value: A framework for analysis and research. Routledge interpretive marketing research series*. London and New York: Routledge.

Hunt, D. V., Puglia, A., & Puglia, M. (2007*). RFID – A Guide To Radio Frequency Identification*. New Jersey, USA: Wiley.

Kano, N., Seraku, N., Takahashi, F., & Tsuji, S. (1984). Attractive Quality and must-be quality. *Hinshitsu: The Journal of the Japanese Society for Quality Control*, 39–48.

Kim, J. (2006). Sensory Enabling Technology Acceptance Model (SE-TAM): *The Usage of Sensory Enabling Technologies for Online Apparel Shopping*. PhD thesis, Auburn and Alabama and USA: Auburn University.

Kim, J. & Forsythe, S. (2007). Hedonic usage of product virtualization technologies in online apparel shopping. *International Journal of Retail & Distribution Management, 35*(6), 502–514.

Kim, D. J., Ferrin, D. L., & Rao, H. R. (2008). A trust-based consumer decision-making model in electronic commerce: The role of trust, perceived risk, and their antecedents. *Decision Support Systems, 44*(2), 544–564.

Koch, S., Toker, A., & Brulez, P. (2011). Extending the Technology Acceptance Model with perceived community characteristics. *Information Research, 16*(2).

Liljander, V., Gillberg, F., Gummerus, J., & van Riel, A. (2006). Technology readiness and the evaluation and adoption of self-service technologies. *Journal of Retailing and Consumer Services, 13*(3), 177–191.

Liu, I.-F., Chen, M. C., Sun, Y. S., Wible, D., & Kuo, C.-H. (2010). Extending the TAM model to explore the factors that affect Intention to Use an Online Learning Community. *Computers & Education, 54*(2), 600–610.

Maxham, J. G. (2001). Service recovery's inuence on consumer satisfaction, positive word-of-mouth, and purchase intentions. *Journal of Business Research, 54*(1), 11–24.

Meuter, M. L., Ostrom, A. L., Roundtree, R., & Bitner, M. J. (2000). Self-Service Technologies: Understanding Customer Satisfaction with Technology-Based Service Encounters. *Journal of Marketing, 64*(3), 50–64.

Meuter, M. L., Ostrom, A. L., Bitner, M. J., & Roundtree, R. (2003). The influence of technology anxiety on consumer use and experiences with self-service technologies. *Journal of Business Research, 56*(11), 899–906.

Meuter, M. L., Bitner, M. J., Ostrom, A. L., & Brown, S. W. (2005). Choosing among Alternative Service Delivery Modes: An Investigation of Customer Trial of Self-Service Technologies. *Journal of Marketing, 69*(2), 61–83.

Moshagen, M. & Thielsch M. T. (2010). Facets of visual aesthetics. *International Journal of Human-Computer-Studies, 68*(10), 689–709.

Nunnally, J. C. (1978). *Psychometric Theory*, 2nd Ed. New York: McGraw-Hill.

Prensky, M. (2001). Digital Natives, Digital Immigrants. *On the Horizon, 9*(5), 1–6.

Schmitt, B. (1999). *Experiential marketing: How to get customers to sense, feel, think, act, and relate to your company and brands*. New York: Free Press.

Schmitt, B. & Mangold, M. (2004). *Kundenerlebnis als Wettbewerbsvorteil. Mit Customer Experience Management Marken und Märkte Gewinn bringend gestalten*. Wiesbaden: Gabler.

Smith, H. J., Milberg, S. J., & Burke, S. J. (1996). Information Privacy: Measuring Individuals' Concerns about Organizational Practices. *MIS Quarterly, 20*(2), 167–196.

Raub, A. C. (1981). *Correlates of Computer Anxiety in College*. PhD thesis, Philadelphia, USA: University of Pennsylvania.

van der Heijden, H. (2003). Factors influencing the usage of websites: the case of a generic portal in The Netherlands. *Information & Management, 40*(6), 541–549.

van der Heijden, H. (2004). User acceptance of hedonic information systems. *MIS Quarterly, 28*(4), 695–704.

Venkatesh, V. & Bala, H. (2008). Technology Acceptance Model 3 and a Research Agenda on Interventions. *Decision Sciences, 39*(2), 273–315.

Venkatesh, V. & Davis, F. D. (1996). A Model of the Antecedents of Perceived Ease of Use: Development and Test. *Decision Sciences, 27*(3), 451–481.

Venkatesh, V. & Davis, F. D. (2000). A Theoretical Extension of the Technology Acceptance Model: Four Longitudinal Field Studies. *Management Science, 46*(2), 186–204.

Verhoef, P. C., Lemon, K. N., Parasuraman, A.; Roggeveen, A., Tsiros, M. & Schlesinger, L. A. (2009). Customer Experience Creation: Determinants, Dynamics and Management Strategies. *Journal of Retailing, 85*(1), 31–41.

Zagel, C. & Bodendorf, F. (2012). User Centered Design of Innovative E-Service Solutions: A Scientific Approach to User Fascination. *Proceedings of the 2012 Annual SRII Global Conference,* 697–704.

VI   Personen und Anlässe

Die Fachtagung Gender-UseIT: Wissenschaft und Praxis im Dialog

Ute Kempf[1], Nicola Marsden[2]
Kompetenzzentrum Technik-Diversity-Chancengleichheit[1]
Fakultät für Informatik, Hochschule Heilbronn[2]

1   Auftrag und Fragestellung

Der hier vorgelegte Band ist das Ergebnis der Arbeit in dem einjährigen, vom Bundesministerium für Bildung und Forschung geförderten Verbundvorhaben „Gender-UseIT – Web-Usability unter Gendergesichtspunkten. Netzwerk zum Auf- und Ausbau der interdisziplinären Forschung zur Genderperspektive im Usability-Engineering-Prozess", dessen Höhepunkt die erste deutschsprachige Fachtagung zum Thema am 3. und 4. April 2014 in Berlin bildete.

Fünfundzwanzig Einzelpersonen und Teams aus Autorinnen und Autoren folgten dem am 28. Oktober 2013 veröffentlichten „Call for Papers" und reichten ihre Arbeiten ein. Ausgehend von der Feststellung, dass das Internet kein geschlechtsneutraler Raum ist und sich hier, wie in allen anderen Bereichen gesellschaftlichen Lebens, soziale Ungleichheiten widerspiegeln, sollten diese aufgespürt und Methoden vorgestellt werden, wie eine gendersensible Gestaltung von Web-Interfaces hilft, diese zu minimieren oder gar aufzuheben. Hierbei sollten intersektionale Ansätze in Forschung zur Human-Computer Interaction und sozialwissenschaftliche Internetforschung fokussiert werden.

Mit Beginn der Installierung des Netzwerks Gender-UseIT seit dem 1. August 2013 und der Implementierung der dazugehörigen Internetpräsenz www.gender-useit.de haben sich zahlreiche Expertinnen und Experten aus Wissenschaft und Praxis gefunden, die zu dieser Thematik arbeiten und in den Dialog miteinander treten. Der interdisziplinäre Austausch ist ein wesentliches Merkmal des Netzwerks, um damit den Blick der jeweiligen Expertinnen und Experten auf die Fragestellung über die Grenzen der eigenen Fachdisziplin hinaus zu erweitern und damit einen ganzheitlichen Ansatz im Usability-Engineering-Prozess zu befördern.

2   Fachbeirat und Rahmensetzung

Zur wissenschaftlichen Begleitung der Fachtagung konstituierte sich im November 2013 ein Fachbeirat unter Leitung von Nicola Marsden, Hochschule Heilbronn. Im Fachbeirat bündelt sich Expertise sowohl aus den Fächern Informatik, Wirtschaftsinformatik und Medieninformatik als auch aus der Medien- und Sozialpsychologie sowie Organisations- und Wirtschaftspsychologie. Seine Aufgabe bestand darin, den gesamten Prozess der Tagung von der Planung, Rahmensetzung, Auswertung und Publikation der Ergebnisse zu begleiten und die angestoßenen Forschungsfragen in bestehende wissenschaftliche Netzwerke einzuspeisen.

Abb. 1:   Mitglieder des Fachbeirats v. l. n. r.: Gabriele Schade, Meinald T. Thielsch, Nicola Marsden, Sabine
           Möbs, Susanne Maaß (nicht im Bild: Heike Anna Wiesner, Britta Hofmann)

Da auf der Fachtagung Menschen aus ganz unterschiedlichen Wissenschafts- und Praxisfel-
dern zusammenkamen, wurde bei der Planung großer Wert darauf gelegt, dass der Umgang
miteinander sowohl emotional als auch kognitiv von Wertschätzung gekennzeichnet ist.
Dabei war zu bedenken, dass bei den Teilnehmerinnen und Teilnehmern der Fachtagung
nicht ein einheitliches Verständnis von Begrifflichkeiten vorausgesetzt werden kann. Damit
waren die Referentinnen und Referenten aufgefordert, ihre Beiträge so zu gestalten, dass sie
von fachfremden Menschen auch verstanden werden.

Die Struktur der anderthalbtägigen Fachtagung unterstrich noch einmal diesen fächerüber-
greifenden, interdisziplinären Ansatz, indem die verschiedenen inhaltlichen Stränge nach den
Kriterien anwendungs-, produkt- und reflektionsorientiert zusammengesetzt wurden. Ganz
bewusst trafen auf diese Weise Personen aus Wissenschaft und Praxis zusammen und erweiterten damit den Diskurs.

3   Eröffnungsvortrag

Der Eröffnungsvortrag von Nicola Marsden stellte dar, welche Bedeutung ein gender-
sensibler Blick bei der Gestaltung von Web-Applikationen auf den alltäglichen Umgang mit
Bedienschnittstellen hat.

Das alltägliche Leben ist zunehmend vom Umgang mit Bedienoberflächen geprägt. Es werden immer mehr, wir sprechen immer häufiger mit anderen darüber und es arbeiten immer
mehr Menschen in diesem Bereich, um diese zu entwickeln. Hier wurde ein besonderes Au-

genmerk auf zwei Dinge gelegt: Die Anwendungen werden zum einen immer komplexer und zum anderen technisch einfacher. Zur Veranschaulichung skizzierte Nicola Marsden die verschiedenen Rollen der Menschen, die in diesem Kontext eingebunden sind. Diese vielen unterschiedlichen Menschen agieren nicht im luftleeren Raum, sondern bringen ihre persönlichen Vorstellungen, Interessen und Erwartungen in ihre Arbeit ein.

Abb. 2:   Nicola Marsden bei ihrem Eröffnungsvortrag

Um einen Konsens zwischen diesen unterschiedlichen Personen herzustellen, ist viel, und nicht selten sehr komplexe, Kommunikation notwendig. Es ist nicht damit getan, dass die Person, die für die Usability verantwortlich ist, mit der für das Design zuständigen Person spricht und die beiden sich irgendwie einigen. Es ist noch viel komplexer.

Nicola Marsden stellte in ihrem Vortrag die Problematik heraus. Wenn gendersensibel geschulte Personen versuchen, im Entwicklungsteam mit Vorschlägen wie beispielsweise: „Ich habe einen innovativen Plan: Wir machen Gender-Swapping bei Personas, wir führen intern das generische Femininum ein und wir machen ein Panel aus Expertinnen und Experten von den Early Adopters." Gehör zu finden, werden sie wohl in den seltensten Fällen umgehend auf Begeisterung stoßen. Vielmehr werden sie vermutlich mit der Frage konfrontiert: „Wozu?"

Mit dieser Haltung von Vorgesetzten erhält diese Position einen Minderheitenstatus, der problematisch ist. In einer Untersuchung von Gayna Williams, veröffentlicht in der ersten Ausgabe der „ACM Interactions" im Jahr 2014, wurde gezeigt, dass Aussagen zu Geschlechterperspektiven in Software und Bedienoberflächen systematisch zurückgehalten werden. Drei Gründe hat sie dafür identifiziert:

1. Frauen liefern keine Rückmeldungen und bringen keine Ideen ein, weil sie die Aufmerksamkeit nicht auf das Frausein lenken und auf ihr Geschlecht reduziert werden wollen.
2. Es ist deutlich einfacher, Unterstützung für Themen zu bekommen, die nicht genderbezogen sind, d. h., IT-Mitarbeiterinnen und –Mitarbeiter überlegen sich sehr genau, ob es sich lohnt, sich hierfür zu engagieren.
3. Wenn sich ein Mensch erst einmal in die IT-Rolle eingefunden hat, ist sich die- oder derjenige unter Umständen gar nicht bewusst, dass es eine spezifische, genderbezogene Perspektive gibt.

Nach der inhaltlichen Einführung ins Thema betonte Nicola Marsden die Notwendigkeit eines offenen, interdisziplinären Dialogs und mahnte an, die unterschiedlichen Perspektiven und das Ausgangswissen aller Beteiligten ernst zu nehmen. Nur so könne auch der Wissenstransfer innerhalb der einzelnen wissenschaftlichen Disziplinen und der Praxis gelingen.

Sowohl der Austausch von Praxis und Forschung, als auch die Zusammenarbeit verschiedener Fachrichtungen ist wünschenswert und bietet enormes Potenzial. In der tatsächlichen Umsetzung sind sie jedoch oft schwierig – und wenn beides zusammenkommt, man sich quasi an der Intersektion von Interdisziplinarität und Praxis/Forschung bewegt, dann potenzieren sich die Möglichkeiten für Missverständnisse und Unverständnis. Viele der Spannungen, die hier entstehen, können nicht aufgelöst werden – es gilt, sie auszuhalten und konstruktiv mit ihnen umzugehen. Das ist das Spannungsfeld, welches entsteht, wenn der Versuch unternommen wird, HCI, Usability und UX unter einer Genderperspektive zu betrachten

4   Die Tracks

Die inhaltlichen Beiträge waren eingeteilt in insgesamt sechs Tracks, von denen jeweils zwei parallel abgehalten wurden. Somit hatten die Anwesenden die Möglichkeit, an drei Tracks insgesamt teilzunehmen. Den Tracks wurden keine Namen gegeben, da in jedem einzelnen Strang auf eine Vielfalt an Themen Wert gelegt wurde, was mit einer Überschrift je Track nicht abzubilden war. Darüberhinaus wurden anwendungs-, produkt- und reflektionsorientierte Beiträge in jedem Track zusammengeführt, um eine Diskussion aus ganz unterschiedlichen Perspektiven zu führen. Die Leitung der einzelnen Tracks wurde von den Mitgliedern des Fachbeirats übernommen.

4.1   Track 1 | Chair: Susanne Maaß

Wie lässt sich Technik so gestalten, dass aktuelle Ansätze der Geschlechterforschung berücksichtigt werden und problematische Vergeschlechtlichung von IT, Software und ihren Grundlagen, die bereits identifiziert sind, vermieden werden? Hierzu stellte Corinna Bath im ersten Vortrag des Tracks 1 ihre Vision eines Gestaltungsansatzes vor, der das Konzept der Diffraktion bzw. Interferenz, das derzeit in die Debatten zur Geschlechterforschung Eingang findet, einbezieht. Bestehende Ansätze kritischer Technikgestaltung insbesondere in der HCI sollen damit weitergeführt und Diffractive Design als radikal interdisziplinärer Ansatz für die Informatik vorgestellt werden.

Abb. 3:   Chair Susanne Maaß, Universität Bremen

Über Fallstricke und Chancen bei der Erstellung eines zielgruppenspezifischen Interaktions-designs referierte Claudia Müller-Birn. Hierbei stand ein Webangebot für Mädchen im Fokus, über das sie für naturwissenschaftlich-technische Berufe gewonnen werden sollen. Zentrale Interaktionsabläufe wurden anhand von Low-Fidelity-Prototypen in Nutzungsstudien mit Mädchen getestet. Welche Probleme dabei auftreten, um hieraus ein nachhaltiges Interaktionskonzept für die Zielgruppe zu entwickeln, sowie Lösungsvorschläge wurden zur Diskussion gestellt.

Zielgruppentreffsicherheit war ebenfalls das Thema von Dorothea Erharters Vortrag. Ihr Fokus richtete sich auf eher technikferne Menschen, die zunehmend Nutzenden von Technikprodukten sind. Wenn nach wie vor überwiegend für eine junge, männliche, technikaffine Community gestaltet und entwickelt wird, kann das für Unternehmen empfindliche Einbußen bedeuten, haben sie doch an den potenziellen Nutzerinnen und Nutzern ihres Produkts vorbeigeplant. Wie können Gender und Diversity in die Praxis des Designprozesses einfließen und was bedeutet das für die Usability, die User Experience und für das Testing?

Mit dem Vortrag von Julia Kloppenburg wurde der Fokus auf Frauen als Produzentinnen von Webinhalten gelegt. Der Anteil der Autorinnen in der Wikipedia beträgt in etwa 9 %, die überwiegende Mehrheit der Autoren entspricht in etwa der gleichen Community, wie sie laut Dorothea Erharter als Zielgruppe für Technikprodukte gekennzeichnet ist. Der Vortrag stellte die Frage in den Raum, was der Grund hierfür sein könnte.

Es wurden soziale und vergeschlechtliche Barrieren für die Partizipation an der Wikipedia identifiziert und die Aktivität des Vereins vorgestellt, um mehr Autorinnen zur Mitwirkung zu gewinnen.

4.2   Track 2 | Chair: Sabine Möbs

Geschlechterunterschiede in der Technologie-Akzeptanz von Frauen und Männern zeigte Christian Zagel in seinem Beitrag auf, wobei untersucht wurde, wie Testpersonen in einer technologiegestützten, interaktiven Umkleidekabine für Modeprodukte diesen Service annehmen. Den Personen wurden unterschiedliche Erfahrungsräume angeboten, je nachdem, für welches Produkt sie sich entschieden hatten. Generell zeigte sich, dass Frauen der Technologie skeptischer gegenüberstehen, so dass einer Genderperspektive in der Entwicklung in solcher Selbstbedienungsservices Rechnung getragen werden muss.

In Technik- und Ingenieurwissenschaften sind Geschlechterstereotypen noch immer weit verbreitet. Bente Knoll stellte in ihrem Vortrag ihre Forschung zur Repräsentanz von Frauen und Männern in dieser Branche vor und präsentierte die Methode des Gender-Screenings zu populären Kommunikationsmitteln wie Websites und Image-Broschüren. Die daraus gewonnenen Erkenntnisse wurden in einer Website, einem Online-Quiz und einem gedruckten Leitfaden mit Informationen und Tipps zur gender- und diversitygerechten Gestaltung von Medien veröffentlicht.

Welche Auswirkungen hat eine depressive Erkrankung von Nutzerinnen und Nutzern von Websites auf die Wahrnehmung der Usability und der User Experience? Meinald Thielsch führte dazu zwei Untersuchungen durch, die den Einfluss der Depressivität einer Person auf die Interaktion mit einer Website erfasst. Hierbei wurden sowohl subjektive als auch objektive Maße der Interaktion berücksichtigt. Für die Untersuchungen wurden Websites zum Thema Depression, aber auch Websites mit allgemeinen Themen eingesetzt.

In der Geschlechterforschung fokussieren sich Wissenschaftlerinnen und Wissenschaftler zunehmend auf eine intersektionale Perspektive auf soziale Ungleichheit. Hierbei werden die Kategorien Sex und Gender mit weiteren Kategorien sozialer Ungleichheit wie z. B. Alter, Bildungsstand, Einkommen verschränkt, um einen differenzierteren Blick auf Aneignungs- und Nutzungsweisen gesellschaftlicher Artefakte zu erhalten. Petra Lucht zeigte in ihrem Beitrag auf, wie eine Berücksichtigung von Intersektionalität oder auch von Gender als interdependenter Kategorie für die Analyse und die Gestaltung von Technik und Naturwissenschaften produktiv genutzt werden kann.

4.3   Track 3 | Chair: Meinald Thielsch

Im Beitrag von Rüdiger Heimgärtner wurde der anhand einer Literaturstudie erstellte Klassifikationsbaum vorgestellt, der die Art, die Anzahl, die Qualität und die Ergebnisse der Studien darstellt. Mithilfe der hierbei verwendeten Analysekriterien und Klassifikationskategorien ist es möglich, ein Modell kultureller Einflüsse auf die Interaktion von Frauen und Männern mit technischen Systemen zu etablieren. Dieses unterstützt die Forschung dabei, grundlegende Arten in der Mensch-Computer-Interaktion nach Geschlecht im kulturellen Kontext zu identifizieren.

Abb. 4:   Chair Meinald Thielsch (links), Universität Münster

Wie die Gender- und Diversity-Forschung für die Informatik nutzbar gemacht werden kann, stellte Susanne Maaß in ihrem Beitrag zum GERD (Research and Development)-Modell vor. Dieses Modell soll dabei unterstützen, die Vielfalt von Menschen, Kontexten und Wissen zu jedem Zeitpunkt in Forschungs- und Entwicklungsprozesse technischer Systeme einzubeziehen. Hiermit wird das Vorgehensmodell der Informatik um Bezugspunkte zu Gender- und Diversity-Aspekten erweitert. Diese Bezugspunkte sind in Reflexionsbereiche gruppiert, zu denen jeweils ein Katalog von Fragestellungen gehört. Damit sollen Forschende aus der Informatik darin unterstützt werden, ihre Forschungen mit einem Verständnis zu Gender- und Diversity-Aspekten auszudifferenzieren und zu erweitern.

Im ihrem Vortrag stellte Sabine Möbs das EU-Kooperationsvorhaben EAGLE vor, in dem es um E-Learning im Regierungskontext geht. Untersucht werden soll darin, inwieweit das Geschlecht Einfluss auf den Erfolg technischer Lernumgebungen hat.

Informationen zur Geschlechterforschung, die verlässlich, wissenschaftlich fundiert und transdisziplinär orientiert sind, bietet das online verfügbare Gender-Glossar, das von Daniel Diegmann im Rahmen der Posterpräsentation vorgestellt wurde. Es bietet Nachwuchswissenschaftlerinnen und -wissenschaftlern eine niedrigschwellige Möglichkeit zu publizieren und ihre eigenen begrifflichen und konzeptionellen Ansätze weiterzuentwickeln durch das Begutachtungsverfahren, dem alle Beiträge unterzogen werden. Durch die redaktionelle Betreuung sind sie darüberhinaus vor sexistischen Anfeindungen geschützt.

Abb. 5:   Teilnehmerinnen und Teilnehmer im Plenum

4.4   Track 4 | Chair: Heike Wiesner

Im Vortrag von Saskia Sell ging es um die Frage, inwieweit sich gendersensibles Design von Websites mit der Forderung nach sozialer Chancengleichheit in Einklang bringen lässt. Es wurde hinterfragt, ob die in der Geschlechterforschung bereits als überwunden geltende, tradierte Differenzkategorie Geschlecht durch Woman-centered Design wiederum zur Rekonstruktion bestehender, sozialer Ungleichheit beiträgt.

Am Beispiel des sprachgesteuerten persönlichen Assistenten Siri zeigte Göde Both in seinem Vortrag auf, dass die Vermenschlichung technischer Artefakte, da sie auf Basis von Geschlechterstereotypen erstellt werden, eine Dimension der Reproduktion von sozialem Geschlecht darstellt.

Astrid Wunsch und Silke Berz wollten für weiblich orientiertes Design im Bereich E-Commerce sensibilisieren. Bei der Gestaltung von Online-Shops hat sich gezeigt, dass Männer und Frauen von verschiedenen Farb-, Text-, und Menüstrukturen angesprochen werden, die ihre Kaufentscheidungen maßgeblich beeinflussen. Da aber Entscheidungen über das Design meist von Männern getroffen werden, bleibt der Geschmack von weiblichen Kunden oft unberücksichtigt.

In ihren Vorträgen erläuterten Gabriele Schade und Kristin Probstmeier, wie sie Gender- und Diversity-Aspekte in die akademische Lehre auf unterschiedlichsten Ebenen implementieren. Es wurde eine Gendertoolbox entwickelt, die Handreichungen, Empfehlungen und Beispiele enthält, und sie bringen diese direkt in bestehende Lehrveranstaltungen ein. Den Studierenden werden anhand von Vorgehensweisen im Software- und Usability-Engineering-Prozess

Einflüsse von Gender sowohl auf die Entwicklung als auch die Nutzung von Produkten auf-gezeigt.

Matthias Holthaus stellte in seinem Beitrag die These auf, dass durch die Veralltäglichung von E-Learning im Hochschulkontext die Anwendungen ihren Technikhabitus verlieren und damit zugleich der Konstruktion von Gender entgegenwirken. Anhand einer qualitativen Befragung belegte er die zunehmend geschlechtsneutrale Ausprägung aufgrund des sinken-den technologischen Reizes von E-Learning-Anwendungen. Dennoch bleibt die Grundstruk-tur der Ko-Konstruktion von Geschlecht und Technologie erhalten, wie die Ergebnisse zei-gen.

Bei der technologisch gestützten Gestaltung von urbanen Räumen als Smart City ging Sandra Becker in ihrem Beitrag der Frage nach, wie die Bedürfnisse von Frauen hierbei angemessen berücksichtigt werden können.

4.5   Track 5 | Chair: Nicola Marsden

Im Vortrag von Tanja Paulitz und Bianca Prietl wurde sondiert, wie eine geschlechter- und intersektionalitätskritische Perspektive in die Softwaregestaltung integriert werden kann. Anhand der Szenariotechnik wurde beleuchtet, wie sich darin bereits Ansatzpunkte dafür finden, die sozialwissenschaftlichen Perspektiven aus der Geschlechterforschung einzufüh-ren und somit bestehende Konzepte weiterzuentwickeln.

Charlene Beavers und Annette Hoxtell gingen in ihrem Vortrag der Frage nach, wie es gelin-gen kann, möglichst viele Nutzerinnen und Nutzer für eine Website zu gewinnen, vor allem dann, wenn die Zielgruppe heterogen ist. Als erfolgversprechende Methode stellten sie das aus der HCI stammende Persona-Modell vor. Hierbei werden durch qualitative und quantita-tive Methoden Informationen über die Nutzendengruppe erhoben und zu Typen – Personas – destilliert, die die Basis des genderzentrierten Designs bilden.

Abb. 6:   Diskussionspanel

Nicola Marsden, Jasmin Link und Elisabeth Büllesfeld stellten in ihrem Beitrag die Szenariotechnik, Personas und User Stories aus der HCI vor, die als Methoden genutzt werden, um
von abstrakten zu konkreten Anforderungen an Software zu gelangen. Da Personas Typen
repräsentieren, lässt sich eine Stereotypisierung der Geschlechter schwer vermeiden. Durch
dieses Verfahren werden diese wiederholt, gefestigt und weiter transportiert, da ja typi-
sche/stereotypische Charaktere gefragt sind. Es wurde der Frage nachgegangen, welche
Möglichkeiten es gibt, Stereotypenbildung in diesen Methoden zu vermeiden, um einem
Design näher zu kommen, das allen Nutzenden in ihren individuellen Lebenssituationen
gerecht wird.

4.6   Track 6 | Chair: Gabriele Schade

Der Beitrag von Natalie Sontopski und Julia Hoffmann beschäftigte sich mit Zugangsvoraussetzungen und -barrieren in der IT-Welt. Sie warfen die Frage auf, ob es möglich ist, diese
mit technikbasierten Lernplattformen zu durchbrechen.

Der Erfolg eines Produkts hängt sehr davon ab, ob die Anforderungen der Nutzerinnen und
Nutzern an ein Produkt in der Gestaltung berücksichtigt wurden. Bianka Trevisan stellte in
ihrem Vortrag anhand des Kansei-Engineering eine Technik vor, die in einer Untersuchung
um genderspezifische Aspekte erweitert wurde. Das Kansei-Engineering ist eine Methode,
um Eindrücke, Gefühle und Anforderungen von Kundinnen und Kunden an ein Produkt
bereits in der Entwicklungsphase in Produktmerkmale zu überführen. Ein Ergebnis der Untersuchung ist, dass Methoden zur gendersensiblen und nutzendenzentrierten Gestaltung in
der Ausbildung von Designerinnen und Designern deutlich unterrepräsentiert sind.

Abb. 7:   Chair Gabriele Schade (links), Fachhochschule Erfurt

Brauchen Frauen andere Bedingungen in einem Berufsfeld mit hohen technischen Anforde-rungen? Das ist die Fragestellung, die von Dorothea Erharter in ihrem Vortrag aufgeworfen wurde. Anhand von geschlechtsspezifischen Unterschieden sollen Arbeitsplätze im sicher-heitskritischen Umfeld untersucht und gestalterisch geplant werden. Ziel soll es sein, die Gründe für eine anhaltende männliche Dominanz in diesem Kontext zu identifizieren und die Gestaltung von geschlechtergerechten Arbeitsplätzen zu ermöglichen.

Gewaltdarstellungen sind in den Medien in zahlreichen Formen vertreten. Um Rezipientin-nen und Rezipienten zu schützen und Gewalt gegebenenfalls zensieren zu können, gibt es die Methode der semantischen Gewalterkennung. Sie beschränkt sich jedoch auf physische Ge-walt, da diese in der männlich geprägten, öffentlichen Sichtweise subtileren Formen, wie beispielsweise der der psychischen Gewalt, hierarchisch übergeordnet ist. Wie Gewaltfor-men, die vor allem Frauen betreffen, sichtbar gemacht werden können, diskutierte Melanie Irrgang in ihrem Vortrag.

User Experience umfasst die Gefühle und das Erleben von Anwendungen. Um diese Reakti-onen zu erkennen und sie bei der Gestaltung von Software und Bedienschnittstellen einbe-ziehen zu können, müssen sie kategorisiert werden. Doris Allhutter warf in ihrem Beitrag die Frage auf, wie Diversity-Aspekte und die zahlreichen Differenzkategorien in User Experi-ence einbezogen werden können, um einer heterogenen Nutzendengruppe gerecht zu werden.

4.7   World Café | Moderation: Sabine Möbs

Ein World Café rundete das inhaltliche Programm des ersten Konferenztags ab. Hierfür wurden Tische gruppiert, die mit Papierbahnen, Stiften ausgestattet worden waren. Der Fachbeirat hatte für jeden Tisch eine Frage vorbereitet, die zur Diskussion reizen und so eine Möglichkeit bieten sollte, die Inhalte der Fachtagung zu gemeinsam zu reflektieren und unterschiedliche Perspektiven auszutauschen. Die Teilnehmerinnen und Teilnehmer trafen sich in Gruppen von fünf bis sechs Personen an den Tischen, um dort eine Viertelstunde über eine der folgenden Fragen zu diskutieren. Sie visualisierten wichtige Gedanken und hatten dann die Möglichkeit, zu einem anderen Tisch ihrer Wahl zu wechseln. Folgende Fragen waren als Diskussionsimpuls an je einem Tische:

- Brauchen wir eine geschlechtsspezifische HCI-Gestaltung?
- Welche guten und schlechten Beispiele für Berücksichtigung von Genderaspekten in Usability und UX von Websites und Applikationen gibt es?
- Welche der heute diskutierten Themen sind relevant für die Praxis?
- Wie lassen sich ökonomische Aspekte und Genderperspektive kombinieren?
- Was ist eigentlich das Problem, für das wir hier die Lösung suchen?
- Was kann die Informatik leisten in Sachen Gender und umgekehrt?
- Wie kann man Gender anders denken? Genderneutralität vs. Genderspezifität?
- Welche Ansätze gibt es zur gendersensitiven Lehre und Praxis?

Die Ergebnisse der Diskussionen zu den verschiedenen Fragen wurden abschließend präsentiert.

Hinsichtlich der Frage, ob es eine *geschlechtsspezifische HCI-Gestaltung* brauche, waren sich die Diskutierenden einig, dass darauf zugunsten einer zielgruppenspezifischen und gendergerechten Gestaltung verzichtet werden sollte. Wichtig war in hier, dass spezifisch nicht mit stereotypisch gleichzusetzen sei und der Rückfall in Stereotype vermieden werden solle. Der Begriff „Geschlecht" ist dabei weiter zu fassen, um verschiedene Kategorien der Unterschiedlichkeit zu berücksichtigen.

Auf der Suche nach guten und schlechten *Beispiele für die Berücksichtigung von Genderaspekten in Usability und UX* wurden die Seiten von Spieleherstellern als schlechte, da stereotypisierende Praxis angeführt. An Kinder gerichtete Produkte würden häufig so konzipiert, dass eine geschlechtsspezifische Zuordnung bereits mitgedacht ist. Im Gegensatz dazu wurde die Farbpalette einiger Apple-Produkte als ein positives Beispiel hervorgehoben, da hier darauf verzichtet würde, entsprechende Farben klischeehaft an ein bestimmtes Geschlecht zu binden.

Als *Themen der Fachtagung, die für die Praxis besonders relevant* sind, wurden der Bezug zur angewandten Forschung, Sozialisation, Produktnutzung und Websitegestaltung sowie die Übernahme der Erkenntnisse der Tagung in die universitäre Lehre identifiziert. Auch hier wurde die Diversity und gleichberechtigte Teilhabe bei der Produktentwicklung betont. Jedoch müsse dies auch in einem reflektierten Umgang im Entwicklungsprozess münden. Gender sei nicht alleine ein Frauenthema und ein bloßer quantitativer Sprung bei der Anzahl von Informatikerinnen könne die Probleme nicht in einer adäquaten Weise lösen. Vielmehr sei Gendersensibilität eine gesamtgesellschaftliche Aufgabe.

In der Diskussion darum, wie sich *ökonomische Aspekte und die Genderperspektive kombinieren* lassen, gab es eine lange Phase der Begriffklärung. Anschließend widmeten sich die

Teilnehmenden beispielhaft der Werbung für Überraschungseier, die mit einer unterschiedlich codierten Farbgebung an die Zielgruppen „Mädchen" oder „Jungen" adressiert sind. Diskutiert wurde auch, inwiefern die Darstellung von Weiblichkeiten und Männlichkeiten Auswirkungen auf die Wahrnehmung des eigenen Körpers hat.

Auf der Suche nach dem *Problem, für das die Fachtagung eine Lösung finden wolle*, stellte sich in der Diskussion die Frage, ob eine Genderperspektive in der Usability und auch im Marketing tatsächlich benötigt wird und falls ja, an welcher Stelle. Als besonders kritisch wurde gesehen, dass unter Umständen durch die Betonung der Genderperspektive erst der Stereotypisierung Vorschub geleistet wird – weil oft mit dem Begriff „Gender" nicht der Hinweis auf die Beliebigkeit der gesellschaftlichen Klischees und Zuschreibungen verbunden wird, sondern eine Zuspitzung derselben.

Informatik kann, so wurde es in der Diskussion zur *Rolle der Informatik hinsichtlich Gender* gesehen, unter der Berücksichtigung von Erkenntnissen aus den Gender Studies für die gesellschaftliche Entwicklung positive Impulse setzen. Die Berücksichtigung von Genderperspektiven in der Informatik ermögliche einen differenzierteren und sozialeren Blick. Durch eine bewusstere Gestaltung von Artefakten kann die Informatik Geschlechterstereotype aufbrechen und Zielgruppen direkter und besser adressieren. Es wurde allerdings auch angemahnt, die Informatik müsse sich neuen Ideen gegenüber weiter öffnen.

Zu den Überlegungen, wie man *Gender anders denken* kann, gehöre zum Beispiel der Verzicht auf die klassischen Formen der Abfrage von Geschlecht, ergab die Diskussion. Im Gestaltungsprozess müsse Geschlecht mehr sein als eine binäre Kategorie, die dann als Basis für das Design dient. Möglicherweise läge hier die Chance, die geschlechtsspezifischen Erwartungen, die an das Design gestellt werden, absichtlich zu brechen, um den Kreislauf des Wiederherstellens von Stereotypen zu verlassen.

Die Gruppen diskutierten hinsichtlich der *Ansätze zur gendersensitiven Lehre und Praxis* vor allem wünschenswerte Lehr-Lern-Szenarios. Lehre solle die auf der Kategorie Geschlecht basierenden Ungleichheiten sachlich verdeutlichen. Sie solle ermutigen, den Bereich des Mainstreams zu verlassen und darlegen, dass Gender nicht nur ein Anliegen von Frauen ist. Positive Beispiele, z. B. durch weibliche Lehrkräfte im technischen Bereich, wurden als eine gute Möglichkeit gesehen, bereits im frühen Alter den Themenkomplex Geschlecht und Technik zu entdramatisieren und praktisch von Klischees zu befreien.

Abb. 8:   Diskussionsrunden im Rahmen des World Cafés

Im Anschluss an das World Café sprach Christine Regitz als Vertreterin des European Centre for Women and Technology über die Notwendigkeit eines offenen Austauschs zwischen den technischen-naturwissenschaftlichen Disziplinen und Gender Studies und lobte die Fachtagung, die als erste ihrer Art zum Thema Human-Computer Interaction, User Experience und Usability in Deutschland stattfand und wies auf Anknüpfungspunkte für eine Ausweitung auf europäischer Ebene hin.

4.8   Netzwerk Kick-Off | Moderation: Nicola Marsden

Zum Abschluss der Fachtagung wurde der gelungene, interdisziplinäre Dialog betont, der zuweilen zu kontroversen, doch immer auch konstruktiven und kollegialen Diskussionen geführt hat. Der große Erfolg der Fachtagung wurde hervorgehoben, der nicht zuletzt daraus bestand, dass die Grenzen der jeweiligen Disziplinen durchbrochen und Menschen mit unterschiedlichen Perspektiven und Wissensständen zusammengebracht werden konnten. Die teilnehmenden Personen hatten abschließend Gelegenheit, ihre Themen an Stelltafeln zu veröffentlichen, um so miteinander ins Gespräch zu kommen und sich zu vernetzen. Interessensbekundungen und Kontaktwünsche gab es zum Beispiel zu folgenden Themen:

- Szenarios, Personas, Story-Telling und Improvisationstheater
- Seniorinnen und Senioren
- UX- und Usability-Ausbildung
- Freelancer Value Prototyping
- Bildung von Entwicklungsteams zur Erforschung der Frage, welche Rolle soziale Aspekte und Geschlecht in ihren Arbeitspraktiken spielen

- Gender- und Diversity-freundliche Mediengestaltung mit Fokus auf Sprache, Bildern, Text- und Bildbotschaften
- wissenschaftliche Lightning Talks
- Eye-Tracking-Studie auf Facebook
- Praxisorientierte Beratung und Forschungskooperation zu Gender-Diversity-Usability
- Afrika-EU-Kooperation
- Cross-Device Eye-Tracking for UX
- UX, Usability, Accesibility
- Personas und Szenarios in der IT von KMUs
- Persona-Sets für die Analyse unter Gendergesichtspunkten
- genderzentrierter Blick für Event-Apps
- interkulturelle Aspekte in der IT unter Gendergesichtspunkten
- Erfahrungsaustausch bei der Nutzung von Personas
- empirische Untersuchungen der Auswirkungen von Persona-Gender-Swapping
- Symposium „Gender-Vorgehen in IT-Projekten"

Die Fachtagung hat insgesamt gezeigt, dass das Interesse am Thema sowohl in der Forschung als auch in der Praxis groß, der Bedarf an Austausch und interdisziplinärem Dialog vorhanden und die gegenseitige Akzeptanz und Wertschätzung bereichernd ist. Eine regelmäßige Fortsetzung der Veranstaltung wurde angeregt.

Die Autorinnen und Autoren

Doris Allhutter ist Elise-Richter-Senior-Postdoc am Institut für Technikfolgen-Abschätzung der Österreichischen Akademie der Wissenschaften. Sie ist Wissenschafts- und Technikforscherin und beschäftigt sich mit der Frage, welche Rolle Ideologien und vergeschlechtlichte Konzepte und Methoden bei der Entwicklung von Informationssystemen spielen, und wie Technikentwicklung und -nutzung gesellschaftliche und ökonomische Machtverhältnisse mit gestalten. In ihrem aktuellen Forschungsprojekt untersucht sie Praktiken der Software-Entwicklung aus einer soziomateriellen Perspektive.

Corinna Bath ist Maria-Goeppert-Mayer-Professorin für Gender, Technik und Mobilität an der Technischen Universität Braunschweig und Ostfalia Hochschule für angewandte Wissenschaften. Nach ihrer Promotion in der Informatik zum Thema „De-Gendering informatischer Artefakte" arbeitete sie als Postdoktorandin im Graduiertenkolleg der Deutschen Forschungsgemeinschaft „Geschlecht als Wissenskategorie" und als wissenschaftliche Mitarbeiterin und Gastprofessorin für Gender Studies in den Ingenieurwissenschaften (jetzt: GENDER PRO MINT) am Zentrum für Interdisziplinäre Frauen- und Geschlechterforschung der Technischen Universitä Berlin.

Göde Both hat seinen Abschluss als Diplom-Informatiker an der Humboldt-Universität in Berlin gemacht und promoviert im transdisziplinären Feld der Wissenschafts- und Technikforschung. Seit April 2013 ist er wissenschaftlicher Mitarbeiter an der Maria-Goeppert-Mayer-Professur für Gender, Technik und Mobilität an der Technischen Universität Braunschweig. Seine Forschungsinteressen umfassen Forschungs- und Entwicklungspraktiken in der Informations- und Kommunikationstechnologie (insbesondere zu selbstfahrenden Autos), Wissenschaftskulturen, Aktor-Netzwerk-Theorie, Situationsanalyse sowie Feminismen des New Materialism.

Elisabeth Büllesfeld ist wissenschaftliche Mitarbeiterin in der Abteilung Web-Application Engineering und Human-Computer Interaction am Fraunhofer-Institut für Arbeitswirtschaft und Organisation (IAO) in Stuttgart. Sie beschäftigt sich mit Zukunftskonzepten von Automaten und der Gestaltung von und Interaktion mit Prozessen im Gesundheitswesen.

Claude Draude ist Kulturwissenschaftlerin und Soziologin und hat in verschiedenen Projekten stets an der Schnittstelle zur Informatik gearbeitet, zuletzt war sie Wissenschaftliche Mitarbeiterin in der Arbeitsgruppe „Soziotechnische Systemgestaltung & Gender" am Fachbereich Mathematik/Informatik der Universität Bremen. Ihre Forschungsinteressen sind Science and Technology Studies (STS), Mensch-Computer-Interaktion und Künstliche Intelligenz sowie Wissenschaftsgeschichte und erkenntnistheoretische Grundlagen der Informatik. Sie beschäftigt sich im Besonderen mit der Ko-Konstruktion von Geschlecht, Wissen und Technik, wobei die Analyse sowohl vor dem kulturhistorischen Hintergrund als auch im Hinblick auf die Möglichkeit künftiger Interventionen geschieht.

Dorothea Erharter ist Geschäftsführerin des ZIMD Zentrum für Interaktion, Medien & soziale Diversität in Wien. Sie ist Gender- und Usability-Expertin und hat von 2004 bis 2007 das Usability-Center der Fachhochschule St. Pölten geleitet. Ihr Forschungsschwerpunkt lag bereits damals auf Usability für technikferne Menschen. Im ZIMD führt sie Forschungsprojekte im Bereich Gender & Technik durch, beispielsweise das Projekt „G-U-T – Gender, Diversity und Usability als Qualitätssicherung von Websites und Apps" (http://g-u-t.zimd.at) und das Projekt „Mobi.senior.a", in dem es um die Nutzung mobiler Geräte durch Senior_innen geht. Das ZIMD veranstaltet darüber hinaus Robotik-Workshops für Mädchen (Mädchen-in-die-Technik-Förderung) und Anders cool! Burschentrainings für Identitätsfindung und friedliche Konfliktlösung.

Leonhard Glomann leitet das Usability Engineering Team der adidas Group IT. Seit seinem Interaktionsdesign-Studium ist er als Interaction Designer und Usability Engineer tätig. Außerdem arbeitet er nebenberuflich an der Technischen Hochschule Nürnberg als Lehrbeauftragter im Fachbereich Interaktionsdesign und behandelt die Themen Gamedesign und Human-Centered Design.

Melanie Irrgang studiert Informatik mit dem Schwerpunkt „Intelligent Systems" an der Technischen Universität Berlin. Sie nimmt außerdem am Zertifikatsstudium GENDER PRO MINT des Zentrums für Interdisziplinäre Frauen- und Geschlechterforschung (ZIFG) der Technischen Universität Berlin teil, in dessen Rahmen sich die Reflektionen dieses Beitrags entwickelt haben.

Veronika Kemper ist Diplom-Psychologin und befindet sich seit 2012 in der Weiterbildung zur Psychologischen Psychotherapeutin (Kognitive Verhaltenstherapie). In diesem Rahmen hat sie von 2012 bis 2014 in der Christoph-Dornier-Klinik Münster gearbeitet und ist aktuell im Alexianer Krankenhaus Münster beschäftigt. Ihr Interesse liegt vor allem im Bereich der affektiven, Angst- und Persönlichkeitsstörungen.

Ute Kempf ist Diplom-Sozialwissenschaftlerin. Sie ist Leiterin des Bereichs Digitale Integration und Medienkompetenz im Kompetenzzentrum Technik-Diversity-Chancengleichheit e. V. und Leiterin des vom Bundesministerium für Bildung und Forschung geförderten Verbundvorhabens „Gender-UseIT – Web-Usability unter Gendergesichtspunkten. Netzwerk zum Auf- und Ausbau der interdisziplinären Forschung zur Genderperspektive im Usability-Entineering-Prozess". Sie ist seit 2003 in Projekten zu Medienkompetenz und Internetnutzung ausgewählter Zielgruppen in Öffentlichkeitsarbeit, Webkonzeptionierung und Projektkoordination tätig. Bis 2002 war sie tätig als Internettrainerin, Webkonzeptioniererin und Mitarbeiterin in frauenpolitischen Organisationen auf Landesebene Niedersachsen mit dem Schwerpunkt „Frauen und Medien".

Dr.ᶦⁿ Bente Knoll ist Geschäftsführerin im Büro für nachhaltige Kompetenz B-NK GmbH, Wien/Österreich und verfügt über langjährige Erfahrung in den Bereichen Landschafts- und Verkehrsplanung, Umwelt- und Ingenieurwissenschaften, nachhaltige Entwicklung, gleichstellungsorientierte Organisationsentwicklung und Managementsysteme sowie systemische Kommunikation und Social Media. Weiters ist sie als Universitätslektorin an der Technischen Universität Wien, der Johannes Kepler Universität in Linz, an der Universität Wien sowie an der Fachhochschule Eisenstadt zu Gender Studies in den Technik- und Ingenieurwissenschaften tätig.

Jasmin Link ist wissenschaftliche Mitarbeiterin in der Abteilung Web-Application Engineering und Human-Computer Interaction am Fraunhofer-Institut für Arbeitswirtschaft und

Organisation (IAO) in Stuttgart. Im von ihr geleiteten Interaktionslabor wird die Interaktion mit allen Sinnen erforscht und weiterentwickelt.

Petra Lucht ist Gastprofessorin für Gender Studies in den Ingenieurwissenschaften, Fakultät I Geisteswissenschaften, Zentrum für Interdisziplinäre Frauen- und Geschlechterforschung (ZIFG) der Technischen Universität Berlin. Ihre Arbeitsschwerpunkte liegen in der Wissenssoziologie, der Wissenschafts- und Technikforschung, der Fachkulturforschung, den Geschlechterstudien zu Technik und Naturwissenschaften sowie in der Qualitativen Sozialforschung.

Susanne Maaß ist Professorin für Informatik am Fachbereich Mathematik/Informatik der Universität Bremen und leitet dort die Arbeitsgruppe Soziotechnische Systemgestaltung und Gender. Sie forscht in den Bereichen Sozialorientierte Technikgestaltung, insbesondere unter Gender- und Diversityaspekten, Methoden der Anforderungsanalyse, partizipative Softwareentwicklung, Softwareergonomie, Selbstbedienungskonzepte und Kundenorientierung beim E-Commerce. Susanne Maaß war Mitantragstellerin für das Vorhaben „InformATTRAKTIV – Informatik-Professorinnen für Innovation und Profilbildung. Eine Informatik, die für Frauen und Mädchen attraktiv ist" und sie ist Mitglied im Fachbeirat von „Gender-UseIT".

Nicola Marsden ist Professorin für Medien- und Sozialpsychologie in der Fakultät für Informatik an der Hochschule Heilbronn, Vorstandsmitglied des Kompetenzzentrums Technik-Diversity-Chancengleichheit und wissenschaftliche Leitung des vom Bundesministerium für Bildung und Forschung geförderten Verbundvorhabens „Gender-UseIT – Web-Usability unter Gendergesichtspunkten. Netzwerk zum Auf- und Ausbau der interdisziplinären Forschung zur Genderperspektive im Usability-Engineering-Prozess", im Rahmen dessen dieser Band entstanden ist. Sie forscht in den Bereichen computervermittelte Interaktion, Gender, Motivation und Einstellungsänderung.

Tanja Paulitz ist Professorin für Soziologie mit dem Schwerpunkt Gender und Technik an der Rheinisch-Westfälischen Technischen Hochschule Aachen. Sie forscht in den Bereichen Frauen- und Geschlechterforschung, Wissenschafts- und Technikforschung sowie Internet und virtuelle Zusammenarbeit. 2005 erschien ihr Buch „Netzsubjektivität/en. Konstruktionen von Vernetzung als Technologien des sozialen Selbst. Eine empirische Untersuchung in Modellprojekten der Informatik" (Münster: Westfälisches Dampfboot).

Bianca Prietl ist wissenschaftliche Mitarbeiterin und Promovendin im Lehr- und Forschungsgebiet Soziologie mit dem Schwerpunkt Gender und Technik an der Rheinisch-Westfälischen Technischen Hochschule Aachen. In ihrem Promotionsprojekt forscht sie zu gegenwärtigen Ingenieurbildern und deren geschlechtlichen Codierung.

Kristin Probstmeyer ist als Koordination des Thüringer Kompetenznetzwerks Gleichstellung (TKG) an der Friedrich-Schiller-Universität Jena tätig und arbeitet darüber hinaus als Wissenschaftliche Mitarbeiterin im Fachgebiet Medienpsychologie und Medienkonzeption an der Technischen Universität Ilmenau. Zu ihrem Forschungsschwerpunkt zählt die gendersensible Hochschuldidaktik in den Ingenieurwissenschaften.

Gabriele Schade ist Professorin für Medieninformatik an der Fakultät für Gebäudetechnik und Informatik der Fachhochschule Erfurt, u. a. Vorstandsmitglied des Kompetenzzentrums Technik-Diversity-Chancengleichheit und Vorsitzende des Rundfunkrats des Mitteldeutschen Rundfunks. Sie forscht in den Bereichen Usability und Gender in der Informatik.

Saskia Sell ist Wissenschaftliche Mitarbeiterin an der Arbeitsstelle Journalistik des Instituts für Publizistik- und Kommunikationswissenschaft der Freien Universität Berlin. Nach dem Magisterstudium in Berlin, Warwick/Coventry und New York promoviert sie derzeit am Lehrstuhl von Prof. Lünenborg. Sie forscht und lehrt zu den Themenfeldern Politischer Journalismus, Kommunikationsfreiheit und Zensur, Medien- und Demokratietheorie, IT und Gesellschaft sowie Gender Media Studies.

Ina Stegemöller ist Psychologin (M. Sc.) und derzeit in der Weiterbildung zur Psychologischen Psychotherapeutin bei der Gesellschaft für Angewandte Psychologie und Verhaltensmedizin (APV) in Münster.

Jochen Süßmuth arbeitet als Experte für 3D-Technologien bei der adidas Group IT. Zuvor promovierte er zum Thema Rekonstruktion von Echtzeit-3D-Scanner-Daten am Lehrstuhl für Computergrafik der Universität Erlangen-Nürnberg, wo er weiterhin eine Lehrtätigkeit ausübt.

PD Dr. Meinald T. Thielsch ist Diplom-Psychologe und seit 2004 am Institut für Psychologie der Westfälischen Wilhelms-Universität Münster tätig; seit 2014 als Akademischer Rat. Nebenberuflich war er als Referent und wissenschaftlicher Berater tätig, zudem hat er verschiedene Lehraufträge an den Universitäten Bonn und Fribourg (Schweiz) sowie der Fachhochschule Münster wahrgenommen. Seine Arbeits- und Forschungsschwerpunkte liegen im Bereich der Wirtschaftspsychologie, vor allem in den Feldern User Experience, (E-)Recruiting, Forschungs-Praxis-Transfer, sowie Diagnostik, Evaluation und Online-Forschung.

Kamila Wajda ist Medieninformatikerin und war Wissenschaftliche Mitarbeiterin in den Arbeitsgruppen „Digitale Medien in der Bildung" und „Soziotechnische Systemgestaltung & Gender" am Fachbereich Mathematik/Informatik der Universität Bremen. Im Vorhaben „InformATTRAKTIV – Informatik-Professorinnen für Innovation und Profilbildung. Eine Informatik, die für Frauen und Mädchen attraktiv ist" wirkte sie an der Ausformung des Profils „Digitale Medien und Interaktion" mit und evaluierte die durchgeführten Technologie-Workshops für junge Menschen. Ihre Forschungsinteressen liegen im Bereich Mensch-Computer-Interaktion, insbesondere der Tangiblen Interaktion, sowie der Nutzer_innen- und Kontext-gerechten Systementwicklung und Evaluation.

Elka Xharo ist wissenschaftliche Mitarbeiterin im ZIMD Zentrum für Interaktion, Medien & soziale Diversität in Wien. Sie hat auf der Technischen Universität Wien das Bachelor-Studium „Medizinische Informatik" abgeschlossen und studiert derzeit im Master „Biomedical Engineering". Sie ist Frauenreferentin an der Technischen Universität Wien und beschäftigt sich seit vielen Jahren mit dem Thema „Frauen in der Technik". Derzeit arbeitet sie im ZIMD am Forschungsprojekt „Mobi.senior.a" mit.

Christian Zagel ist wissenschaftlicher Mitarbeiter und Doktorand am Lehrstuhl für Wirtschaftsinformatik, insbesondere im Dienstleistungsbereich, der Friedrich-Alexander Universität Erlangen-Nürnberg. Er forscht in den Bereichen Customer Experience, Human Computer Interaction, interaktive Self-Service-Technologien und Human-Centered Design.

www.ingramcontent.com/pod-product-compliance
Lightning Source LLC
Chambersburg PA
CBHW081103220326
41598CB00038B/7206